普通高等学校岩土工程(本科)规划教材

# 岩 石 力 学

主编 刘汉东 姜 彤

黄 河 水 利 出 版 社
·郑州·

## 内 容 提 要

本书对岩石力学的基本概念和理论进行了详细阐述，并就岩石力学在坝基工程、地下洞室及岩石边坡工程中的应用做了重点论述，考虑到岩石力学的实践运用，本书还对岩体加固技术及岩体力学数值计算方法进行了讨论，为读者进一步深入学习相关专业课程奠定了理论基础。

本书取材注重工程实践，力求使读者在掌握岩石力学的基本概念和理论的基础上，熟悉解决工程实际问题的思路和方法，以提高解决工程实际问题的能力。

本书可作为普通高等学校岩土工程专业的教学用书，可供岩土工程、地质工程、水利水电工程、土木工程等相关专业人员使用，也可供从事岩石力学工作的工程技术人员参考。

**图书在版编目（CIP）数据**

岩石力学/刘汉东，姜彤主编．—郑州：黄河水利出版社，2012.5

普通高等学校岩土工程（本科）规划教材

ISBN 978 - 7 - 5509 - 0243 - 5

Ⅰ．①岩…　Ⅱ．①刘…　②姜…　Ⅲ．①岩石力学 - 高等学校 - 教材　Ⅳ．①TU45

中国版本图书馆 CIP 数据核字（2012）第 085132 号

策划编辑：王志宽　电话：0371 - 66024331　E-mail：wangzhikuan83@126.com

出 版 社：黄河水利出版社

地址：河南省郑州市顺河路黄委会综合楼 14 层　邮政编码：450003

发行单位：黄河水利出版社

发行部电话：0371 - 66026940、66020550、66028024、66022620（传真）

E-mail：hhslcbs@126.com

承印单位：郑州海华印务有限公司

开本：787 mm × 1 092 mm　1/16

印张：15

字数：347 千字　　印数：1—3 100

版次：2012 年 6 月第 1 版　　印次：2012 年 6 月第 1 次印刷

定价：30.00 元

# 前 言

岩石力学作为随着近代经济与社会发展需求而出现的一门新兴边缘学科，其应用范围涉及水利水电、土木建筑、采矿、铁路、公路等众多与岩石相关的工程领域。随着经济建设的不断发展，岩石工程的规模也在不断扩大，复杂的岩石工程也越来越多，由此带来的岩石力学问题也越来越突出。众多学者对岩石力学展开了卓有成效的研究，取得了大量的具有实用价值的成果。国内外有关岩石力学的教材、专著较多，其内容与深度因读者对象不同而各不相同。

本教材是河南省岩石力学与工程学会确定的普通高等学校岩土工程（本科）规划教材，主要为普通高等学校岩土工程及地质工程专业学生学习岩石力学课程而编写。教材编写中考虑到相关专业的适用性，将岩石力学的应用部分分开编写，重点阐述坝基工程、岩石边坡工程和地下洞室工程的岩石力学应用，着力体现本科教学的针对性、实用性、实践性和前瞻性。在内容选择上，兼顾基本知识、理论和岩石力学的实践应用，力求使读者在掌握岩石力学的基本概念和理论的基础上，熟悉解决工程实际问题的思路和方法，以提高解决工程实际问题的能力。本教材涉及岩石力学的各个方面，在实际教学中，教师可根据不同专业的要求进行内容的取舍。

本教材以刘汉东教授多年从事岩石力学教学的教案和讲稿为蓝本，在内容上做了更新、补充和修改。具体编写分工如下：第一章由刘汉东编写；第二章第一、二节，第三章、第七章、第九章由王四巍编写；第二章第三、四、五、六节由李玉琴编写；第四章、第五章由张昕编写；第六章由郝小红编写；第八章由姜彤编写。

全书由刘汉东教授、姜彤教授担任主编。

由于作者水平有限，书中难免存在不足之处，恳请读者批评指正。

编　者<br>2012 年 3 月

# 目 录

# 第一章　绪　论

## 第一节　岩石力学的研究对象与基本概念

岩石力学是固体力学的一个分支,顾名思义,岩石力学的研究对象是与人类生活息息相关的岩石(体),它是研究岩石(体)在力的作用下表现出的各种反应的一门科学,具体而言,它包括岩石力学性态的理论和应用,探讨岩石对其周围物理环境的力场响应。

岩石力学作为随着近代经济与社会发展需求而出现的一门新兴边缘学科,其应用范围涉及水利水电、土木建筑、采矿、铁道、公路、地震、石油、国防、海洋等众多与岩石相关的工程领域。随着社会经济的发展与进步,岩石工程建设的规模也在不断扩大,高坝、深矿、深埋长大隧洞等复杂岩石工程越来越多,由此带来的岩石力学问题也越来越突出。岩石力学作为工程建设的理论基础,一方面,理论指导实践,运用现有的岩石力学理论指导工程建设;另一方面,每一次针对复杂岩石工程问题的解决,都会带动和促进岩石力学自身的发展。因此,岩石力学是一门应用性和实践性很强的科学,岩石力学的一切设想、假定和理论,都必须拿到工程实践中去检验,而岩石力学自身又必须紧密结合工程实践,才能使岩石力学得到更好的发展。

学习岩石力学,必须弄清以下几个基本概念。

### 一、岩石和岩体的区别与联系

地壳的绝大部分都是由岩石构成的,它是经过地质作用而天然形成的(一种或多种)矿物集合体,按照其成因,岩石可分为三类,即岩浆岩、沉积岩和变质岩。

岩体是指在一定地质条件下,含有诸如裂隙、节理、层理、断层等不连续的结构面组成的现场岩石,它是复杂的地质体。

从岩石力学的研究对象来看,其研究内容不仅涉及不同成因类型的岩石的物理力学性质,而且要研究岩体及其结构对力场的响应。对于工程应用领域而言,由于岩石力学中很多研究对象是岩体,所以岩石力学也称为岩体力学。

### 二、岩石(体)与其他材料的区别

由于岩石(体)赋存环境及其自身材料的复杂性,加之地质结构的作用,岩石(体)在力学响应上表现出区别于自然界中任何一种材料的特性,具体表现在:①不连续性。岩石(体)由于裂隙、节理、层理、断层等不连续结构面的存在,使其成为一种典型的不连续介质。②在内、外地质营力的作用下,岩体中存在地应力,在岩石工程中,不但要考虑建筑物荷载对岩石(体)的作用,而且要对岩体中已经存在的地应力予以高度重视,防止由于地应力释放造成岩石工程的变形与破坏。正是由于岩石(体)力学特征的复杂性与特殊性,使岩石力学的研究方法虽借鉴于材料力学和结构力学，但又与它们有质的区别，不能简单地把“岩石”看成固体力学的一种材料。

### 三、岩石（体）的不确定性

岩石（体）的不确定性是指由于岩石自身及其赋存环境的复杂性，从而表现出来的随机性、模糊性和灰色性。岩石力学中的不确定性无处不在，无论是在物理力学性质方面，还是在荷载方面，均表现出明显的随机和模糊。传统的以固体力学为基础的研究方法在精度和可靠性方面常常不能满足工程设计的要求。因此，必须改变传统的固体力学的确定性研究方法，从岩石（体）的不确定性出发，发展新的研究方法和手段。目前已经发展了诸如可靠性分析法、系统论法等多种方法。

## 第二节　岩石力学的研究内容和方法

### 一、岩石力学的研究内容

由于岩石力学适用的工程领域极其广泛，除一些岩石力学的基本性质外，针对每一工程领域都有各具特色的研究内容，本书不可能全面概括，因此这里仅列出对于每一工程领域均需研究的内容，也是本书的主要内容。

**（一）岩石的物理、水理性质**

岩石的物理、水理性质指标如下：

（1）岩石的容重、密度、比重、孔隙率、孔隙指数、吸水率、饱水率和饱水系数、抗冻系数、质量损失率；

（2）岩石的渗透性、膨胀性与崩解性等。

**（二）岩石的物质组成与岩体结构特征**

岩石的物质组成与岩体结构特征如下：

（1）组成岩石的矿物成分、晶体结构及岩体结构面特征；

（2）岩体结构面及结构体的力学特征；

（3）按照不同行业标准对岩体进行工程分类。

**（三）岩石（体）的强度与变形**

（1）岩块在各种力学作用下（加载条件、温度、湿度等）的强度和变形特征以及力学参数；

（2）测定岩块强度和变形参数的试验方法；

（3）岩石的强度理论及破坏判据；

（4）岩石流变模型、本构关系及流变系数室内外测定方法；

（5）结构面的变形、剪切强度特征及测试技术。

**（四）原岩应力（地应力）分布规律及其测量理论与方法**

（1）地应力测试；

（2）工程岩体应力及变形观测。

**(五)工程岩体的稳定性分析**

(1)工程岩体(坝基、洞室、边坡)的应力、位移分布特征;

(2)工程岩体(坝基、洞室、边坡)的变形破坏特征;

(3)工程岩体(坝基、洞室、边坡)的稳定性分析与评价等。

**(六)工程岩体的模型、模拟试验及原位监测技术**

(1)数值模型模拟;

(2)物理模型模拟。

**(七)岩石工程稳定性维护技术**

(1)岩体性质的改善;

(2)岩石工程加固技术。

## 二、岩石力学的研究方法

岩石及其赋存环境的复杂多样性决定了其研究方法的多样性,岩石及其赋存环境的多样性主要表现在以下几个方面:

(1)材料多样性。组成岩石的矿物成分千变万化,矿物成分的变化对岩石的物理力学性能具有决定性的影响,从而导致岩石在力学上表现为弹性、塑性和黏性。

(2)结构多样性。岩石在其形成过程中受到内、外地质营力的作用,将其切割成具有多组结构面的复杂结构体,因此岩体属于典型的非连续介质,虽然可从宏观上统计出结构面的发育规律,但由于岩体结构的复杂多样性,传统针对连续介质的力学研究方法均须针对岩体材料进行调整。

(3)环境多样性。岩石的赋存环境非常复杂,而地应力、温度、围压及地下水等均对岩石的力学性能构成强烈影响。

从以上三点可以看出,岩石(体)的复杂多样决定了岩石力学的研究方法不同于其他连续介质力学,而是在传统力学研究方法的基础上发展,具有自身特色和专门的研究手段。岩石力学的研究方法可大致归纳为以下5种。

**(一)工程地质分析法**

运用地层学、构造地质学、水文地质学及工程勘察手段,研究岩体的地质特征,包括岩石(体)的矿物组成、岩石类型、地质构造、结构面发育情况、软弱结构面、地应力、地下水、地热等情况,构建基于工程地质分析的地质力学模型。

**(二)室内试验与原位测试**

岩石力学室内试验与原位测试是岩石力学研究的重要方法和手段,它包括室内岩石物理力学参数测定、现场原位测试及监测。室内岩石力学参数测定是岩石力学的基础研究内容,通过试验获得的参数可以为岩体变形和稳定性分析计算提供支撑;现场原位测试及监测是采用多种技术手段在现场获得岩石(体)的工程力学性质、变形、位移、破坏及稳定性等方面的指标值及地应力、地下水、地热及围压相关数据。随着科学技术的发展,目前用于原位测试的方法也越来越多,除传统的地球物理勘探方法外,声发射、地震层析成像、CT、遥感、微震等新技术也逐渐在岩石工程中发挥作用。

### (三)力学解析分析法

在地质研究及试验与测试的基础上,可以进行岩体变形、破坏及稳定性等方面的力学分析。首先,由地质模型抽象出物理及力学模型,主要通过岩体结构分析来完成。其次,依据力学模型进行数学力学分析,利用平衡条件、本构方程、变形条件、强度判据及边界条件等求出应力、应变及破坏条件等。在对岩体进行力学分析时,可以结合应用数值分析(有限元法、差分法、边界元法及结构单元法等)、概率分析、随机分析、模糊分析、趋势分析及光弹模拟分析等方法。

目前,常用的力学模型有刚体力学模型、弹性及弹塑性力学模型、流变模型、断裂力学模型、损伤力学模型、渗透网络模型、拓扑模型等。常用的分析方法有:①数值分析,包括有限差分法、有限元法、边界元法、离散元法、无界元法、流形元法、不连续变形分析法、块体力学和反演分析法等;②模糊聚类和概率分析,包括随机分析、可靠度分析、灵敏度分析、趋势分析、时间序列分析和灰色系统理论等;③模拟分析,包括光弹应力分析、相似材料模型试验、离心模型试验等,在边坡研究中,还普遍采用极限平衡的分析方法。

### (四)模型试验与数值模拟

模型试验与数值模拟是通过物理模拟及计算机仿真分析方法,在室内或现场获得的力学参数的基础上,模拟工程现场情况,从而获得岩体应力、应变及变形的方法。

模型试验是采用相似材料对岩石及其结构、受力进行模拟,将地质模型转换为可控、可测的物理模型。

数值模拟则是将地质力学模型转换为数学模型,通过计算机模拟岩石现场受力情况,从而获得岩石(体)的应力和位移,为岩石工程设计和施工提供定量依据。

近年来,随着模型试验测试手段和加载技术的提高,无论是相似材料的配方,还是加载测试方法,均取得了长足的进步,一些新技术,如离心机、激光散斑、光学粒子成像技术及光纤测试技术等,也在模型试验上发挥越来越重要的作用。而在数值分析方面,有限差分法、有限元法、边界元法、离散元法、无界元法、流形元法、不连续变形分析法、块体力学和反演分析法等均在岩石力学研究中获得广泛运用。

### (五)系统分析

岩体的力学性质受岩性、岩体结构、岩石赋存环境的强烈影响,影响因素多且复杂,从力学角度分析,很多影响因素都是不确定的,且具有较为明显的随机性。因此,有必要将岩体及其赋存环境看做一个系统,从系统论的概念出发,采用多因素、多方法进行综合分析及评价,才能得出可靠并且具有实用价值的正确结论。

与传统的固体力学、结构力学的确定性分析方法相对应,岩体力学的系统分析是基于不确定性理论进行的,它是将系统论、非线性、随机理论、灰色系统、模糊数学、人工智能等不确定分析方法引入岩石力学,解决工程中存在的各种不确定性因素,使研究和分析结果更符合实际,且更可靠、实用。

# 第三节 岩石力学与其他学科的关系及学习方法

## 一、岩石力学与其他学科关系

岩石及其赋存环境的多样性决定了其研究手段的多样性,研究手段的变化必然涉及多学科综合分析,因此岩石力学是以地质学为基础学科,借鉴弹性力学、结构力学、材料力学、固体力学、塑性力学、理论力学、断裂力学、损伤力学等传统固体力学的研究方法,引入现代数学及非线性理论等新技术对岩石(体)的工程应用开展综合研究的一门学科。可见,岩石力学是一门综合性极强的学科,与其他许多学科的关系相当密切。

**(一)地质学是岩石力学的基础学科**

岩石的物理力学性质与岩石的矿物组成、岩体结构、大地构造特征以及地应力、地下水及温度等密切相关,特别是结构面及结构体的力学特征对其物理力学性质影响非常大。因此,建立在岩石(体)上的工程均须在建设之前通过各种工程地质勘探手段弄清岩石(体)的物理力学特性及其赋存环境条件,从而深入了解和掌握各种地质因素对岩石(体)物理力学特性的影响程度,为工程建设提供设计依据。因此,地质学科中的矿物学、岩石学、构造地质学、地貌学是岩石力学的基础学科,另外涉及勘探手段和方法的遥感、物探、测量、地震地质学也是岩石力学的基础学科。

**(二)固体力学研究方法是岩石力学研究的重要技术手段**

众所周知,自然界中分布着种类繁多的各种岩石,从力学角度分析,这些岩石材料表现出弹性、塑性和黏性,其力学表现几乎覆盖了所有固体力学的研究领域,因此理论力学、材料力学、弹性力学、塑性力学、弹塑性力学及流变理论的研究方法均为岩石力学吸收借鉴,并根据岩石材料的自身特点对研究方法和理论进行修正和发展。

另外,岩体中均广泛发育不同成因、不同规模(尺度)、不同类型、不同特征的各种裂隙(节理和断层),这些不同力学性质的裂隙(结构面)将岩体切割成独特的块裂结构(凌贤长和蔡德所,2002),因此岩石材料也就成为不同于其他连续介质的不连续介质。研究岩体的宏观力学行为,必须从岩体结构的力学效应和非连续特征出发,借鉴结构力学、断裂力学、损伤力学的理论与方法开展研究。因此,传统固体力学的研究方法是岩石力学研究的重要手段。

**(三)数学与力学的结合是定量解决岩石力学问题的重要方法**

求解岩体力学问题的一个重要的手段就是要将抽象的地质模型通过数学(包括几何学)方法转换为数学模型,然后结合工程及地质条件,选择不同的计算方法,对岩石力学的问题进行推导解答。

该类问题的求解方法主要有以下两种:

(1)解析法。该方法依靠数学公式进行推导,对于简单、介质单一的问题常常可以获得比较精确的计算结果,但由于目前对于岩体介质的理论研究还未进一步深入,在推导理论公式的过程中存在很多假设条件,所以计算结果往往只对理想状态下的岩体介质有效,对工程缺乏实际意义。因此,该方法仅适合于求解介质力学性质、边界条件、几何形状及作用荷载简单的工程问题。

(2)数值分析方法。该方法通过对介质材料、边界条件、荷载的数学模型的模拟,采用有限差分、有限单元、离散单元及不连续变形分析等方法,依靠计算机技术对复杂力学性质及边界条件的工程问题进行数值仿真分析。

**(四)新技术、新方法是岩石力学研究的发展方向**

近年来,耗散结构理论、协同论、突变论、混沌理论及分形几何等与非线性行为或过程有关的新理论、新观点、新方法已不同程度地渗透到节理裂隙岩体研究中。尤其是分形几何可能成为解决岩体力学实际问题和开创岩体力学研究新局面的一个突破。目前,神经网络方法与损伤力学相结合已逐渐应用到岩体爆破效应及滑坡预测预报等研究中。

岩体力学的不少研究资料均来自于各种岩石或岩体的现场原位及室内试验,所以研究岩体力学还需要与试验岩石学等有关学科很好结合,不断改进试验仪器设备及试验技术,努力提高试验精度及试验成果资料在工程上的可用性。

### 二、学习岩石力学的方法

学习岩石力学就是要认识岩石(体)的物理力学性质及变形规律,并以理论为基础,紧密联系实际工程,充分利用和使用岩石(体),为工程建设服务。因此,要学好岩石力学,读者应把握以下原则:

(1)认识岩石(体)的基本物理力学性质及变形规律,掌握解决岩石力学工程问题的基本分析方法。

(2)紧密结合工程实际,注意工程中的岩石力学问题,观察岩石(体)的变形规律,通过学科交叉,发展新的理论和方法。

(3)积极引入新理论、新技术和新方法,懂得应用现代技术手段对岩石(体)的变形规律进行模拟,掌握常用的数值模拟和物理模拟手段,并通过对试验现象的分析,发展解决以岩石力学工程为题的新技术。

(4)密切结合水利水电、道路桥梁、结构工程等工程实际,懂得理论联系实际,将工程勘察、室内外试验以及工程类比综合运用,有效解决工程当中的实际问题。

## 第四节　岩石力学发展简史

岩石力学的产生、发展来源于工程实践,人类很早就懂得利用岩石作为建筑材料,如古埃及的金字塔、中国的万里长城和都江堰水利工程等,都是闻名于世的“奇迹”工程,这说明古代劳动人民在岩石工程和使用岩石上已有悠久的历史。

岩石力学的理论研究起始于19世纪末到20世纪初,当时主要为了解决岩体开挖的力学计算问题,在这之后,随着各项复杂工程的修建,对岩石力学提出了新的要求,由此产生一些关于岩石力学计算的基本理论和方法,其中著名的海姆(A. Heim)假说以及朗肯(Rankine)理论均出自这一时期,但在这一时期,由于科技水平的限制,人们对岩石的认识还局限于岩块,即将岩体假定为连续体,用岩块的力学性质代替整个岩体的力学效应,然后直接运用经典力学的知识来解决岩体工程的实际问题。

在岩石力学的初始阶段，人们虽然认识到岩体中普遍存在断层、节理等不连续面，但对其力学作用没有足够的认识。在这之后，结构面对岩体力学性质的影响受到重视，岩石力学工作者逐步认识到了岩体结构的重要性，并对其开展研究，推动了岩石力学的发展。弹性力学和塑性力学相继被引入岩石力学，确立了一些经典的理论、试验方法、计算公式及施工方法，大量岩体工程技术问题得到解决，同时大量有关岩石力学的论文和专著相继出版，由此岩石力学已经成为一门独立的学科。这一时期形成的很多经典理论和代表理论至今仍然作为工程建设的主要指导理论，如著名的芬纳（R. Fenner）公式和卡斯特纳（H. Kastner）公式以及米勒等提出的支护与围岩相互作用，利用围岩自身强度维持岩石工程的稳定性，并在岩石工程施工方面，提出了著名的“新奥法”，该方法特别符合现代岩石力学理论，至今仍被国内外广泛采用。1974 年，米勒主编的《岩石力学》一书总结了这一阶段的研究方法、方向和基本成果，是这一时期岩石力学发展的代表作。

现代岩石力学的发展以经典岩石力学理论作为基础，充分考虑了裂隙和被裂隙切割的岩体的力学效应，并由此提出了“岩体结构”理论和“结构控制论”思想。岩体结构理论认为：岩体是由断层、节理等不连续面构成的结构面和被它们所切割成的岩石块体组成，属地质体的一部分，并处于一定的地质环境中；岩土的力学效应实际上就是岩体结构对外界环境发生改变的一种反应，即结构效应。现代岩石力学的各个部分，包括理论、计算、现场试验及模型试验均给予岩体结构以高度重视，岩石力学的这个特点充分体现了与其他固体力学之间的差异和区别。

岩石力学发展至今，已经完成了从简单的岩石材料分析到复杂的岩体结构分析之间的飞跃。岩石力学的最新进展已经用更为复杂、多样的力学模型来分析岩石力学问题，通过多学科的交叉、融合，将力学、物理学、系统工程、现代数理科学、现代信息技术等的最新成果引入岩石力学。而电子计算机的广泛应用为流变学、断裂力学、非连续介质力学、数值方法、灰色理论、人工智能、非线性理论等在岩石力学与工程中的应用提供了可能。

# 第二章 岩石的物性指标和工程分类

## 第一节 岩石力学、岩石和岩体的概念

岩石力学是研究岩体的力学性质的理论和应用的科学,是研究岩石或岩体在外力作用下的应力应变和强度规律等力学性质的学科,它是解决所有与岩石有关的工程技术问题的理论基础。岩石力学准确的说应该叫岩体力学,因为岩石与岩体是有明确的区别的,应该将岩石力学改为岩体力学更合适,但是岩石力学这一名词延续已久,且普遍使用,因此目前在实际使用中,岩体力学与岩石力学没有明确的区分开。

美国科学院岩石力学委员会1966年给岩石力学的定义是:岩石力学是研究岩石力学性能的理论和应用的科学,是探讨岩石对其周围物理环境中力场的反应的力学分支。这样定义的含义是相当广泛的。岩石属于固体,所以岩石力学应当属于固体力学的范畴。

岩石是经过自然地质作用而形成的(一种或多种)矿物集合体,地壳的绝大部分都是由岩石构成的。它在一定的地质环境中生成,具有一定的结构和构造特征。通常按照其成因可分为三大类岩石:岩浆岩、沉积岩和变质岩。

岩浆岩是由地壳内部上升的岩浆侵入地壳或喷出地表冷凝而形成的,又称为火成岩。绝大多数的岩浆岩是由结晶矿物组成的,由非结晶矿物组成的很少。由于组成岩浆岩的各种矿物的化学成分和物理性质都比较稳定,岩浆岩通常具有较高的力学强度和较好的均匀性。

沉积岩是由母岩(岩浆岩、变质岩和早已形成的沉积岩)在地表经风化剥蚀而产生的物质,通过搬运、沉积和硬结成岩作用而形成的岩石。沉积岩的主要物质成分为颗粒和胶结物,颗粒又包括大小不同、性状各异的各种岩屑及某些矿物,常见的胶结物成分有钙质、硅质、铁质以及泥质等。沉积岩的物理力学性质不仅与矿物和岩屑的成分有关,而且与胶结物的性质有很大的关系。一般硅质、钙质胶结的沉积岩强度较大,而泥质胶结的沉积岩和一些黏土岩强度就比较小。另外,由于沉积环境的影响,沉积岩具有层理构造,这就使得沉积岩沿不同方向表现出来的力学性能不同。

变质岩是岩浆岩或沉积岩在变质作用下形成的一类新岩石,和岩浆岩、沉积岩主要区别是:变质岩属重结晶的岩石,颗粒较粗,不含玻璃质和有机质的残体。

由于形成变质岩的原岩不同、变质作用中各种性状的化学活动性流体的影响不同,变质岩的化学成分变化范围往往也较大。变质岩的矿物成分按成因可分为:稳定矿物,即在一定变质条件下稳定平衡的矿物;不稳定矿物(残余矿物),即在一定变质条件下,由于反应不彻底而部分残留下来的非稳定矿物。不稳定矿物和稳定矿物之间常具有明显的置换关系。由于变质岩在矿物成分、结构构造上具有变质过程中产生的特征,也常常残留有原岩的一些特点,它的物理性质不仅与原岩有关,而且与变质作用的性质及变质程度有关。

各种变质岩的存在条件跟它们的变质作用的类型有密切关系。

变质岩的岩性特征,一方面受原岩的控制,具有一定的继承性;另一方面,由于经受了不同的变质作用,在矿物成分和结构构造上具有其特征性,如含有变质矿物和定向构造等。

岩体则是指一定工程范围内的自然地质体。它经历了漫长的自然历史过程,经受了各种地质作用,并在地应力的长期作用下,在其内部保留了各种永久变形和各种各样的地质构造形迹,如断层、节理、劈裂、不整合、层理、褶皱等不连续面。由这些结构面所切割和包围的岩块体称为结构体或者岩石。而岩体就是由结构面和结构体所组成的地质体。

岩体经常是工程建筑的地基和环境,它是由地质结构面和形状各异、大小不同的岩石块体聚合而形成的,并具有多种结构类型。由于岩体不但有微观的裂隙,而且有层理、片理、节理以至于断层等宏观不连续面,因此岩体为不连续介质。此外,岩体还往往表现为各向异性或非均质。

## 第二节　岩石的基本构成

岩石是构成岩体的基本单元,相对于岩体而言,岩石可以看做是连续的、致密的、均质的、各向同性的介质。但实际上,岩石中确确实实存在着微小的矿物节理、微裂隙、粒间孔隙、晶格缺陷、晶格边界等内部缺陷,统称为结构面。因此,从微观上看,自然界中的岩石是非均质、非连续的材料。岩石的基本构成是由组成岩石的物质成分和结构两大方面来决定的。

### 一、岩石的主要物质成分

岩石中主要的造岩矿物有石英、正长石、斜长石、辉石、角闪石、黑云母、白云母、橄榄石、白云石、方解石、高岭石、赤铁矿等。它们的含量因不同成因的岩石而异,岩石中矿物成分会影响岩石的抗风化能力、物理性质和强度特性。

岩石的抗风化能力受矿物成分的相对稳定性影响,各矿物的相对稳定性主要取决于其化学成分、结晶特征及形成条件。基性岩石的主要矿物成分为闪角石、辉石、橄榄石。超基性岩石主要由橄榄石、辉石以及它们的蚀变产物,如蛇纹石、绿泥石、滑石等组成。而橄榄石、辉石及基性斜长石是易于风化的,故基性岩石和超基性岩石非常容易风化。而酸性岩石主要由石英、钾长石、酸性斜长石和白云母及少量黑云母、角闪石组成。钾长石、石英、酸性斜长石和白云母都是较难风化的,故酸性岩石的抗风化能力比同样结构的基性岩石要高。中性岩的抗风化能力居于两者之间,变质岩的风化性状同岩浆岩相似。沉积岩主要由风化产物组成,大多数为原来岩石中较难风化的碎屑物质或是在化学风化过程中新生成的化学沉积物,因此它们在风化作用中的稳定性一般都较高。影响岩石抗风化能力的不仅是矿物成分,还有岩石的结构和构造特征。所以,岩石的抗风化性不等同于矿物抗风化的稳定性。

一般将造岩矿物的抗风化能力分为非常稳定、稳定、较稳定和不稳定四类,其稳定性见表2-1。

表 2-1 矿物抗风化相对稳定性

| 抗风化稳定性 | 非常稳定 | | | 稳定 | | 较稳定 | | | | 不稳定 | | | |
|---|---|---|---|---|---|---|---|---|---|---|---|---|---|
| 矿物名称 | 石英 | 锆长石 | 白云母 | 正长石 | 钠长石 | 黑云母 | 辉石 | 酸性斜长石 | 角闪石 | 基性斜长石 | 霞石 | 橄榄石 | 黄铁矿 |

新鲜岩石的力学性质主要取决于岩石的矿物成分和颗粒之间的连接。矿物成分对于具有结晶连接的岩石影响要大一点。岩石中矿物的坚硬强度和岩石的强度之间是两个既有联系又有差异的概念。例如,即使组成岩石的矿物都是坚硬的,岩石的强度也不一定高,因为矿物之间的连接可能较弱。岩石中某些易溶物、黏土矿物、特殊矿物的存在,常使岩石物理力学性质复杂化。石膏、芒硝、岩盐、钾盐等在水的作用下易被溶蚀,使岩石的孔隙度增大,结构变松,强度降低,而黏土岩中的蒙脱石遇水膨胀且强度降低。

岩石的结构是组成岩石的矿物的结晶程度、颗粒大小、形态以及晶粒之间或晶粒与玻璃质之间的相互关系及岩石中的微结构面。结构连接和岩石中的微结构面对岩石工程性质起主要影响。

## 二、常见的岩石结构类型

岩石的结构连接类型主要有胶结连接和结晶连接两种。

### (一)胶结连接

胶结连接指颗粒与颗粒之间通过胶结物连接在一起,如沉积碎屑岩、部分黏土岩。这种连接的岩石,其强度主要取决于胶结物及胶结类型。从胶结物质来看,硅质、铁质胶结的岩石强度较高,钙质次之,泥质胶结的岩石强度最低。

### (二)结晶连接

岩石中的矿物颗粒通过结晶互相嵌合在一起,这种连接使晶体颗粒之间紧密接触,故岩石强度一般较大,但也随结构的不同而有一定的差异。在岩浆岩和变质岩中,等粒结晶结构一般比非等粒结晶结构的强度大,抗风化能力强。在等粒结构中,细粒结晶结构比粗粒结晶结构的强度高。在斑状结构中,细粒基质比玻璃基质的强度高。总之,晶粒越细、越均匀,玻璃质越少,则强度越高。

### (三)岩石中的微结构面

岩石中的微结构面是指存在于颗粒内部或者矿物颗粒集合体之间的微小的软弱面及孔隙,它包括矿物的节理、晶格缺陷、晶粒边界、微裂隙和晶粒孔隙等。通常,岩石中的微结构面很小,但是它们对岩石工程性质的影响却很大。首先,微结构面的存在大大降低岩石的强度,这是由于这些缺陷的存在,容易造成裂隙末端的应力集中,导致裂隙沿末端继续扩展,使岩石的强度降低;其次,缺陷能够增大岩石的变形(仅限于围压较低时),当围压较高时,微裂隙等缺陷将会受压闭合,其影响相对减弱。

# 普通高等学校岩土工程(本科)规划教材

## 编审委员会

# 第三节　岩石的物理性质指标

岩体的力学性质在很大程度上取决于岩石或岩体的物理性质，至少与其物理性质关系很密切，而岩体的物理性质往往又与岩石的物理性质直接相关，所以在研究和分析岩体受力后的力学表现时，必然要联系到岩石的某些物理性质指标。因此，为了更好地把握岩体在外力作用下的变形及破坏规律，正确评价工程岩体的稳定性及设计与施工方案的可行性，有必要对岩石物理性质作一了解。此外，在工程岩体的地质勘察中也往往用到岩石的物理性质。岩石的基本物理性质是岩体最基本、最重要的性质之一，也是整个岩石力学中研究最早、最完善的部分。用来描述完整岩石的物理性质的参数，从其大类上说，大致有岩石的质量指标、孔隙性指标、水理性质指标、抗风化能力指标，以及与岩石的热学性质及电学性质有关的某些指标，本书将在以下内容中分别给予介绍，希望能够让读者掌握有关岩石、岩体的各种基本概念及在实际应用中合理地选用指标。

## 一、岩石的质量指标

岩石的质量指标主要有密度 $\rho$、容重 $\gamma$、比重 $G_s$。

### （一）岩石的密度

岩石的密度等于岩石试件的质量与试件的体积比，即单位体积的岩石所含有的质量。岩石一般由固相（由矿物、岩屑等组成）、液相（由岩石孔隙中的液体组成）和气相（由孔隙中未被液体充满的剩余体积中的气体组成）所组成。显然，这三项物质在岩石中所含的比例不同，矿物岩屑的成分不同，都将会使密度发生变化。

1. 天然密度 $\rho$

天然密度是指岩石在自然条件下单位体积的质量，即

$$\rho = \frac{m}{V} \quad (\mathrm{g/cm^3}) \tag{2-1}$$

式中　$m$——岩石试件的质量；

$V$——岩石试件的总体积。

2. 饱和密度 $\rho_{sat}$

饱和密度是指单位体积岩石中的孔隙都被水充满时的总质量，即

$$\rho_{sat} = \frac{m_s + V_v\rho_w}{V} \quad (\mathrm{g/cm^3}) \tag{2-2}$$

式中　$m_s$——岩石中固体的质量；

$V_v$——孔隙的体积；

$\rho_w$——水的密度。

3. 干密度 $\rho_d$

干密度是指单位体积岩石中固体的质量，即

$$\rho_d = \frac{m_s}{V} \quad (\mathrm{g/cm^3}) \tag{2-3}$$

以上是三种不同条件下最常用的密度参数。密度测定通常用称重法，先测量标准试件的尺寸，然后放在感量精度为 0.01 g 的天平上称重，最后计算密度参数。饱和密度可采用48 h 浸水法或抽真空法使岩石试件饱和。而干密度的测试方法是先把试件放入108 ℃烘箱中，将岩石烘至恒重（一般约为 24 h），再进行称重。

密度参数是工程中应用最广泛的参数之一，尤其在计算岩体的自重应力中使用较多。而计算岩体的自重应力时，往往将密度换算成重力密度（简称容重或重度）使用。两者的区别在于后者与重力加速度有关，一般用 $\gamma$ 表示，单位为 $kN/m^3$。

**（二）岩石的容重**

岩石单位体积（包括岩石孔隙体积）的重量称为岩石的容重。岩石的容重有三种，分别是干容重、湿容重和饱和容重，但是与土的容重不相同的是这三者在数值上的差别很小。

岩石的容重可以用式（2-4）表示：

$$\gamma = \frac{W}{V} \quad (kN/m^3) \tag{2-4}$$

式中　$\gamma$——岩石的容重；

$W$——岩石的重量；

$V$——包括孔隙在内的岩石的总体积。

在工程中，对于一些黏土质岩石（如泥岩）有必要区分其天然容重与干容重。按定义，岩石的容重与岩石的矿物成分、孔隙性和含水量有关，在一定程度上与它的埋藏深度也有关，所以深层的岩石由于其孔隙性小，岩石埋深越大，容重也越大；而浅层岩石由于孔隙性大，容重就比较小；一些火山熔岩、浮石、漂石等孔隙性很大，其容重甚至可能小于水的容重。表 2-2 列出了各种岩石的容重、比重、孔隙率和孔隙指数予以参考。

**表 2-2　各种岩石的容重、比重、孔隙率和孔隙指数**

| 岩石 | 容重 $\gamma$（$kN/m^3$） | 比重 | 孔隙率 $n$（%） | 孔隙指数 $i$（%） |
|---|---|---|---|---|
| 花岗岩 | 26～27 | 2.50～2.84 | 0.5～1.5 | 0.10～0.92 |
| 粗玄岩 | 30～30.5 | | 0.1～0.5 | |
| 流纹岩 | 24～26 | | 4～6 | |
| 安山岩 | 22～23 | 2.40～2.80 | 10～15 | 0.29 |
| 辉长岩 | 30～31 | 2.70～3.20 | 0.1～0.2 | |
| 玄武岩 | 28～29 | 2.60～3.30 | 0.1～1.0 | 0.31～2.69 |
| 砂岩 | 20～26 | 2.60～2.75 | 5～25 | 0.20～12.19 |
| 页岩 | 20～24 | 2.57～2.77 | 10～30 | 1.80～3.00 |
| 石灰岩 | 22～26 | 2.48～2.85 | 5～20 | 0.10～4.45 |
| 白云岩 | 25～26 | 2.20～2.90 | 1～5 | |
| 片麻岩 | 29～30 | 2.63～3.07 | 0.5～1.5 | 0.10～3.15 |
| 大理岩 | 26～27 | 2.60～2.80 | 0.5～2 | 0.10～0.80 |
| 石英岩 | 26.5 | 2.53～2.84 | 0.1～0.5 | 0.10～1.45 |
| 板岩 | 26～27 | 2.68～2.76 | 0.1～0.5 | 0.10～0.95 |

岩石的容重在一定程度上可以反映出岩石的力学性质情况，通常，岩石的容重愈大，则它的性质就愈好，反之愈差。在图 2-1 上绘有各种碳酸盐类岩石的单轴抗压强度与容重的相关关系，从图上可以看出，随着岩石容重的增加，其极限抗压强度也相应地增大。在今后岩石力学计算中，常用到容重这项指标，一般用 $\gamma_d$ 表示干容重，$\gamma_{sat}$ 表示饱和容重，而 $\gamma$ 则表示一般的湿容重。

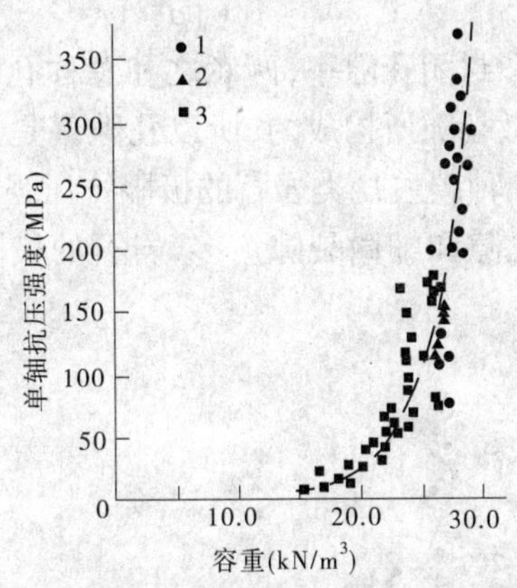


1—大理岩；2—大理岩化石灰岩；3—石灰岩和白云岩

**图 2-1　碳酸盐类岩石的单轴抗压强度与容重的相关关系**

**(三)比重**

岩石的比重就是绝对干燥时岩石的重量除以与岩石同体积的 4 ℃的水的重量，即

$$G_s = \frac{W_s}{V_s \gamma_w} \tag{2-5}$$

式中　$G_s$——岩石的比重；

$W_s$——绝对干燥时岩石的重量，kN；

$V_s$——岩石的实体体积(不包括孔隙体积)，$m^3$；

$\gamma_w$——水的容重，在 4 ℃时等于 10 kN/$m^3$。

岩石的比重取决于组成岩石的矿物比重，大部分岩石的比重为 2.50～2.80，而且随着岩石中重矿物含量的增多而提高。因此，基性岩石和超基性岩石的比重可达 3.00～3.40，甚至更高，酸性岩石(如花岗岩)的比重仅为 2.50～2.84。某些常见岩石的比重见表 2-2。

## 二、岩石的孔隙性指标

岩石的孔隙性指标是反映岩石中孔隙发育程度的指标，主要包括孔隙率和孔隙比。下面分别介绍其基本定义。

**(一)岩石的孔隙率**

岩石中孔隙体积与岩石总体积的百分比称为孔隙率。岩石的孔隙率与土的孔隙率相类似，可用下式表示：

$$n = \frac{V_v}{V} \times 100\% \tag{2-6}$$

式中　$n$——孔隙率(%)；

$V_v$——试样的孔隙体积，$m^3$，其中包括裂隙体积；

$V$——试样的体积，$m^3$。

根据干密度 $\rho_d$ 和比重 $G_s$，也可计算孔隙率，即

$$n = 1 - \frac{\rho_d}{G_s \rho_w} \tag{2-7}$$

孔隙率分为开口孔隙率和封闭孔隙率，两者之和总称孔隙率。由于岩石的孔隙主要是由岩石内的粒间孔隙和细微裂隙所构成的，所以孔隙率是反映岩石致密程度和岩石质量的重要参数。图 2-2 表示几种碳酸盐类岩石的极限抗压强度与孔隙率的相关关系。从图 2-2 来看，孔隙率愈大，则孔隙和细微裂隙愈多，岩石的极限抗压强度则越低。某些常见岩石的孔隙率大致见表 2-2。

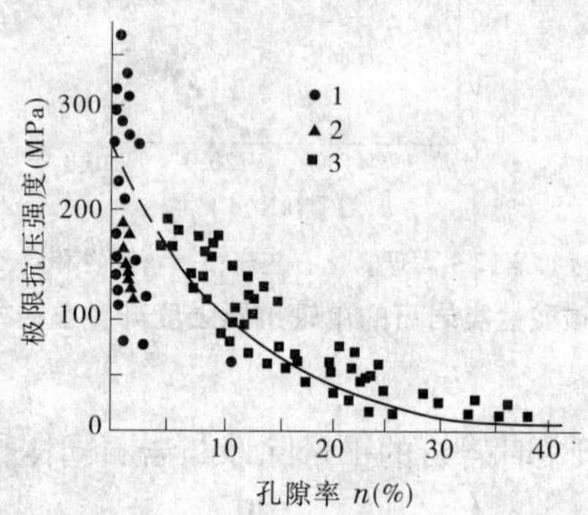


1—大理岩；2—大理岩化石灰岩；3—石灰岩与白云岩

**图 2-2　碳酸盐类岩石的极限抗压强度与孔隙率的相关关系**

### (二)岩石的孔隙比

孔隙比是指岩石中孔隙的体积 $V_v$ 与固体的体积 $V_s$ 之比，其计算公式为：

$$e = \frac{V_v}{V_s} \tag{2-8}$$

根据岩石中三相之间的关系，可以推算孔隙比与孔隙率之间存在着如下关系：

$$e = \frac{n}{1 - n} \tag{2-9}$$

孔隙性参数可利用特定的仪器使孔隙中充满水银而求得，但是在一般情况下，可通过有关的参数推算而得，如

$$e = \frac{G_s \rho_w}{\rho_d} - 1 \tag{2-10}$$

同孔隙率一样，孔隙比越大，孔隙和细微裂隙也就越多，岩石的力学性质就越差，反之越好。

## 三、岩石的水理性质指标

岩石的水理性质指标主要包括岩石的含水率、吸水率、饱水率及渗透系数四个指标。

### (一)岩石的含水率

岩石的含水率 $\omega$ 是指天然状态下岩石孔隙中含水的质量与固体质量之比的百分比，即

$$\omega = \frac{m_w}{m_s} \times 100\% \tag{2-11}$$

根据试件含水率的不同，可分成岩石在天然状态下的含水率，即天然含水率，以及饱和状态下的含水率，即饱和含水率。其试验方法类似于密度试验的方法，其区别在于必须求出所含水的质量。

岩石的含水率对于软岩来说是一个比较重要的参数。因为组成软岩的矿物成分中往往含有较多的黏土矿物，而这些黏土矿物遇水软化的特性，将会对岩石的变形、强度有很大的影响。对于中等坚硬以上的岩石而言，其影响就显得不那么重要了。

岩块的含水率试验采用烘干法，即将从现场采取的试件加工成不小于 40 g 的岩块，放入烘箱内在 105 ~ 110 ℃的恒温下将试件烘干，后将其放置在干燥器内冷却至室温称量其质量，重复上述过程直至将试件烘干至恒重。恒重的判断条件是相邻 24 h 两次称重之差不超过最后一次称重的 0.1%，最后可按式(2-11)计算岩石的含水率。

### (二)岩石的吸水率

岩石的吸水率 $\omega_a$ 是指干燥岩石试样在一个大气压和室温条件下吸入水的质量与试件固体质量之比的百分率，即

$$\omega_a = \frac{m_{w1} - m_s}{m_s} \times 100\% \tag{2-12}$$

式中　$m_{w1}$——烘干试件浸水 48 h 后的总质量。

岩石吸水率的大小取决于岩石中孔隙数量的多少和细微裂隙的连通情况。一般孔隙愈大、愈多，孔隙和细微裂隙连通情况愈好，则岩石的吸水率愈大，因此有时也把岩石的吸水率这项指标称为孔隙指数，用符号 $i$ 表示。

孔隙指数与岩石的种类和岩石的生成年代有关。在表 2-2 中列有某些岩石孔隙指数的变化范围。在图 2-3 上分别绘有砂岩和页岩的孔隙指数随地质年代不同而变化的情况。

岩石的吸水率一般都采用规则试件进行试验(规则试件的具体要求同前所述的标准试件要求)。该试验方法是先将试件放入烘箱，在 105 ~ 110 ℃温度下烘 24 h，取出放入干燥器内冷却至室温后称量。将试件放入水槽，先放入 1/4 试件高度的水，以后每隔 2 h 将水分别增至试件高度的 1/2 和 3/4 处，6 h 后将试件全部浸入水中，放置 4 h 后，擦干表面水分称量。岩石吸水率可按式(2-12)求得。

在工程上常用岩石吸水率作为判断岩石的抗冻性及风化程度的指标，并广泛地与其他物理力学特征值建立各种关系。如图 2-4 所示为纵波速度与吸水率之间的关系。从图 2-4可以看出，随着岩石吸水率的增加，弹性波在介质中的传播速度 $C_p$ 相应地降低。

### (三)岩石的饱水率

岩石的饱水率是指岩石试样在 150 个大气压的高压或真空条件下，强制吸入水的重量 $W_{w2}$ 对于岩石干重 $W_s$ 之比的百分率，以 $\omega_{sat}$ 表示，即

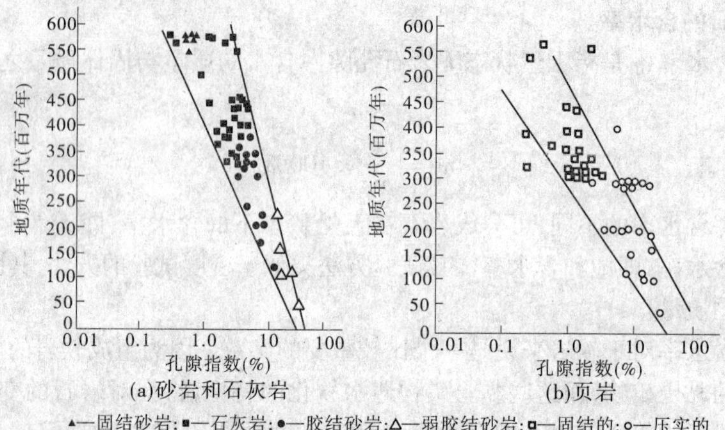


图 2-3　岩石的孔隙指数与地质年代的关系

$$\omega_{sat} = \frac{W_{w2}}{W_s} \times 100\% \tag{2-13}$$

岩石饱水率是采用强制方法使岩石饱和，通常采用煮沸法或者真空抽气法。当采用煮沸法饱和试件时，要求容器内的水面始终高于试件，煮沸时间不得小于 6 h；真空压力表读数为 100 kPa。直至无气泡逸出，并要求真空抽气时间不得小于 4 h，最后擦干饱和试件表面水分称量，其饱水率可按式(2-13)计算。

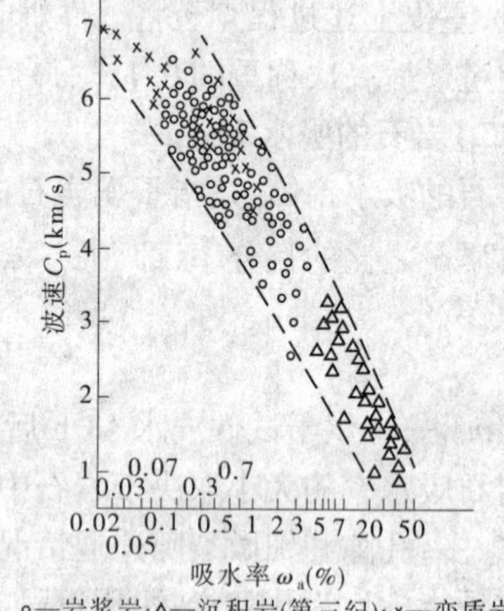


图 2-4　纵波波速与吸水率的关系

通常把岩石的吸水率与饱水率的比值称为饱水系数，以 $K_w$ 表示，即

$$K_w = \frac{\omega_a}{\omega_{sat}} \tag{2-14}$$

一般岩石的饱水系数 $K_w$ 为 0.5 ~ 0.8。

饱水系数对于判别岩石的抗冻性具有重要意义。当 $K_w < 0.91$ 时，表示岩石在冻结过程中，水尚有膨胀和挤入剩余的敞开孔隙与裂隙的余地；当 $K_w > 0.91$ 时，在冻结过程中形成的冰会对岩石中的孔隙与裂隙产生“冰劈”作用，从而造成岩石的胀裂破坏。

**(四)岩石的渗透性**

岩石的渗透性是指岩石在一定水压力作用下被水透过的能力。由于水透过岩石必须有连通的孔隙，所以渗透性的大小不仅取决于孔隙比的大小，还与孔隙的大小和连通情况有关。岩石的渗透性指标用渗透系数 $k$ 表示，渗透系数根据达西(Darcy)定律定义为：

$$k = \frac{v}{i} \tag{2-15}$$

$$i = \frac{h}{L} \tag{2-16}$$

式中　$v$——渗透流速，m/s；

$i$——水力梯度；

$h$——水头差，m；

$L$——渗透路径，m；

$k$——渗透系数，速度量纲，m/s。

单位时间内的渗流量为：

$$q = vA = kiA \tag{2-17}$$

式中　$q$——单位时间内的渗流量，$m^3$；

$A$——过水面积，$m^2$。

岩石的渗透系数可在现场或室内通过试验确定。室内试验的仪器和方法与土的渗透仪相类似，不过做试验时采用的压力差比做土的试验大得多。图 2-5 表示岩石渗透仪的结构和试验原理。试验时采用式(2-18)计算渗透系数 $k$：

$$k = \frac{qL\gamma_w}{pA} \tag{2-18}$$

式中　$\gamma_w$——水的容重，$kN/m^3$；

$q$——单位时间内通过试样的水量，$m^3$；

$L$——试样长度，m；

$A$——试样的截面面积，$m^2$；

$p$——试样两端的压力差，kPa。

径向渗透试验也是一种在室内测量岩石渗透系数的方法，它是将具有一定壁厚的圆筒状岩石试样放置于压力水中，如图 2-6 所示，水经试样外壁径向渗入试样的内孔，此时岩石试样处于受压状态，测定流量 $q$；相反，若将水注入孔内，使水由内向外渗出，此时岩样处于受压状态，同时测定注入内孔的补给压力水渗流量 $q$。这两种径向渗透试验测得的渗透系数 $k$ 均按下式计算：

$$k = \frac{q\gamma_w}{2\pi Lp}\ln\frac{R_2}{R_1} \tag{2-19}$$

式中　$q$——内孔渗出或注入的流量，$m^3/s$；

$p$——渗透水压强度，kPa；

$L$——内孔长度，m；

$\gamma_w$——水的容重，$kN/m^3$；

$R_1$、$R_2$——试样的内、外半径，m。

在径向试验中，因为试样受压和受拉状态所得的渗流量 $q$ 不同，因此由式(2-19)计算所得的两种不同应力状态的渗透系数也不相同。在研究渗流状态时，这个差别是不容忽视的，由此可见，岩体的渗透系数不仅受渗透水流压强 $p$ 的影响，而且受应力状态的影响。表 2-3 列出了部分岩石渗透系数的范围值，以供参考。

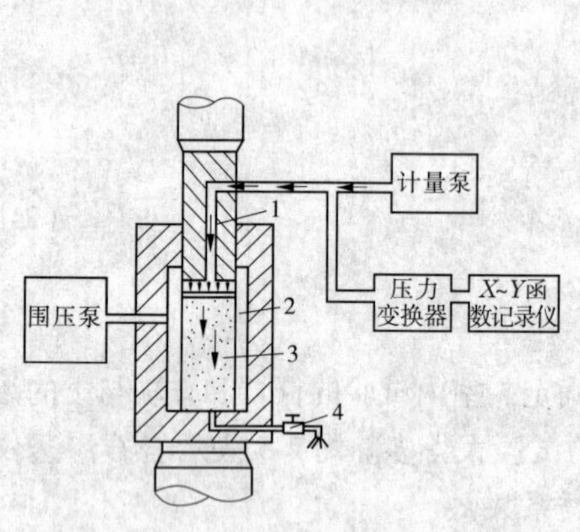

1—注水管路;2—围压室;3—岩样;4—放水阀

**图 2-5 岩石渗透仪的结构和试验原理**

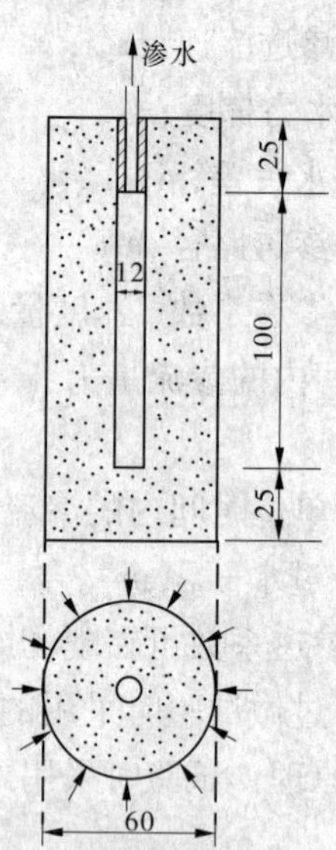

**图 2-6 径向渗透试验示意图** (单位:mm)

**表 2-3 某些岩石的渗透系数值**

| 岩石名称 | 孔隙情况 | 渗透系数(cm/s) |
|---|---|---|
| 花岗岩 | 较致密、微裂隙 | $1.1\times10^{-12}\sim9.5\times10^{-11}$ |
| | 含微裂隙 | $1.1\times10^{-11}\sim2.5\times10^{-11}$ |
| | 微裂隙及部分粗裂隙 | $2.8\times10^{-9}\sim7\times10^{-8}$ |
| 石灰岩 | 致密 | $3\times10^{-12}\sim6\times10^{-10}$ |
| | 微裂隙、孔隙 | $2\times10^{-9}\sim3\times10^{-6}$ |
| | 空间较发育 | $9\times10^{-5}\sim3\times10^{-4}$ |
| 片麻岩 | 致密 | $<1\times10^{-13}$ |
| | 微裂隙 | $9\times10^{-8}\sim4\times10^{-7}$ |
| | 微裂隙发育 | $2\times10^{-6}\sim3\times10^{-5}$ |
| 辉绿岩、玄武岩 | 致密 | $<10^{-13}$ |
| 砂岩 | 较致密 | $1\times10^{-13}\sim2.5\times10^{-12}$ |
| | 孔隙较发育 | $5.5\times10^{-6}$ |
| 页岩 | 微裂隙发育 | $2\times10^{-10}\sim8\times10^{-9}$ |
| 片岩 | 微裂隙发育 | $1\times10^{-9}\sim5\times10^{-8}$ |
| 石英岩 | 微裂隙 | $(1.2\sim1.8)\times10^{-10}$ |

表 2-4 列出了部分岩体的渗透系数。

表 2-4　某些岩体的渗透系数值

| 岩石名称 | 孔隙情况 | 渗透系数(cm/s) |
|---|---|---|
| 花岗岩 | 新鲜完整 | $(5 \sim 6) \times 10^{-2}$ |
| 玄武岩 | | $(1 \sim 1.9) \times 10^{-3}$ |
| 安山质玄武岩 | 弱裂隙的<br>中等裂隙的<br>强裂隙的 | $1.16 \times 10^{-3}$<br>$1.16 \times 10^{-2}$<br>$1.16 \times 10^{-1}$ |
| 结晶片岩 | 新鲜的<br>风化的 | $(1.2 \sim 1.9) \times 10^{-2}$<br>$1.4 \times 10^{-5}$ |
| 凝灰质角砾岩 | | $(1.5 \sim 2.3) \times 10^{-4}$ |
| 凝灰岩 | | $6.4 \times 10^{-4} \sim 4.4 \times 10^{-3}$ |
| 石灰岩 | 小裂隙的<br>中裂隙的<br>大裂隙的<br>大管道的 | $1.4 \times 10^{-7} \sim 2.4 \times 10^{-4}$<br>$3.6 \times 10^{-3}$<br>$5.3 \times 10^{-2}$<br>$4 \sim 8.5$ |
| 泥质页岩 | 新鲜、微裂隙<br>风化、中等裂隙 | $3 \times 10^{-4}$<br>$(4 \sim 5) \times 10^{-4}$ |
| 砂岩 | 新鲜<br>新鲜、中等裂隙<br>具有大裂隙 | $4.4 \times 10^{-5} \sim 3 \times 10^{-4}$<br>$8.6 \times 10^{-3}$<br>$(0.5 \sim 1.3) \times 10^{-2}$ |

从表 2-3 和表 2-4 可以看出，岩体的渗透系数比岩石的渗透系数大得多，所以就解决一般工程的实际问题而言，岩体的渗透系数比岩石的渗透系数重要得多，一般岩体的渗透系数通过现场抽水试验和压水试验测得。

## 四、岩石的抗风化指标

岩石抗风化的能力通常从膨胀性、软化系数、耐崩解性、抗冻性几个方面来评价。

### (一)岩石的膨胀性

岩石的膨胀性是指岩石浸水后体积膨胀的性质。含有黏土矿物(尤其是蒙脱石)的岩石，遇水后会发生膨胀现象。这是因为黏土矿物遇水后，当水分子加入后会发生“水楔作用”，促使其颗粒间的水膜增厚。因此，对于含有黏土矿物的岩石，有必要搞清楚其遇水膨胀的程度。一般岩石的膨胀特性用岩石的膨胀率和膨胀力来反映。

#### 1. 岩石的自由膨胀率

岩石的自由膨胀率是指岩石试件在无任何约束的条件下浸水后所产生膨胀变形与试

件原尺寸的比值,这一参数适用于评价不易崩解的岩石。常用的有岩石的轴向自由膨胀率 $V_H$ 和径向自由膨胀率 $V_D$:

$$V_H = \frac{\Delta H}{H} \times 100\% \tag{2-20}$$

$$V_D = \frac{\Delta D}{D} \times 100\% \tag{2-21}$$

式中 $\Delta H$、$\Delta D$——浸水后岩石试件轴向、径向膨胀变形量;

$H$、$D$——岩石试件试验前的高度、直径。

自由膨胀率的试验通常是将加工完成的试件浸入水中,按一定的时间间隔测量其变形量,再按式(2-20)和式(2-21)计算所得。

2. 岩石的侧向约束膨胀率

对于遇水后易崩解的岩石,则用侧向约束膨胀率来表征。与岩石自由膨胀率不同,岩石的侧向约束膨胀率是将具有侧向约束的试件浸入水中,使岩石试件仅产生轴向膨胀变形而求得的膨胀率 $V_{HP}$,其计算式如下:

$$V_{HP} = \frac{\Delta H_L}{H} \times 100\% \tag{2-22}$$

式中 $\Delta H_L$——有侧向约束条件下所测得的轴向膨胀变形量。

3. 膨胀压力

膨胀压力是指岩石试件浸水后,为使试件保持原有体积并且不出现变形所施加的最大压力。其试验方法为:先加预压 0. 01 MPa,岩石试件的变形稳定后,将试件浸入水中,当岩石遇水膨胀的变形量大于 0. 001 mm 时,施加一定的压力,使试件保持原有的体积,经过一段时间的试验,测量试件保持不再变化(变形趋于稳定)时的最大压力。

上述三个参数从不同的角度反映了岩石遇水膨胀的特性,工程中可以利用这些参数评价建造于含有黏土矿物岩体中的洞室的稳定性,为工程的设计提供必要的参数。

**(二)岩石的软化系数**

岩石浸水后强度降低的性质称为岩石的软化性。岩石的软化是由于水进入岩石的孔隙内后,如果岩石中含有较多的亲水性矿物和可溶性矿物,就会使得岩石颗粒间的连接力被消弱,从而引起强度降低,造成岩石软化。

岩石的软化性一般用软化系数来表征。岩石的软化系数 $\eta$ 是岩样饱水状态下的抗压强度与干燥状态下的抗压强度的比值,即

$$\eta = \frac{\sigma_{csat}}{\sigma_{cd}} \tag{2-23}$$

式中 $\sigma_{csat}$——岩样在饱水状态下的抗压强度,MPa;

$\sigma_{cd}$——岩样在干燥状态下的抗压强度,MPa。

软化系数一般小于1,软化系数越小,说明该岩石受水的影响越大。一般软化系数小于 0. 75 时认为是工程性质较差的岩石。部分岩石的软化系数见表 2-5。

表 2-5　某些岩石的软化系数的试验值

| 岩石名称 | 软化系数 | 岩石名称 | 软化系数 |
|---|---|---|---|
| 花岗岩 | 0.8~0.98 | 砂岩 | 0.6~0.97 |
| 闪长岩 | 0.7~0.9 | 泥岩 | 0.1~0.5 |
| 辉长岩 | 0.65~0.92 | 页岩 | 0.55~0.7 |
| 辉绿岩 | 0.92 | 片麻岩 | 0.7~0.96 |
| 玄武岩 | 0.7~0.95 | 片岩 | 0.5~0.95 |
| 凝灰岩 | 0.65~0.88 | 石英岩 | 0.8~0.98 |
| 石灰岩 | 0.68~0.94 | 千枚岩 | 0.7~0.95 |

岩体浸水以后强度降低的机制是多方面的,一方面,水分子不仅吸附在岩体表面,且能挤入宽度小于分子直径的细微裂纹中去,甚至能进入矿物晶体的解理面中,这种水的所谓"楔劈作用"的结果,势必对裂纹两壁施加一定的压力而造成岩体强度下降;另一方面,岩体裂隙壁上的水膜在岩体受到剪切位移时能增加其润滑作用,从而降低其摩擦角;同时,重力水对结构面内充填物将产生机械和化学侵蚀,从而扩大了岩体的孔隙体积,这也将使强度降低。尤其是温度变化范围涉及冰点时,岩石中的液态水将结成冰或是冰融解为水,这种裂隙水的冻融作用交替反复,必将使岩石结构遭受破坏而导致岩石强度降低。

**(三)岩石的耐崩解性指数 $I_d$**

岩石的崩解性是指岩石与水相互作用时失去黏结性并变成完全丧失强度的松散物质的性能,用耐崩解性指数 $I_d$ 来表征。岩石耐崩解性指数 $I_d$ 是通过对岩石试件进行烘干、浸水循环试验来测得的。具体过程是将经过烘干的试块(质量约 500 g,切分成 10 块左右)放入一个带有筛孔的圆筒内,使该圆筒在水槽中以 20 r/min 的速度连续旋转 10 min,然后将留在圆筒内的岩块取出再次烘干称重。如此反复进行两次后,按式(2-24)求得耐崩解性指数,即

$$I_d = \frac{m_r}{m_s} \times 100\% \tag{2-24}$$

式中　$I_d$——经过两次循环试验所求得的耐崩解性指数,其值为 0~100%;

$m_s$——试验前试块的烘干质量;

$m_r$——两次循环试验后,残留在圆筒内试块的烘干质量。

甘布尔(Gamble)认为:耐崩解性指数与岩石成岩的地质年代无明显的关系,而与岩石的密度成正比,与岩石的含水量成反比,并列出了表 2-6 的分类,对岩石的耐崩解性进行评价。

**表 2-6　甘布尔崩解耐久性分类**

| 组名 | 一次 10 min 旋转后留下的百分数（按干重计）(%) | 两次 10 min 旋转后留下的百分数（按干重计）(%) |
|---|---|---|
| 极高的耐久性 | >99 | >98 |
| 高耐久性 | 98 ~ 99 | 95 ~ 98 |
| 中等高的耐久性 | 95 ~ 98 | 85 ~ 95 |
| 中等的耐久性 | 85 ~ 95 | 60 ~ 85 |
| 低的耐久性 | 60 ~ 85 | 30 ~ 60 |
| 极低的耐久性 | <60 | <30 |

**(四)抗冻性**

岩石的抗冻性就是岩石抵抗冻融破坏的性能,常用做评价岩石抗风化稳定性的重要指标。岩石抗冻性的高低取决于造岩矿物的热物理性质、粒间黏结强度以及岩石的含吸水特征等因素。由坚硬矿物刚性连接组成的致密岩石抗冻性能高,而富含云母、长石和绿泥石类矿物或者结构松散的岩石抗冻性能低。

岩石的抗冻性能可用抗冻系数和重力损失率表示。

1. 抗冻系数

冻融后干燥岩石抗压强度与冻融前干燥岩石抗压强度的比值称为抗冻系数,可以用式(2-25)表示:

$$R_d = \frac{R_{c2}}{R_{c1}} \tag{2-25}$$

式中　$R_d$——岩石的抗冻系数;

$R_{c1}$——冻融前干燥岩石抗压强度,MPa;

$R_{c2}$——冻融后干燥岩石抗压强度,MPa。

2. 重力损失率

岩石冻融前后干试样的重力差与冻融前干试样的重力的比值称为重力损失率,用百分数表示:

$$K_m = \frac{W_1 - W_2}{W_1} \times 100\% \tag{2-26}$$

式中　$K_m$——岩石的冻融重力损失率(%);

$W_1$——冻融前干燥岩石试样的重力,N;

$W_2$——冻融后干燥岩石试样的重力,N。

岩石的冻融试验是在实验室内进行的。一般要求按规定制备 6 ~ 10 块试样,分成两组。一组进行规定次数的冻融试验,另一组做干燥状态下的抗压强度试验。将做冻融试验的试样进行饱和处理后,放入(20 ± 2) ℃温度下冷冻 4 h,然后取出放置在水温为(20 ± 5) ℃水槽中融 4 h,如此反复循环达到规定次数(当月平均气温低于 -15 ℃时为 25 次,高于 -15 ℃时为 15 次)后,取出测定岩石在冻融前后的强度变化和重力损失量。一般认为,抗压强度降低小于25%和重力损失小于5%才算是抗冻性能好的岩石。

## 第四节　岩石的热学和电学性质

### 一、容热性

岩石的容热性就是进行热交换时岩石吸收热量的能力。当传导给岩石的热量为$\Delta Q$,由此而引起的岩石温度升高为$\Delta t$时,则岩石的容热性可用使其温度升高1 ℃所需的热量来度量,通常采用岩石的比热和容积热容两项指标表示。

**(一)比热**

岩石的比热就是在不存在相互转变条件下,为使单位质量岩石温度升高1 ℃时所需输入的热量,用符号$C$表示,单位为J/(g·℃)或cal/(g·℃)。

**(二)容积热容**

单位体积的岩石,在温度变化1 ℃时所需要的热量,用符号$C_v$表示,单位为J/($m^3$·℃)或cal/($cm^3$·℃)。

比热和容积热容均表示岩石储热的能力,二者之间的关系为:

$$C_v = \rho C \tag{2-27}$$

式中　$\rho$——岩石密度。

岩石的比热大小取决于矿物成分及其含量,大多数的矿物比热为0.5~1.0 J/(g·℃),尤其是以0.7~0.95 J/(g·℃)常见。当温度和压力的变化范围不大时,岩石的比热可当做常数看待。由于各种类型水的比热较之矿物的比热高出许多,所以在计算岩石比热时,应根据其含水状态加以修正。含水状态岩石的比热可以用试样的比热等指标进行换算,其换算公式为:

$$C_s = \frac{mC + m_{wt}C_{wt}}{m + m_{wt}} \tag{2-28}$$

式中　$C_s$——含水试样的比热,J/(g·℃);

$m$——干燥试样的质量,g;

$m_{wt}$——含水试样的质量,g;

$C$——温度$t$时干试样的比热,J/(g·℃);

$C_{wt}$——温度$t$时水的比热,J/(g·℃)。

### 二、导热性

岩石的导热性是指岩石传导热的能力,常用导热系数(热导率)来度量。其定义是当温度梯度为1时,单位时间内通过单位面积岩石所传导的热量,用符号$\lambda$表示,单位为cal/($cm^2$·s·℃)。

大多数造岩矿物的导热系数为0.40~7.00 cal/($cm^2$·s·℃),一般为0.80~4.00 cal/($cm^2$·s·℃)。空气的导热系数约为0.021 cal/($cm^2$·s·℃),冰的导热系数为2.10 cal/($cm^2$·s·℃)左右,水的导热系数为0.63 cal/($cm^2$·s·℃)左右。当岩石孔隙

全部被水充满时，它的导热性达到最高，并且与孔隙内溶液的浓度无关。试验表明，导热性与岩石的密度有关，当沉积岩的骨架密度增加 15% ~20% 时，导热性将提高一倍。大部分沉积岩和变质岩的导热性是各向异性的，顺层理方向比垂直层理方向的导热系数平均要高出 10% ~30%。

## 三、热膨胀性

温度的变化不仅能改变岩石试件的形状和尺寸，也会引起岩石内部应力的变化，一般用线膨胀系数（或体积膨胀系数）表示岩石的热膨胀性。膨胀系数定义为岩石的温度升高 1 ℃所引起的线性伸长量（体积增长量）与其在温度为 0 ℃时的长度（体积）的比值。如果用 $L_0(V_0)$ 和 $L_t(V_t)$ 分别代表岩石试件在 0 ℃和 $t$ ℃时的长度（体积），则热膨胀系数可用下式表示：

线膨胀系数
$$\alpha = \frac{L_t - L_0}{L_0 t} \tag{2-29}$$

体膨胀系数
$$\beta = \frac{V_t - V_0}{V_0 t} \tag{2-30}$$

岩石的体膨胀系数大致为线膨胀系数的 3 倍。岩石的线膨胀系数是随其矿物成分的不同而变化的；如矿物组分复杂的粗粒花岗岩的线膨胀系数 $\alpha$ 值在 $(0.6 \sim 6) \times 10^{-5}$ (1/℃) 范围内变化，而石英岩的矿物成分单调，它的 $\alpha$ 值变化范围比较小，为 $(1 \sim 2) \times 10^{-5}$ (1/℃)。

## 四、导电性

岩石的导电性是指岩石介质传导电流的能力，常用电导串 $\xi$ 或电阻率 $K_\rho$ 两种指标表示。

$$K_\rho = \frac{1}{\xi} = \frac{RS}{L} \tag{2-31}$$

式中 $R$——岩石试件的电阻值，Ω；

$S$——通过电流的试件截面面积，$m^2$；

$L$——试件的长度，m。

电阻率是沿试样体积电流方向上的直流电场强度与该处电流密度的比值，在数值上等于单位体积岩石中的电阻大小，单位为 Ω · m。岩石的导电性具有复杂易变的特点，其大小与岩石本身的矿物成分、结构，孔隙中溶液的化学成分及浓度等许多因素有关。对于大部分金属矿物来说，导电性是极好的，电阻率通常为 $10^{-8} \sim 10^{-7}$ Ω · m，然而最常见的石英、长石、云母、方解石等造岩矿物的导电性却极差，电阻率都在 $10^6$ Ω · m 以上，属劣导电性矿物；岩石中的水也属劣导电性的，可是水中所含的盐分都是良好的导电介质。因此，充填在岩石孔隙和裂隙中的水多具有良好的导电性。所以，岩石的导电性除受矿物成分影响外，岩石的孔隙率和含水状况也很重要，有众多孔隙和裂隙的岩石的导电性比致密岩石的导电性要大得多，一般情况下，岩石电阻率与孔隙率的关系可用下式表示：

$$K_\rho = K_{\rho M} \frac{2 + n}{2(1 - n)} \tag{2-32}$$

式中　$K_{\rho M}$——岩石固相电阻率；

$n$——孔隙率。

前人通过大量试验资料分析得到各类岩石电阻率特点如下：岩浆岩类岩石电阻率普遍较高，变质岩类岩石电阻率次之，而沉积岩类岩石的电阻率变化范围很大，并且垂直层理通常比平行层理方向的电阻率要高。表2-7列举了一些常见岩石的电阻率数值，以供参考。岩石电阻率测试是在实验室内进行的，测量电阻率的方法很多，有电容器充电法、高阻计法、电桥法等。图2-7是用检流计直接偏转法测量岩石电阻率的装置。

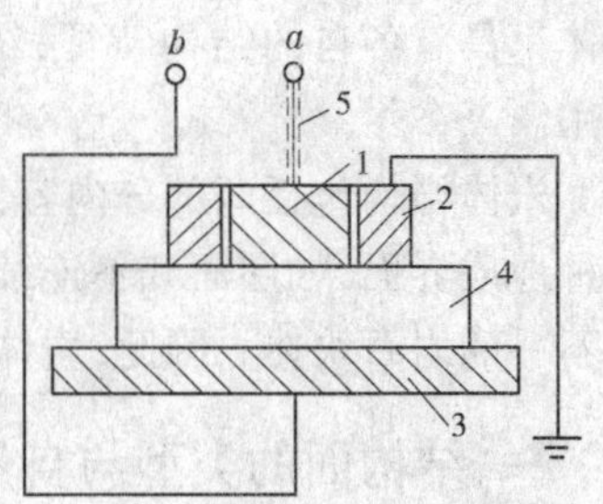


1—测量电极；2—保护电极；3—高压电极；4—试样；5—屏蔽

图2-7　电阻率测试装置

表2-7　各类岩石的电阻率值　（单位：Ω·m）

| 岩石名称 | $K_\rho$ 变化范围 | 岩石名称 | $K_\rho$ 变化范围 |
|---|---|---|---|
| 花岗岩 | $3\times10^2\sim1\times10^6$ | 片岩 | $20\sim1\times10^4$ |
| 花岗斑岩 | $4.5\times10^3$（湿）$\sim1.3\times10^6$（干） | 片麻岩 | $6.8\times10^4$（湿）$\sim3\times10^6$（干） |
| 长石斑岩 | $4\times10^3$（湿） | 板岩 | $6\times10^2\sim4\times10^7$ |
| 正长岩 | $1\times10^2\sim1\times10^6$ | 大理岩 | $1\times10^2\sim2.5\times10^8$（干） |
| 闪长岩 | $1\times10^4\sim1\times10^5$ | 矽卡岩 | $2.5\times10^2$（湿）$\sim2.5\times10^8$（干） |
| 闪长斑岩 | $1.9\times10^3$（湿）$\sim2.8\times10^4$（干） | 石英岩 | $10\sim2\times10^8$ |
| 英安岩 | $2\times10^4$（湿） | 固结页岩 | $20\sim2\times10^3$ |
| 辉绿斑岩 | $1\times10^3$（湿）$\sim1.7\times10^6$（干） | 砾岩 | $2\times10^3\sim1\times10^4$ |
| 辉绿岩 | $20\sim5\times10^7$ | 砂岩 | $1\sim6.4\times10^8$ |
| 辉长石 | $1\times10^3\sim1\times10^6$ | 石灰岩 | $50\sim1\times10^7$ |
| 熔岩 | $1\times10^2\sim5\times10^4$ | 白云岩 | $3.5\times10^2\sim5\times10^3$ |
| 玄武岩 | $10\sim1.3\times10^7$（干） | 泥灰岩 | $3\sim70$ |
| 橄榄岩 | $3\times10^3$（湿）$\sim6.5\times10^3$（干） | 未硬结湿黏土 | 20 |
| 角页岩 | $8\times10^3$（湿）$\sim6\times10^7$（干） | 黏土 | $1\sim100$ |
| 凝灰岩 | $2\times10^3$（湿）$\sim1\times10^5$（干） | 冲积层（砂） | $10\sim800$ |

## 第五节　岩体结构

岩石是自然界中各种矿物的集合体，是天然地质作用的产物，一般而言，大部分的新鲜岩石质地均较坚硬致密，孔隙较少，抗水性强，透水性弱，力学强度高。在工程分析中，岩石常被作为线弹性、均质和各向同性的介质处理，这只是为了简化的目的所做的假定，而这种假定对于认识岩石和岩体内部应力、应变的真实性是有一定局限的。因为岩石和岩体都具有各自的结构特征,结构上的变化对岩石和岩体的力学行为起着非常重要的作用。

岩体结构包括两部分内容:一是结构面,二是结构体。所谓结构面,就是指岩体中的各种地质界面,如层面和不连续面。结构体是指不同产状不同结构面切割而成的、大小形态不一的岩石块体。因此,岩体可以看做是结构面和结构体的组合。

## 一、结构面的类型与自然特征

结构面(Structural Plane)是指地质历史发展过程中,在岩体内形成的具有一定的延伸方向和长度、厚度相对较小的地质界面或带,它包括物质分界面和不连续面,如层面、不整合面、断层、节理面、片理面等。国内外一些文献中又称为不连续面(Discontinuities)或节理(Joint)。在结构面中,那些规模较大、强度低、易变形的结构面又称为软弱结构面。

结构面对工程岩体的完整性、渗透性、物理力学性质及应力传递等都有显著的影响,是造成岩体非均质、非连续、各向异性和非线弹性的本质原因之一。因此,全面深入细致地研究结构面的特征是岩石力学中的一个重要课题。

### (一)结构面的地质成因分类

结构面按其成因可分为原生结构面、构造结构面和次生结构面三种。

#### 1. 原生结构面

原生结构面是指在成岩过程中形成的结构面,包括沉积岩的层理、层面、软弱夹层和不整合面等,岩浆岩的侵入体与围岩的接触面、喷出岩的流线和流面构造及原生节理等,变质岩中的片理、板理和片麻构造等。

原生结构面的性质取决于结构面的产状和形成的条件。

#### 2. 构造结构面

构造结构面是指岩体受构造应力作用所产生的破裂面或破碎带,它包括断层、构造节理、劈理以及层间错动面等。

构造结构面的性质与其力学成因、规模、多次构造变动及次生变化有着密切关系。

#### 3. 次生结构面

次生结构面是指岩体受卸荷作用、风化作用和地下水活动所产生的结构面,如卸荷裂隙、风化裂隙以及各种泥化夹层、次生夹泥等。其形成条件和在岩体内的分布情况大致如下:

(1)卸荷裂隙一般分布在岩体的表面,它是由于岩体中构造应力释放和调整而造成的。在近代深切河谷的两岸陡坡上常常看到这种裂隙,尤其是在脆性的块状岩体中更为多见。

(2)风化裂隙一般是指沿着岩体中原有的结构面发育,多限于表层风化带内。不过,当岩体中含有较多易风化的矿物时,风化裂隙会发展得比较深,可能会延伸到岩体内部相当深的部位,如断层带和某些岩浆岩岩脉中的风化裂隙。

(3)泥化夹层和次生夹泥多存在于黏土岩、泥质页岩、泥质板岩和泥灰岩的顶部以及一些构造结构面之中,主要是受地下水的作用而产生泥化。所以,在河谷的两岸及河床下面的易于产生泥化的岩层中,往往可以看到厚薄不均的泥化夹层。

在上述各种次生结构面中，由于泥质物的充填或蒙上薄的泥膜，对于岩体来说，都增加了不稳定的因素。如果又刚好分布在坝基、坝肩、隧洞洞口和岩质边坡等部位，则要特别引起注意。

**(二)结构面的自然特性**

为了确定结构面的工程性质，必须研究结构面的自然特性，包括结构面的等级、结构面的物质组成及结合状态、结构面的空间分布与延展性以及结构面的密集程度等。

1. 结构面的等级

随着结构面的规模不同，结构面对岩体稳定性的影响也有所不同。因此，常常按照结构面的规模把它分为Ⅰ、Ⅱ、Ⅲ、Ⅳ 4个等级。其中，Ⅰ级规模最大，直接关系到工程所在的区域稳定性，Ⅳ级规模最小，但对具体工程有直接影响。

2. 结构面的物质组成及结合状态

结构面的宽度、结构面上有无蚀变现象以及其中充填物质的成分极为重要，具体分为5种情况讨论：

(1)结构面是闭合的，没有充填物或者只是有细小的岩脉混熔，岩块与岩块之间结合紧密。此时，结构面的强度取决于面的形态及粗糙度。

(2)结构面是张开的，其间有少量的粉粒碎屑物质充填，表面没有矿化薄膜，此时结构面的强度取决于粉状碎屑物的性质。

(3)结构面是闭合的，且有泥质薄膜存在，此时泥质物的含水量、黏粒含量和黏土矿物成分决定了结构面的强度。

(4)结构面是张开的，其间有1～2 mm厚的矿物薄膜。结构面的强度取决于面的起伏差、泥化程度和黏土矿物的强度。

(5)结构面的次生泥化作用明显，结构面之间的物质是岩屑和泥质物，厚度大于结构面的起伏差而且是连续分布的，此时结构面的强度取决于软弱泥化夹层的性质。

3. 结构面的空间分布与延展性

结构面的延展性是与规模大小相对应的，有的结构面在空间连续分布，对岩体的稳定影响较大；有的结构面则比较短小或不连贯，这种岩体的强度基本上取决于岩块的强度，稳定性较高。

4. 结构面的密集程度

结构面的密集程度包括两重含义：一是结构面的组数，即不同产状、不同性质、不同规模的结构面数目；二是单位体积(或面积或长度)内结构面的数量。显然，结构面组数越多岩体越凌乱，结构面的数量越多结构体越小，所以结构面的密集度越大，岩体越破碎。

**(三)结构面的统计分析**

目前，常把实测的裂隙的产状、间距、宽度和面积等资料，用数字或图表的方式加以表示，从而反映裂隙的出现频率和裂隙间的组合关系，以此作为评价岩体质量的依据。

1. 裂隙统计图

为了表示岩体内裂隙系统的空间分布状况，常利用赤平极射投影的原理绘制裂隙极坐标图。在实际工作中，常用施密特极坐标网来表示裂隙面的产状，也有用裂隙面的极点作图的。图2-8是裂隙极坐标投影图。它是把实测到的裂隙的倾向和倾角，投影在极坐标网上,网上的每一个点即代表一个裂隙面的产状。为了反映岩体中不同产状裂隙的疏密程度,可以用图中右上方的小圆圈来测量,从而得出图上某个范围内单位面积上分布的裂隙条数,即裂隙密度。将邻近的裂隙条数相等的点连接起来,就构成了裂隙密度等值线图。裂隙密度值愈高,则表示此种产状的裂隙面愈密集。从图 2-8 上不难看出,在下列三个方向上裂隙比较发育:①倾向 NE60,倾角 65°;②倾向 SE170,倾角 80°;③倾向 NW310,倾角 20°。

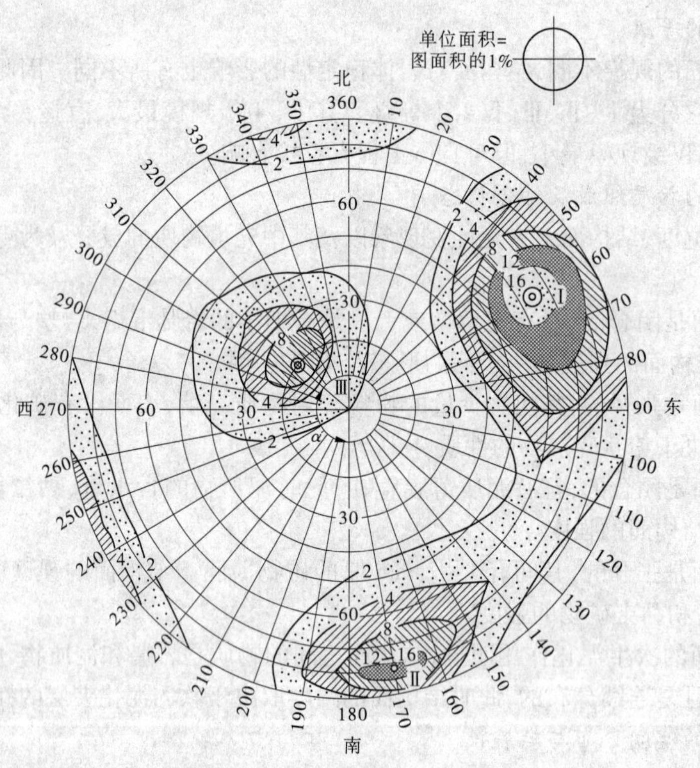


图 2-8　裂隙极坐标投影图

2. 裂隙的统计密度

为了从数量上表示裂隙的发育程度,常常采用裂隙频率和裂隙度来表示裂隙的发育程度。

(1)裂隙频率($K$)。裂隙频率是指岩体内单位长度直线上所穿过的裂隙条数,用符号 $K$ 表示。如果裂隙的平均间距用 $d=\dfrac{1}{K}$ 表示,则被裂隙切割而造成的最小单元体的体积可以近似看做立方体,并表示如下:

$$V_{uB} = d_a d_b d_c = \frac{1}{K_a}\frac{1}{K_b}\frac{1}{K_c} \tag{2-33}$$

式中　$V_{uB}$——最小单元体的体积,$m^3$;

$K_a$、$K_b$、$K_c$——不同产状的裂隙出现的频率,1/m;

(2)裂隙度。有二向裂隙度和三向裂隙度两种。所谓二向裂隙度,就是岩体内一个平行于裂隙面的截面上,裂隙面积与整个岩石的截面面积的比值(见图 2-9),用符号 $K_2$

表示。

$$K_2 = \frac{A_1 + A_2 + A_3 + \cdots}{A} \quad (\mathrm{m^2/m^2}) \tag{2-34}$$

式中　$A$——总的岩石截面面积，$\mathrm{m^2}$；

$A_1$、$A_2$、$A_3$…——裂隙的面积，$\mathrm{m^2}$。

显然，当岩石截面上没有裂隙通过时，$K_2=0$；当岩石截面上布满裂隙时，$K_2=1$。

所谓三向裂隙度，是指某一组裂隙在岩体中所占据的总的裂隙面积与岩体的体积之比，用 $K_3$ 表示。

$$K_3 = KK_2 \quad (\mathrm{m^2/m^3}) \tag{2-35}$$

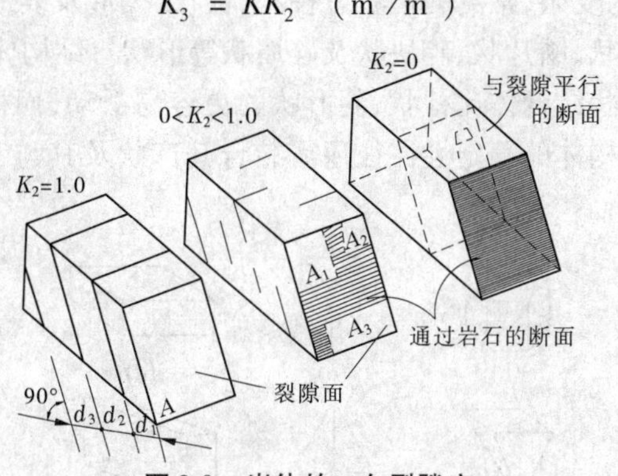


图 2-9　岩体的二向裂隙度

综上所述，可以将测量得来的裂隙产状和频率列于表 2-8 中，绘制成图 2-8 的裂隙投影图，表中所列的裂隙频率和裂隙度均为实测值，从这些资料可以看出，1 $\mathrm{m^3}$ 岩体中存在总面积为 4.8 $\mathrm{m^2}$ 的裂隙，被裂隙面切割的岩块平均大小为：

$$V_{uB} = d_{\mathrm{I}} d_{\mathrm{II}} d_{\mathrm{III}} = 0.33 \times 0.50 \times 0.17 = 0.028(\mathrm{m^3}) \tag{2-36}$$

表 2-8　裂隙系统的统计资料

| 裂隙系统 | 产状 | | 裂隙间距 $d$(m) | 裂隙频率 $K$(1/m) | 裂隙度 | | 裂隙宽度 (mm) | 裂隙充填物情况 |
|---|---|---|---|---|---|---|---|---|
| | 倾向 $\alpha$(°) | 倾角 $\beta$(°) | | | 二向 $K_2$($\mathrm{m^2/m^2}$) | 三向 $K_3$($\mathrm{m^2/m^3}$) | | |
| Ⅰ | 60 | 65 | 0.33 | 3 | 1.0 | 3.0 | 0 | 无 |
| Ⅱ | 170 | 80 | 0.50 | 2 | 0.8 | 0.6 | 0~5 | 砂和粉土 |
| Ⅲ | 310 | 20 | 0.17 | 6 | 0.2 | 1.2 | 0~2 | 蒙脱石 |

## 二、结构体及其力学特点

结构体是指岩体中被结构面切割而成的岩石块体。有的文献上把结构体称为岩块，但岩块和结构体应是两个不同的概念。因为不同级别的结构面所切割围限的岩石块体（结构体）的规模是不同的。如Ⅰ级结构面所切割的Ⅰ级结构体，其规模可达数平方千米，甚至更大，称为地块或断块；Ⅱ、Ⅲ级结构面切割的Ⅱ、Ⅲ级结构体，规模又相应减小；只有Ⅳ级结构面切割的Ⅳ级结构体，才被称为岩块，它是组成岩体最基本的单元体。所以,结构体和结构面一样也是有级序的,一般将结构体划分为 4 级,其中以Ⅳ级结构体规模最小,其内部还包含有微裂隙、隐节理等 V 级结构面。较大级别的结构体是由许多较小级别的结构体所组成的,并存在于更大级别的结构体之中。结构体的特征常用其规模、形态、产状及力学性质等进行描述。

**(一)结构体的规模**

结构体的规模取决于结构面的密度,密度愈小,结构体的规模愈大。常用单位体积内的Ⅳ级结构体数(块度模数)来表示,也可用结构体的体积表示。结构体的规模不同,在工程岩体稳定性中所起的作用也不同。

结构体的形态极为复杂,常见的形状有柱状、板状、楔形及菱形等(见图 2-10)。在强烈破碎的部位,还有片状、鳞片状、碎块状及碎屑状等形状。结构体的形状不同,其稳定性也不同。一般来说,板状结构体比柱状、菱形状的更容易滑动,而楔形结构体比锥形结构体稳定性差。但是,结构体的稳定性往往还需结合其产状及其与工程作用力方向和临空面间的关系作具体分析。

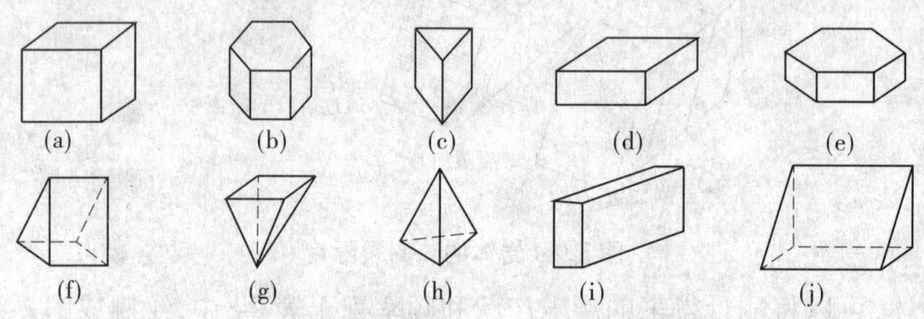


(a)、(b)柱状结构体;(d)、(e)菱形或板状结构体;

(c)、(g)、(h)、(j)、(f)楔形、锥形结构体;(i)板状结构体

**图 2-10　结构体形状典型示意图**

**(二)结构体的产状**

结构体的产状是用其长轴方位表示的。如图 2-10 中,(a)、(b)、(c)结构体的产状用 $l$ 表示,而(d)、(f)、(g)结构体的产状分别用 $m$、$p$、$q$ 表示。它对工程岩体稳定性的影响需结合临空面及工程作用力方向来分析。比如,一般来说,平卧的板状结构体与竖直的板状结构体的稳定性不同,前者容易产生滑动,后者容易产生折断或倾倒破坏。又如,在地下洞室中,楔形结构体尖端指向临空方向时,稳定性好于其他指向。其他形状的结构体也可作类似的分析。

**(三)结构体的力学性质**

结构体的力学性质主要受组成它的岩石性质影响,即受矿物颗粒间的连接特征及微裂隙发育状况等因素的影响。如大部分的岩浆岩、变质岩及部分沉积岩属刚性的结晶连接,它具有弹性变形、脆性破坏的特征;沉积岩中的砂岩、页岩及黏土岩属韧性的胶体连接,它具有塑性变形、柔性破坏的特点。不过,胶体连接如经脱水陈化也可能转化为刚性连接。连接特征不仅影响岩石的变形和破坏机制,而且影响其强度,当连接强度大于单个矿物的强度时,胶结物对岩石强度的影响则退居次要地位,而是由矿物的力学性质决定岩石的强度。岩石的物理力学性质除受上述两个因素控制外,岩石和矿物中微裂隙的存在也能产生影响,例如在对一组岩块做变形试验或强度试验时,往往会出现明显的分散性。

# 第六节　岩体工程分类

## 一、工程岩体分类的目的与原则

由于影响岩体质量和其稳定性的因素很多,即使是同一个岩体,由于工程规模大小以及工程类型不同,对其也会有不同的要求和评价。因此,长期以来,国内外不少专家从定性和定量两个方面来评价岩体的工程性质,并根据工程类型及使用目的来对岩体进行分类,这也是岩体力学中最基本的研究课题之一。

**(一)岩体工程分类的目的**

目前,国内外在地下工程的设计与计算方面还处于工程类比阶段,多数计算还处在根据各自的工程经验,提出经验公式,其中包括围岩压力的计算公式。这些经验公式大致可分为以下三类:

(1)通过大量的塌方调查,寻求各种不同的地质条件与塌方高度的关系,换算为围岩压力,以经验公式的形式表达出来。

(2)通过大量的支护结构物上的压力测量,寻求各种不同地质条件与支护上压力的关系,并以经验公式的形式表达出来。

(3)通过当前工程试验段量测其支护上的压力作为本工程设计之用。

经验的工程类比首先要对围岩的工程地质状况加以区分,然后才能给出相应的经验公式或经验数据。因此,首先要对围岩进行工程分类。

如果设计师设计过许多工程,而且设计过其岩石条件与目前所考虑工程相类似的地下工程,并管理过这一工程的施工过程,那么进行设计决策就较有把握。相反,若无现成的实际经验,那么究竟按什么标准来检查自己所做决策是否合理?如何判断开挖跨度是否太大,以确定采用的锚杆究竟是太多还是过少呢?

答案存在于某种形式的岩体分类系统中,这种系统能把已遇到的工程情况与别人遇到过的工程情况联系起来进行类比。这样的分类系统实际上起着一种桥梁作用,使设计师能够把从别的工程得来的一些实际经验,诸如开挖工程的岩石条件及支护方法等方面的经验与自己将来要遇到的条件联系起来。

岩体工程分类就是按照岩体的物理力学性质、水理性质、完整性和初始应力状态以及岩石工程机构特点,根据大量实际工程经验的统计分析结果,对岩体质量进行分类或分级,以便工程技术人员能够根据不同质量的岩石,进行合理的工程布置或采取相应的处理加固措施,从而使工程做到既经济又安全。

岩体工程分类方法的基本目的主要包括:将岩体分成形态类似的组;对了解岩体特性提供可靠的依据;对解决实际工程问题提供必要的定量数据,以便进行岩石工程的规划和设计;为所有关心岩石力学问题的科技人员在学术交流上提供有效的公共基础。

根据用途不同,工程岩体分类有通用的分类和专门的分类两种。通用的分类是较少针对性、原则和大致分类,是供各学科领域及国民经济各部门笼统使用的分类。例如,水利水电工程须注重考虑水的影响,而对于修建在地下的大型工程来讲,须考虑地应力对岩体稳定性的影响。

总之,工程岩体分类是为一定的具体工程服务的,是为某种目的编制的,它的分类内容和分类要求是为分类目的而服务的。

**(二)工程分类的原则**

为实现以上目的,所采用的分类法必须满足以下基本要求:

(1)确定分级的目的和使用对象。考虑适用于某一类工程、某种工业部门或生产领域,是通用的,还是为专门目的而编制的分类。

(2)分类应该是定量的,以便于用在技术计算和制定定额上。

(3)分类的级数应合适,不宜太多或太少,一般都分为五级,从工程实用来看,这是恰当的。

(4)工程岩体分类方法及步骤应该简单明了,数字便于记忆,便于应用。

(5)以实测参数为基础,这些参数可在现场又快又省地测量。

(6)由于目的、对象不同,考虑的因素也不同,各个因素应有各自的物理意义,并且应该是独立的影响因素。一般来说,为各种工程服务的工程岩体分类必须考虑岩体的性质,尤其是结构面和岩块的工程质量、风化程度、水的影响、岩体的各种物理力学参数、地应力以及工程规模和施工条件等。在定量分类中,其指标量值的变化都可用几何级数来反映。

目前,在国际上,工程岩体分类的一个明显趋势是利用根据技术手段获取的"综合特征值"来反映岩体的工程特性,用它来作为工程岩体分类的基本定量指标,并力求与工程地质勘察和岩体测试工作相结合,用一些简洁的方法,迅速判断岩体工程性质的好坏,根据分类要求,判定类别,以便采取相应的工程措施。

**(三)工程岩体分类的独立因素分析**

如上所述,进行工程岩体分类首先要确定影响岩体工程性质的主要因素,尤其是独立的影响因素。从工程观点来看,影响岩体工程性质的因素起主导及控制作用的有如下几个方面。

*1. 岩石材料的质量*

岩石材料的质量是反映岩石物理力学性质的依据,也是工程岩体分类的基础。从工程事件来看,主要表现在岩石的强度和变形性质方面。根据室内岩块试验,可以获得岩石的抗压、抗拉、抗剪和弹性参数及其他指标。应用上述参数来评价和衡量岩石质量的好坏,至今尚没有统一的标准,从国内外岩体分类的情况来看,目前都沿用室内单轴抗压强度指标来反映。此外,为便于现场获取资料,更为简洁而准确的是在现场进行点荷载试验,它们的换算关系为 $\sigma_c = 24I_s$($I_s$ 为点电荷强度指数)。

*2. 岩体的完整性*

岩体的工程性质好坏基本上不取决于或很少取决于组成岩体的岩块的力学性质,而是取决于受到各种地质因素和各种地质条件影响形成的各种软弱结构面(简称节理)和其间的充填物质,即它们本身的空间分布状态,包括结构面的组数、间距及单位体积岩体中的节理数。它们直接削弱了岩体的工程地质。所以,岩体完整性的定量指标是表征岩体工程性质的重要参数。

目前,在岩体分类中能定量地反映结构面影响因素的方法有二:一为结构面特征的统计结果,包括节理组数、节理间距、体积裂隙率以及结构面的粗糙程度及其充填物的状况,都是工程岩体分类应用的重要参数;二为岩体的弹性波(主要为纵波)的波速。纵波速度能综合反映岩体的完整性,所以弹性波波速也往往是工程岩体分类的一个重要参数。

风化作用是指一种对结构面的影响。当工程处于地表时,如边坡稳定的坝基、土木工程等,则必须考虑由于风化作用对岩体的影响;对地下工程,则可较少考虑。目前,在工程岩体分类中,往往只是定性地考虑风化作用的影响,缺乏有效的定量评价方法。

3. 水的影响

水对岩体质量的影响主要表现为两个方面:一是使岩石及结构面充填物的物理力学性质恶化;二是沿岩体结构面形成渗透,影响岩体的稳定性。

就水对工程岩体分类的影响而言,尚缺乏有效的定量评价方法,一般使用定性与定量相结合的方法。

4. 地应力

对工程岩体分类来说,地应力是一个独立因素。但它难以测量,它对工程的影响程度也难以确定。在我国西南、西北高地应力地区,会出现由高地应力而产生的特殊问题。但在一般的工程岩体分类中,此因素考虑得较少。目前,对地应力因素往往只能在综合因素中反映,如纵波波速、位移量等。

5. 某些综合因素

在工程岩体分类中,一是用隧洞的自稳时间或塌落量来反映工程的稳定性,二是应用巷道顶面的下沉位移量来反映工程的稳定性。这些因素只是岩石质量、结构面、水、地应力等因素的综合反映。在有的岩体分类中,把它作为岩体分类以后的岩体稳定性评价来考虑。

综上所述,目前在工程岩体分类中,作为评价的独立因素只有岩石质量、岩体结构面和水的影响三项,地应力的影响只能在综合因素中反映。

## 二、工程岩体代表性分类系统介绍

### (一)按岩石质量指标 *RQD* 分类

岩石质量指标由 Deere 于 1963 年提出,后来由他和其他人完善起来。*RQD* 是以修正的岩芯采集率来确定的,岩芯采集率就是采取岩芯总长度与钻孔长度之比。而 *RQD*,即修正的岩芯采集率是选用完整的、长度不小于 10 cm 的岩芯总长度与钻孔长度之比,并用百分数表示,即

$$RQD = \frac{\sum l}{L} \times 100\% \tag{2-37}$$

式中　$l$——岩芯单节长,≥10 cm;

$L$——同一岩层中的钻孔长度。

工程实践说明,*RQD* 是一种比岩芯采集率更好的指标,它反映了岩体的完整性好坏,目前已被广泛应用于岩土工程,它具有简单、实用的特点。根据它与岩体质量之间的关系,可按 *RQD* 值的大小来描述岩体的质量,岩体分级标准如表 2-9 所示。

表 2-9　按 *RQD* 值的大小对岩体工程进行分级

| 等级 | *RQD*(%) | 工程分级 |
|---|---|---|
| Ⅰ | 90～100 | 极好的 |
| Ⅱ | 75～90 | 好的 |
| Ⅲ | 50～75 | 中等的 |
| Ⅳ | 25～50 | 差的 |
| Ⅴ | 0～25 | 极差的 |

**(二)以弹性波(纵波)速度分类**

弹性波在岩体中的传播显然与在均质、各向同性及完整的岩石中不同,岩体中结构面的存在一方面使波速明显下降,另一方面会使其传播能量有不同程度的消耗,所以弹性波的变化能反映岩体的结构特征和完整性。

日本池田和彦经过近 10 年的时间,对日本的大约 70 座铁路隧道进行了地质、施工以及声波测试结果的调查,于 1969 年提出了日本铁路隧道围岩强度分类。他首先将岩质分成 A、B、C、D、E、F 6 类,再根据弹性波在岩体中的速度将围岩强度分为 7 类(见表 2-10)。

表 2-10　日本铁路隧道围岩分类

| 围岩强度分类 | 岩质 | | | | | | 良好程度 | 说明 |
|---|---|---|---|---|---|---|---|---|
| | A | B | C | D | E | F | | |
| 1 | >5.0 | | >4.8 | >4.2 | | | 好 | 1. 开挖面有涌水时,分类要降一级<br>2. 膨胀型岩石(蛇纹岩、变质安山岩、石墨片岩、凝灰岩、温泉余土)的弹性波速度值要特别考虑这种情况,其速度值小于 4.0 km/s,泊松比大于 0.3<br>3. 当风化岩层泊松比小于 0.3 时,分类要提高一级到两级<br>4. 单位:km/s |
| 2 | 4.4～5.0 | | 4.2～4.8 | 3.6～4.2 | | | | |
| 3 | 4.0～4.6 | 4.2～4.8 | 3.8～4.4 | 2.8～3.8 | >2.6 | | 中等 | |
| 4 | 3.0～4.2 | 3.8～4.4 | 3.4～4.0 | 2.8～3.4 | 2.0～2.6 | | | |
| 5 | 3.2～3.8 | 3.4～4.0 | 3.0～3.6 | 2.4～3.0 | 1.6～2.2 | 1.2～1.8 | | |
| 6 | <3.4 | <3.6 | <3.2 | <2.6 | <1.8 | 0.8～1.4 | 差 | |
| 7 | | | | | <1.4 | <1.0 | | |

**(三)节理岩体的 RMR 分类方法**

节理岩体的 RMR 分类方法是由南非科学和工业研究委员会(CSIR)的 Bieniawski 在

1976 年提出后经过多次修改,逐渐趋于完整的一种综合分类方法。当原来的 RMR 分类在实际应用中取得一些经验以后,Bieniawski 对自己的分类进行了修改,修改后的分类系统考虑了以下五个基本分类参数(见表 2-11):

表 2-11　节理岩体的 RMR 分类

<table>
<tr><td rowspan="3">1</td><td rowspan="2">完整岩石的强度(MPa)</td><td>点荷载强度</td><td>>10</td><td>4~10</td><td>2~4</td><td>1~2</td><td colspan="3">此低值区最好采用单轴抗压强度</td></tr>
<tr><td>单轴抗压强度</td><td>>250</td><td>100~250</td><td>50~100</td><td>25~50</td><td>5~25</td><td>1~5</td><td>>1</td></tr>
<tr><td colspan="2">评分</td><td>15</td><td>12</td><td>7</td><td>4</td><td>2</td><td>1</td><td>0</td></tr>
<tr><td rowspan="2">2</td><td colspan="2">RQD 值(%)</td><td>90~100</td><td>75~90</td><td>50~75</td><td>25~50</td><td colspan="3"><25</td></tr>
<tr><td colspan="2">评分</td><td>20</td><td>17</td><td>13</td><td>8</td><td colspan="3">3</td></tr>
<tr><td rowspan="2">3</td><td colspan="2">节理间距(cm)</td><td>>200</td><td>60~200</td><td>20~60</td><td>6~20</td><td colspan="3"><6</td></tr>
<tr><td colspan="2">评分</td><td>20</td><td>15</td><td>10</td><td>8</td><td colspan="3">5</td></tr>
<tr><td rowspan="2">4</td><td colspan="2">节理状态</td><td>裂开面很粗糙,节理不连通,未张开,两壁岩石未风化</td><td>裂开面粗糙,裂开宽度小于 1 mm,两壁岩石轻度风化</td><td>裂开面粗糙,裂开宽度小于 1 mm,两壁岩石高度风化</td><td>裂开面夹泥厚度小于 5 mm 或裂开宽度为 1~5 mm,节理连通</td><td colspan="3">裂开面夹泥厚度大于 5 mm 或裂开宽度大于 5 mm,节理连通</td></tr>
<tr><td colspan="2">评分</td><td>30</td><td>25</td><td>20</td><td>10</td><td colspan="3">0</td></tr>
<tr><td rowspan="4">5</td><td rowspan="3">地下水状况</td><td>隧洞中每 10 m 长段涌水量(L/min)</td><td>0</td><td><10</td><td>10~25</td><td>25~125</td><td colspan="3">>125</td></tr>
<tr><td>$\frac{节理水压力}{大主应力}$值</td><td>0</td><td>0~0.1</td><td>0.1~0.2</td><td>0.2~0.5</td><td colspan="3">>0.5</td></tr>
<tr><td>隧洞干燥程度</td><td>干燥</td><td>稍潮湿</td><td>潮湿</td><td>滴水</td><td colspan="3">涌水</td></tr>
<tr><td colspan="2">评分</td><td>15</td><td>10</td><td>7</td><td>4</td><td colspan="3">0</td></tr>
</table>

(1)完整岩石材料的强度。

(2)岩石质量指标(*RQD*)。

(3)节理间距。节理是指所有的不连续结构面,它可能是节理、断层、层理面以及其他弱面。

(4)节理状况。这个参数考虑了节理宽度或开口宽度、连续性、表面粗糙度、节理面的状况(软或硬)以及所含的充填物等因素。

(5)地下水状况。

根据观察到的隧道涌水量、裂隙水压力与岩体主应力之比,或用对地下水条件的某个一般性的定性观测结果,来考虑地下水流对开挖体稳定性的影响。

RMR 分类系统采用各个参数评分的方法,即对每一参数均按照表 2-11 所示规定逐一给出评分值,然后将各个参数的评分值相加,就得到岩体的总评分值。总评分值确定后,还必须按节理方位的不同做出适当修正(见表 2-12)。表 2-13 列出了各种不同评分值的岩体类别、岩性描述及地下开挖体不加支护而能保持稳定的时间和岩体强度参数。表 2-12的解释见表 2-14。另外,Bieniawski 还给出了隧洞未支护跨度的稳定时间与 RMR 分类指标的关系(见图 2-11)。据此,只要确定了岩体的评分值,就可以估计在要求期限内岩体能够保证稳定的最大跨度值,或是在给定跨度情况下不支护时岩体能够稳定的时间。

**表 2-12　按节理产状修正评分值**

| 节理走向和倾向 | 非常有利 | 有利 | 一般 | 不利 | 非常不利 |
| --- | --- | --- | --- | --- | --- |
| 隧道 | 0 | -2 | -5 | -10 | -12 |
| 地基 | 0 | -2 | -7 | -15 | -25 |
| 边坡 | 0 | -5 | -25 | -50 | -60 |

**表 2-13　RMR 岩体分类级别的含义**

| 分类级别 | Ⅰ | Ⅱ | Ⅲ | Ⅳ | Ⅴ |
| --- | --- | --- | --- | --- | --- |
| 质量描述 | 非常好的岩体 | 好岩体 | 一般岩体 | 差岩体 | 非常差的岩体 |
| 评分值 | 81~100 | 61~80 | 41~60 | 21~40 | <20 |
| 平均稳定时间 | 5 m 跨度 10 年 | 4 m 跨度 6 个月 | 3 m 跨度 1 星期 | 1.5 m 跨度 5 h | 0.5 m 跨度 10 min |
| 岩体黏聚力(kPa) | >300 | 200~300 | 150~200 | 100~150 | <100 |
| 岩体内摩擦角(°) | >45 | 40~45 | 35~40 | 30~35 | <30 |

**表 2-14　节理走向和倾角对开挖的影响**

<table>
<tr><td colspan="4">走向垂直于隧道轴线</td><td colspan="2" rowspan="2">走向平行于隧道轴线</td><td rowspan="3">倾角 0°~20°<br>不论什么走向</td></tr>
<tr><td colspan="2">沿倾向掘进</td><td colspan="2">反倾向掘进</td></tr>
<tr><td>倾角 45°~90°</td><td>倾角 20°~45°</td><td>倾角 45°~90°</td><td>倾角 20°~45°</td><td>倾角 45°~90°</td><td>倾角 20°~45°</td></tr>
<tr><td>非常有利</td><td>有利</td><td>一般</td><td>不利</td><td>非常有利</td><td>一般</td><td>不利</td></tr>
</table>

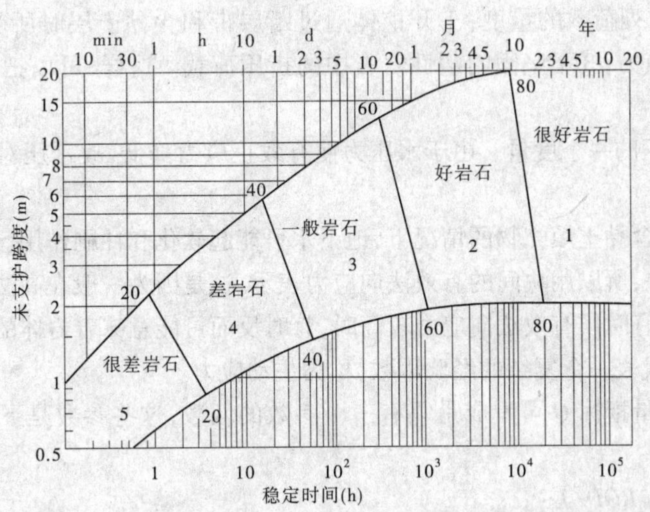


**图 2-11 地下开挖体未支护跨度的稳定时间与 RMR 指标的关系**

RMR 岩体分类方法十分重视岩体中结构面的影响,因此对岩体质量的评价比较符合工程实际情况。但是在地应力比较高的地区,最大主应力作用在节理面上的角度对围岩稳定性的影响程度往往比节理数量更重要,这时应力控制着岩体的变形与破坏,而 Bieniawski在进行岩体评分时却未予以考虑,这就使 RMR 分类法的适用范围受到了一定的限制。

**(四)隧道质量指标 $Q$**

挪威岩土工程研究所的 Barton、Li 和 Lunde 等,根据过去的地下开挖工程稳定性的大量实例,提出了确定岩体的隧道开挖质量指标的方法,此指标 $Q$ 的数值按下式计算:

$$Q = \frac{RQD}{J_n}\frac{J_r}{J_a}\frac{J_w}{SRF} \tag{2-38}$$

式中 $RQD$——Deere 的岩石质量指标;

$J_n$——节理组数;

$J_r$——节理粗糙度系数;

$J_a$——节理蚀变影响系数;

$J_w$——节理水折减系数;

$SRF$——应力折减系数。

第一项比值($RQD/J_n$)代表岩体结构的影响,可作为块度或粒度的粗略量度,其两个极值(100/0.5 和 10/20)相差 4 000 倍。

第二项比值($J_r/J_a$)表示节理壁或节理充填物的粗糙度和摩擦特性。这个比值对于直接接触的未蚀变粗糙节理是比较有利的。可以预计,这类节理面的强度将接近于峰值强度,一旦发生剪切错动,这个节理势必发生急剧的扩容,因而对隧道稳定性特别有利。

当岩石节理带有黏土质矿物覆盖层和含有充填薄层时,其强度显著降低。然而,如果出现了微小的剪切位移后,节理壁彼此接触到一起,则这种接触可能成为防止隧道最终破坏的重要因素。

第三项比值($J_w/SRF$)由两个应力参数组成:

(1) $SRF$,为下列荷载的量度:①开挖体通过断层带和含黏土层时所受的松散荷载;②坚固岩石中的应力;③不坚固的塑性岩石中的挤压荷载。这样,可以把 $SRF$ 看成一个综合应力参数。

(2) $J_w$,为水压的一个度量。由于水压力使有效正应力降低,故水压对节理的抗剪强度起不利作用。

此外,在节理含黏土填充物的情况下,地下水可能起软化和冲刷作用。由于不能将这两个应力参数合并,所以用块间的有效法向应力表示,这是因为一般在高法向应力时抗剪强度较高。但是,有时候有效法向应力较高时,有时反而可能意味着岩体的稳定性差。因此,比值 $J_w/SRF$ 代表一个复杂的经验因数,称为主动应力。

这样,隧道质量指标 $Q$ 可看成是只有三个参数的函数,这些参数是下列几个因素的粗略量度:

(1)岩块尺寸($RQD/J_n$);

(2)岩块间的剪切强度($J_r/J_a$);

(3)主动应力($J_w/SRF$)。

为了把隧道质量指标与开挖体的形态和支护要求联系起来,又规定了一个附加参数,称为开挖体的"当量尺寸"($D_e$),这个参数是将开挖体的跨度、直径或侧帮高度除以所谓的开挖体的"支护比"$ESR$ 而得来的,即

$$D_e = \frac{\text{开挖体的跨度、直径或侧帮高度}}{\text{开挖体的支护比}}$$

开挖体支护比与开挖体的用途和它所允许的不稳定程度有关。Barton 建议 $ESR$ 采用下列数据(见表 2-15)。

**表 2-15 开挖体的支护比**

| 类别 | 开挖工程 | $ESR$ |
|---|---|---|
| A | 临时性矿山巷道 | 3 ~ 5 |
| B | 永久性矿山巷道、水电站饮水涵洞(不包括高水头涵洞)、大型开挖体的导洞、平巷和风巷 | 1.6 |
| C | 地下储存室、地下污水处理工厂、次要公路及铁路隧道、调压室、隧道联络道 | 1.3 |
| D | 地下电站、主要公路及铁路隧道、民防设施、隧道入口及交叉点 | 1.0 |
| E | 地下核电站、地铁车站、地下运动场、公共设施以及地下厂房 | 0.8 |

隧道质量指标 $Q$ 与开挖体不支护而能保持稳定的当量尺寸 $D_e$ 之间的关系如图 2-12 所示。根据 $Q$ 指标的大小把岩体分成 9 类,分别描述为异常差、极差、很差、差、一般、好、很好、极好、异常好。各个参数的详细分类标准见表 2-16。

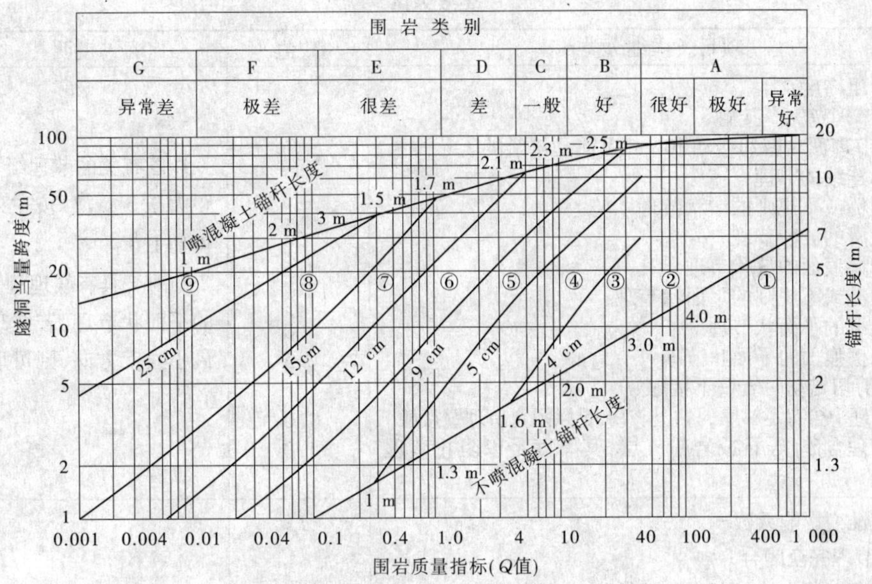


①—不支护；②—喷混凝土；③—锚杆；④—锚杆及喷混凝土；
⑤、⑥、⑦—锚杆及钢纤维喷混凝土；⑧—钢拱及锚杆；⑨—模注混凝土

**图 2-12　不支护的地下开挖体最大当量尺寸与 $Q$ 指标之间的关系**

**表 2-16　隧道质量指标 $Q$ 详细分类标准**

| 项目及详细分类 | 数值 | 说明 |
| --- | --- | --- |
| 1. 岩石质量指标 | $RQD$(%) | 1. 在实测或报告中，若 $RQD$ << 10(包括 0)时，则 $Q$ 名义上取 10<br>2. $RQD$ 隔 5 选取就足够精确，如取 100、95、90、… |
| (1)很差 | 0 ~ 25 | |
| (2)差 | 25 ~ 50 | |
| (3)一般 | 50 ~ 75 | |
| (4)好 | 75 ~ 90 | |
| (5)很好 | 90 ~ 100 | |
| 2. 节理组数 | $J_n$ | 1. 对于巷道交叉口，取 $3J_n$<br>2. 对于巷道入口处，取 $2J_n$ |
| (1)整体性岩体，含少量节理或不含节理 | 0.5 ~ 1.0 | |
| (2)一组节理 | 2 | |
| (3)一组节理，再加些紊乱的节理 | 3 | |
| (4)两组节理 | 4 | |
| (5)两组节理，再加些紊乱的节理 | 6 | |
| (6)三组节理 | 9 | |
| (7)三组节理，再加些紊乱的节理 | 12 | |
| (8)四组或四组以上的节理，随机分布特别发育的节理，岩体被分成“方糖”块等 | 15 | |
| (9)粉碎状岩石，泥状物 | 20 | |

续表 2-16

| 项目及详细分类 | 数值 | 说明 |
| --- | --- | --- |
| 3. 节理粗糙度系数 | $J_r$ | |
| (1)节理壁完全接触 | | |
| (2)节理面在剪切错动 10 cm 以前是接触的 | | |
| ①不连续的节理 | 4 | 1. 若有关的节理组平均间距大于 3 m，$J_r$ 按左列数值再加 1.0 |
| ②粗糙或不规则的波状节理 | 3 | |
| ③光滑的波状节理 | 2 | |
| ④带擦痕面的波状节理 | 1.5 | 2. 对于具有线理且带擦痕的平面状节理，若线理指向最小强度方向，则可取 $J_r$ = 0.5 |
| ⑤粗糙或不规则的平面状节理 | 1.5 | |
| ⑥光滑的平面状节理 | 1.0 | |
| ⑦带擦痕面的平面状节理 | 0.5 | |
| (3)剪切错动时岩壁不接触 | | |
| ①节理中含有足够厚的黏土矿物，足以阻止节理壁接触 | 1.0 | |
| ②节理含砂、砾石或岩粉夹层，其厚度足以阻止节理壁接触 | 1.0 | |
| 4. 节理蚀变影响系数 | $J_a$ | |
| (1)节理完全闭合 | | |
| ①节理壁紧密接触，坚硬、无软化、充填物不透水 | 0.75 | |
| ②节理壁无蚀变，表面只有污染物 | 1.0 | |
| ③节理壁轻微蚀变，不含软矿物覆盖层、砂砾和无黏土的解体岩石等 | 2.0 | |
| ④含有粉砂质或砂质黏土覆盖层和少量黏土细粒(非软化的)项目及详细分类 | 3.0 | |
| ⑤含有软化或摩擦力低的黏土矿物覆盖层，如高岭土和云母。它可以是绿泥石、滑石和石墨等，以及少量的膨胀性黏土(不连续的覆盖层，厚度≤1 ~ 2 mm) | 4.0 | |
| (2)节理壁在剪切错动 10 cm 前是接触的 | | |
| ①含砂砾和无黏土的解体岩石等 | 4.0 | |
| ②含有高度固结的、非软化的黏土矿物充填物(连续的厚度小于 5 mm) | 6.0 | 如果存在蚀变产物，则残余摩擦角可作为蚀变产物的矿物学性质的一种近似标准 |
| ③含有中等(或轻度)固结的软化的黏土矿物充填物(连续的厚度小于 5 mm) | 8.0 | |
| ④含膨胀型黏土充填物，如蒙脱石(连续的厚度小于 5 mm)，$J_a$ 值取决于膨胀型黏土颗粒所占的百分数及含水量 | 8.0 ~ 12.0 | |
| (3)剪切错动时节理壁不接触 | | |
| ①含有解体岩石或岩粉及黏土的夹层[见关于黏土条件的第(2)②、(2)③和(2)④款] | 6.0 | |
| ②含有解体岩石或岩粉及黏土的夹层[见关于黏土条件的第(2)②、(2)③和(2)④款] | 8.0 | |
| ③含有解体岩石或岩粉及黏土的夹层[见关于黏土条件的第(2)②、(2)③和(2)④款] | 8.0 ~ 12.0 | |
| ④由粉砂质或砂质黏土和少量黏土微粒(非软化的)构成的夹层 | 5.0 | |
| ⑤含有厚而连续的黏土夹层[见关于黏土条件的第(2)②、(2)③和(2)④款] | 10.0 ~ 13.0 | |

**续表 2-16**

| 项目及详细分类 | 数值 | 说明 |
|---|---|---|
| 5. 节理水折减系数 | $J_w$ 水压力的近似值　($kg/cm^2$) | 1. (3)～(6)款的数值均为粗略值，如采取疏干措施，$J_w$ 可取大些<br>2. 由结冰引起的特殊问题表中没有考虑 |
| (1)隧道干燥或只有极少量的渗水，即局部地区渗流量小于5 L/min | 1.0　<1.0 | |
| (2)中等流量或中等压力，偶尔发生节理充填物被冲刷现象 | 0.66　1.0～2.5 | |
| (3)节理无充填物，岩石坚固，流量大或水压高 | 0.5　2.5～10.0 | |
| (4)流量大或水压高，大量充填物均被冲出 | 0.33　2.5～10.0 | |
| (5)爆破时，流量特大或压力特高，但随时间增长而减弱 | 0.2～0.1　>10 | |
| (6)持续不衰减的特大流量，或特高水压 | 0.1～0.05　>10 | |
| 6. 应力折减系数 | *SRF* | 1. 如果有关的剪切带仅影响到开挖体，而不与之交叉，则 *SRF* 值减少 25%～50%<br>2. 对于各向应力差别较大的原岩应力场（若已测出的话），当 $5 << \sigma_1/\sigma_3 << 10$ 时，$\sigma_c$ 减为 $0.8\sigma_c$，$\sigma_t$ 减为 $0.8\sigma_t$，当 $\sigma_1/\sigma_3 > 10$ 时，$\sigma_c$ 减为 $0.6\sigma_c$，$\sigma_t$ 减为 $0.6\sigma_t$。这里 $\sigma_c$、$\sigma_t$ 分别表示单轴抗压强度和抗拉强度（点荷载试验），$\sigma_1$、$\sigma_3$ 分别为最大和最小主应力<br>3. 洞室埋深小于其跨度的情况很少，建议将 *SRF* 从 2.5 增至5[见(2)①款] |
| (1)软弱区穿切开挖体，当隧道掘进时 *SRF* 开挖体可能引起岩体松动 | | |
| ①含黏土或化学分解的岩石的软弱区多处出现，围岩十分松软（深浅不限） | 10.0 | |
| ②含黏土或化学分解的岩石的单一软弱区（开挖深度小于50 m） | 5.0 | |
| ③含黏土或化学分解的岩石单一软弱区（隧道深度大于50 m） | 2.5 | |
| ④岩石坚固，不含黏土，但多处出现剪切带，围岩松散（深度不限） | 7.5 | |
| ⑤不含黏土的坚固岩石中单一的剪切带（开挖深度小于50 m） | 5.0 | |
| ⑥不含黏土的坚固岩石中单一的剪切带（开挖深度大于50 m） | 2.5 | |
| ⑦含松软的张开节理，节理很发育或像"方糖"块（深度不限） | 5.0 | |
| (2)坚固岩石，岩石应力问题 | $\sigma_c/\sigma_3$　$\sigma_t/\sigma_3$　*SRF* | |
| ①低应力，接近地表 | >200　>13　2.5 | |
| ②中等应力 | 200～10　13～0.66　1.0 | |
| ③高应力，岩体结构非常紧密（一般有利于稳定，但对侧帮稳定可能不利） | 10～5　0.66～0.33　0.5～2 | |
| ④轻微岩爆（整体岩石） | 5～2.5　0.33～0.16　5～10 | |
| ⑤严重岩爆（整体岩石） | <2.5　<0.16　10～20 | |
| (3)挤压性岩石，在很高的应力影响下不坚固岩石的塑性流动 | *SRT* | |
| ①挤压性轻微的岩石压力 | 5～10 | |
| ②挤压性很大的岩石压力 | 10～20 | |
| (4)膨胀性岩石，化学膨胀活性取决于水的存在与否 | | |
| ①膨胀性轻微的岩石压力 | 5～10 | |
| ②膨胀性很大的岩石压力 | 10～20 | |

续表 2-16

使用本表的补充说明

在估算岩体质量($Q$)的过程中,除遵照表内说明栏的说明外,尚须遵守下列原则:

①如果无法得到钻孔岩芯,则 $RQD$ 值可由单位体积的节理数来估算,在单位体积中,对每组节理按每米长度计算其节理数,然后相加。对于不含黏土的岩体,可用简单的关系式将节理数换算成 $RQD$ 值,如下:

$$RQD = 115 - 3.3J_v \text{(近似值)}$$

式中　$J_v$——每立方米的节理总数。

②代表节理组数的参数 $J_n$ 常常受页理、片理、板岩劈理或层理等的影响。如果这类平行的节理很发育,显然可视之为一个节理组,但如果明显可见的节理很稀疏,或者岩芯中由于这些节理偶尔出现个别断裂,则在计算 $J_n$ 时,视它们为紊乱的节理(或"随机节理")似乎更为合适。

③代表抗剪强度的参数 $J_r$ 和 $J_n$ 应与给定区域中最软弱的主要节理组或黏土充填的不连续面联系起来。但是,如果这些 $J_r/J_n$ 值最小的节理组或不连续面的方位对稳定是有利的,这时,方位比较不利的第二组节理或不连续面有时可能更为重要,在这种情况下,计算 $Q$ 值时要用后者较大的 $J_r/J_n$ 值。事实上,$J_r/J_n$ 值应当与最可能首先破坏的岩面有关。

④当岩体含黏土时,必须计算出适用于松散荷载的因数 $SRF$。这时,完整岩石的强度并不重要。但是,如果节理很少,又完全不含黏土,则完整岩石的强度可能变成最弱的环节,稳定性完全取决于岩体应力与岩体强度之比。各向应力差别极大的应力场对于稳定性是不利的因素,这种应力场已在表中第 2 点关于应力折减因素的说明栏中作了粗略考虑。

⑤如果现实的或将来的现场条件均使岩体处于水饱和状态,则完整岩石的抗压强度和抗拉强度应在饱和状态下进行测定。若岩体受潮或在饱和后即行变坏,则估计这类岩体的强度时应当更加保守一些。

RMR 岩体分类方法和隧道质量指标($Q$)分类方法都考虑了足够的信息,足以对影响地下工程稳定性的各种因素做出切实的综合评价,而且使用都很简便,可用于大多数岩石工程。前者较为重视岩体结构面的方位和倾角,但未考虑到岩体的应力。后者虽然不包括节理方位,但在评价节理粗糙度和蚀变影响因素时,却考虑了最不利节理组的特性,粗糙度和蚀变影响均代表了岩体的抗剪强度。二者都认为结构面方位和倾角的影响都远比通常预想的要小。$RMR$ 和 $Q$ 之间的关系可近似地表示为:

$$RMR = 9\ln Q + 44 \tag{2-39}$$

由于 RMR 分类原是为解决坚硬节理岩体中浅埋隧道工程而发展起来的,所以在处理那些造成挤压、膨胀和涌水等极其软弱的岩体问题时,效果不好,应改用 $Q$ 指标法。

## 三、我国工程岩体分级标准

### (一)工程岩体分级的基本方法

1. 确定岩体基本质量

按定性、定量相协调的要求,最终定量确定岩体的坚硬程度与岩体完整性指数($K_v$)。

岩体坚硬程度采用岩石单轴饱和抗压强度 $R_c$ 表示。当无条件取得 $R_c$ 时,亦可实测岩石的点荷载强度指数 $I_{s(50)}$ 来进行换算（$I_{s(50)}$ 指直径 50 mm 圆柱形试件径向加压时的点荷载强度）。$R_c$ 与 $I_{s(50)}$ 的换算关系如下：

$$R_c = 22.82I_{s(50)}^{0.75} \tag{2-40}$$

$R_c$ 与定性划分的岩石坚硬程度的对应关系见表 2-17。

**表 2-17　$R_c$ 与定性划分的岩石坚硬程度的对应关系**

| $R_c$(MPa) | >60 | 60~30 | 30~15 | 15~5 | <5 |
|---|---|---|---|---|---|
| 坚硬程度 | 坚硬岩 | 较坚硬岩 | 较软岩 | 软岩 | 极软岩 |

岩体完整性指数 $K_v$ 可根据弹性波速度测试方法确定，即

$$K_v = v_{pm}^2 / v_{pr}^2$$

式中　$v_{pm}$——岩体的弹性波纵波速度，km/s；

$v_{pr}$——岩石的弹性波纵波速度，km/s。

当现场缺乏弹性波测试条件时，可选择有代表性的露头或开挖面，对不同的工程地质岩组进行节理裂隙统计，根据统计结果计算岩体体积节理数 $J_v$（条/m³），即

$$J_v = S_1 + S_2 + \cdots + S_n + S_k \tag{2-41}$$

式中　$S_n$——第 $n$ 组节理每米测线上的条数；

$S_k$——每立方米岩体非成组节理条数。

$J_v$ 与 $K_v$ 的对照关系见表 2-18，$K_v$ 与岩体完整性划分的对应关系见表 2-19。

**表 2-18　$J_v$ 与 $K_v$ 的对照关系**

| $J_v$(条/m³) | <3 | 3~10 | 10~20 | 20~35 | >35 |
|---|---|---|---|---|---|
| $K_v$ | >0.75 | 0.75~0.55 | 0.55~0.35 | 0.35~0.15 | <0.15 |

**表 2-19　$K_v$ 与岩体完整性划分的对应关系**

| $K_v$ | >0.75 | 0.75~0.55 | 0.55~0.35 | 0.35~0.15 | <0.15 |
|---|---|---|---|---|---|
| 完整程度 | 完整 | 较完整 | 较破碎 | 破碎 | 极破碎 |

2. 岩体基本质量分级

（1）岩体基本质量指标 $BQ$ 按下式计算：

$$BQ = 90 + 3R_c + 250K_v \tag{2-42}$$

式中　$R_c$——岩石单轴饱和抗压强度值，MPa。

注意，使用式（2-42）时应遵守下列限制条件：

当 $R_c > 90K_v + 30$ 时，应以 $R_c = 90K_v + 30$ 和 $K_v$ 代入计算 $BQ$ 值；当 $K_v > 0.04R_c + 0.4$ 时，应以 $K_v = 0.04R_c + 0.4$ 和 $R_c$ 代入计算 $BQ$ 值。

（2）按计算所得的 $BQ$ 值，结合表 2-20 进行岩体基本质量分级。

表 2-20 岩体基本质量分级

| 基本质量分级 | 岩体基本质量的定性特征 | 岩体基本质量指标（$BQ$） |
|---|---|---|
| Ⅰ | 坚硬岩，岩体完整 | >550 |
| Ⅱ | 坚硬岩，岩体较完整<br>较坚硬岩，岩体完整 | 550～451 |
| Ⅲ | 坚硬岩，岩体较破碎<br>较坚硬岩或软硬岩互层，岩体较完整<br>较软岩，岩体完整 | 450～351 |
| Ⅳ | 坚硬岩，岩体破碎<br>较坚硬岩，岩体较破碎－破碎<br>较软岩或软硬岩互层，且以软岩为主，岩体较完整－较破碎<br>软岩，岩体完整－较完整 | 350～251 |
| Ⅴ | 较软岩，岩体破碎<br>软岩，岩体较破碎－破碎<br>全部极软岩及全部极破碎岩 | <250 |

3. 计算[$BQ$]，确定工程岩体级别

结合工程情况，计算岩体基本质量指标修正值[$BQ$]，并仍按表 2-20 确定本工程的工程岩体级别。

岩体基本质量指标修正值[$BQ$]可按下式计算：

$$[BQ] = BQ - 100(K_1 + K_2 + K_3) \tag{2-43}$$

式中 $K_1$——地下水影响修正系数；

$K_2$——主要软弱结构面产状影响修正系数；

$K_3$——初始应力状态影响修正系数。

$K_1$、$K_2$、$K_3$ 值可分别按表 2-21、表 2-22、表 2-23 确定。当无表中所列的情况时，修正系数取零。当[$BQ$]出现负值时，应按特殊问题进行处理。

表 2-21 地下水影响修正系数 $K_1$

| 地下水出水状态 | $BQ$ | | | |
|---|---|---|---|---|
| | >450 | 450～351 | 350～251 | <250 |
| 潮湿或点滴状出水 | 0 | 0.1 | 0.2～0.3 | 0.4～0.6 |
| 淋雨状或涌流状出水，水压不大于 0.1 MPa 或单位出水量不大于 10 L/(min·m) | 0.1 | 0.2～0.3 | 0.4～0.6 | 0.7～0.9 |
| 淋雨状或涌流状出水，水压大于 0.1 MPa 或单位出水量大于 10 L/(min·m) | 0.2 | 0.4～0.6 | 0.7～0.9 | 1.0 |

表 2-22　主要软弱结构面产状影响修正系数 $K_2$

| 结构面产状及其与洞轴线的组合关系 | 结构面走向与洞轴线夹角小于30°,结构面倾角30°~75° | 结构面走向与洞轴线夹角大于60°,结构面倾角大于75° | 其他组合 |
|---|---|---|---|
| $K_2$ | 0.4~0.6 | 0~0.2 | 0.2~0.4 |

表 2-23　初始应力状态影响修正系数 $K_3$

| 初始应力状态 | *BQ* | | | | |
|---|---|---|---|---|---|
| | >550 | 550~451 | 450~351 | 350~251 | <250 |
| 极高应力区 | 1.0 | 1.0 | 1.0~1.5 | 1.0~1.5 | 1.0 |
| 高应力区 | 0.5 | 0.5 | 0.5 | 0.5~1.0 | 0.5~1.0 |

## (二)工程岩体分级标准的应用

1. 岩体物理力学参数的选用

工程岩体基本级别一旦确定以后,可按表 2-24 选用岩体的物理力学参数以及按表 2-25 选用岩体结构面抗剪断峰值强度参数。

表 2-24　岩体物理力学参数

| 岩体基本质量级别 | 容重 (kN/m³) | 抗剪断峰值强度 | | 变形模量 *E* (GPa) | 泊松比 $\mu$ |
|---|---|---|---|---|---|
| | | 内摩擦角 $\varphi$ (°) | 黏聚力 *c* (MPa) | | |
| Ⅰ | >26.5 | >60 | >2.1 | >33 | <0.2 |
| Ⅱ | >26.5 | 60~50 | 2.1~1.5 | 33~20 | 0.2~0.25 |
| Ⅲ | 26.5~24.5 | 50~39 | 1.5~0.7 | 20~6 | 0.25~0.3 |
| Ⅳ | 24.5~22.5 | 39~27 | 0.7~0.2 | 6~1.3 | 0.3~0.35 |
| Ⅴ | <22.5 | <27 | <0.2 | <1.3 | >0.35 |

表 2-25　结构面抗剪断峰值强度

| 序号 | 两侧岩体的坚硬程度及结构面的结合程度 | 内摩擦角(°) | 黏聚力(MPa) |
|---|---|---|---|
| 1 | 坚硬岩,结合好 | >37 | >0.22 |
| 2 | 坚硬-较坚硬岩,结合一般<br>较软岩,结合好 | 37~29 | 0.22~0.12 |
| 3 | 坚硬-较坚硬岩,结合差<br>较软-软岩,结合一般 | 29~19 | 0.12~0.08 |
| 4 | 较坚硬-较软岩,结合差-结合很差<br>软岩,结合差<br>软质岩的泥化面 | 19~13 | 0.08~0.05 |
| 5 | 较坚硬岩及全部软质岩,结合很差<br>软质岩泥化层本身 | <13 | <0.05 |

2. 地下工程岩体自稳能力的确定

利用标准中所列的地下工程自稳能力(见表2-26),可以对跨度不大于20 m的地下工程做稳定性初步评价,当实际自稳能力与表中相应级别的自稳能力不相符时,应对岩体级别做相应调整。

表2-26 地下工程岩体自稳能力

| 岩体级别 | 自稳能力 |
|---|---|
| Ⅰ | 跨度小于20 m,可长期稳定,偶有掉块,无塌方 |
| Ⅱ | 跨度10~20 m,可基本稳定,局部可发生掉块或小塌方<br>跨度小于10 m,可长期稳定,偶有掉块 |
| Ⅲ | 跨度10~20 m,可稳定数日至一个月,可发生小至中塌方<br>跨度5~10 m,可稳定数月,可发生局部块体位移及小至中塌方<br>跨度小于5 m,可基本稳定 |
| Ⅳ | 跨度大于5 m,一般无自稳能力,数日至数月内可发生松动变形、小塌方,进而发展为中至大塌方。当埋深小时,以拱部松动破坏为主;当埋深大时,有明显塑性流动变形和挤压破坏<br>跨度小于5 m,可稳定数日至一个月 |
| Ⅴ | 无自稳能力 |

注:1. 小塌方是指塌方高度小于3 m,或塌方体积小于30 $m^3$。
2. 中塌方是指塌方高度为3~6 m,或塌方体积为30~100 $m^3$。
3. 大塌方是指塌方高度大于6 m,或塌方体积大于100 $m^3$。

# 思考题

1. 岩石与岩体的区别是什么?
2. 岩石通常按照其成因可分为哪三大类岩石?其特点分别是什么?
3. 构成岩石的主要造岩矿物有哪些?
4. 为什么说基性岩和超基性岩最容易风化?
5. 常见岩石的结构连接类型有哪几种?
6. 各种不同类型的岩石结构对岩石的风化有何影响?
7. 反映岩石水理性质的指标包括哪些?
8. 在工程中岩石的比重如何得到?
9. 由试验直接测得的岩石物理性质指标有哪些?
10. 岩石的含水率、吸水率、饱水率有什么不同?
11. 对于工程而言,岩石的渗透系数和岩体的渗透系数哪个更重要?
12. 岩石的自由膨胀率和侧向约束膨胀力有什么不同?
13. 什么是膨胀压力?
14. 岩石的软化系数是怎样定义的?

15. 试述岩石的耐崩解性指数。
16. 什么是岩石的抗冻系数?
17. 结构面按地质成因分类可分为哪几类?
18. 结构面的自然特征包括哪些方面?
19. 怎样绘制裂隙统计图?
20. 何为二向裂隙度?
21. 何为裂隙频率?
22. 岩体工程分类的方法有哪些?
23. 岩体结构划分的主要依据是什么?
24. 什么是岩芯采取率?
25. RMR 分类方法主要考虑哪些因素?
26. 国际"工程岩体分级标准"岩体基本质量分级要考虑哪些因素?

## 习　题

2-1　已知某岩石试样容重 $\gamma=13.5\ \mathrm{kN/m^3}$，比重 $G_s=2.8$，天然含水率(同土力学概念)$\omega=6\%$，试计算岩样的孔隙率 $n$、干容重 $\gamma_d$ 以及饱和容重 $\gamma_{sat}$。

2-2　一长为 2.0 m、截面面积为 0.5 $\mathrm{m^2}$ 的大理岩柱体，求在环境温度骤然下降 40 ℃条件下，岩柱散失热量及温差引起的变形大小。(已知大理岩比热 $c=0.85\ \mathrm{J/(g\cdot ℃)}$，线膨胀系数 $\alpha=1.5\times10^{-5}/℃$)。

2-3　在由中粒花岗岩构成的工程岩体中，有三组原生节理互相直角相交，各组节理的间距分别为 25 cm、35 cm、45 cm，试计算裂隙频率和结构体的大小，判断该岩体属于哪种结构类型。

2-4　据现场观测，中粒花岗岩体中，节理均呈微张开(宽度小于 1 mm)，节理面有轻度风化，但保持潮湿状态，又实测点荷载指数为 7.5，若按最有利的条件开凿直径为 5 m 的隧洞，试估算无支护条件下的洞室最长稳定时间。

2-5　某岩体的单轴饱和抗压强度 $R_c=45$ MPa，岩体完整性指数 $K_v=0.6$，按我国工程岩体分级标准，岩体基本质量级别应为哪一级?

# 第三章　岩石的强度和变形

## 第一节　概　述

一般而言,岩石力学特性主要反映为变形和破坏。因而,岩石力学性质研究的核心内容是岩石的变形和强度。岩石在加载作用下,首先发生的力学反应是变形,其变形随荷载增加逐渐增大,最终将导致岩石破坏。岩石是矿物集合体,具有相当复杂的组成成分和结构,因此其力学属性也很复杂,这也导致岩石力学研究主要问题的复杂性。

岩石的破坏现象常常表现很复杂,根据大量的试验和观察,常将岩石的破坏归纳为以下三种类型:

(1)脆性破坏。岩石在荷载作用下没有显著察觉到变形就突然破坏。大多数新鲜坚硬的岩石在一定条件下会表现出脆性破坏的性质,产生这种破坏可能是岩石中裂隙的发生和发展的结果。利用电子扫描、显微技术可观察到岩石试件微观结构以及在加荷下的变化,在荷载不断增加的情况下,孔隙贯通,裂隙数量增加,裂纹合并、交叉,逐渐形成宏观破裂。在工程中,例如地下洞室开挖后,洞室围岩可能产生新的裂隙,尤其是洞顶的张裂隙,这些都是脆性破坏的结果。

(2)塑性破坏。岩石在破坏之前的变形较大,没有明显的破坏荷载,表现出显著的塑性变形、流动或挤出,这种破坏常发生在一些软弱岩石中,在两向或三向应力下,或在高温的环境下,有些坚硬岩石也呈现这种破坏特征。一般来说,塑性破坏是由于岩石显著的塑性变形导致的破坏。通常认为,塑性变形是岩石内结晶晶格错位的结果。在有些洞室工程中,底部岩石隆起,两侧围岩向洞内鼓胀都是塑性破坏的例子。

(3)弱面剪切破坏。由于岩层中存在节理、裂隙、层理和软弱夹层等软弱结构面,岩石的整体性受到破坏,在荷载作用下,当这些软弱结构面上的剪应力大于该面上的强度时,岩体产生沿软弱面的剪切破坏,从而使整个岩体滑动,尽管远离软弱面的岩体并未达到破坏。岩坡工程的滑坡、岩基沿软弱夹层的滑动及岩石试件沿潜在破坏面的滑动,都属于这种破坏。图 3-1 为岩石破坏类型的示意图。

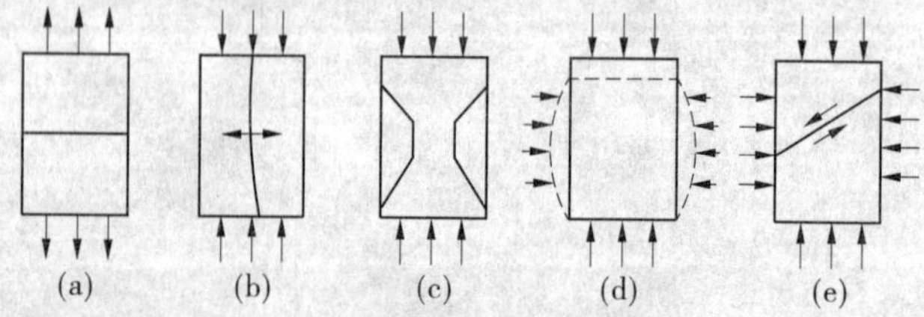


(a)、(b)脆性断裂破坏;(c)脆性剪切破坏;(d)塑性破坏;(e)弱面剪切破坏

图 3-1　岩石破坏类型示意图

# 第二节　岩石的强度

岩石在荷载作用下达到破坏时所承受的最大应力称为岩石的强度。根据荷载类型的不同,岩石的强度又分为单轴抗压强度、单轴抗拉强度和抗剪强度等,各种强度都不是岩石的固有性质,而是一种试验指标值。岩石的强度通过试验测定,所测得的岩石强度指标值一般受以下因素的影响:试件尺寸和形状,试件加工精度,加荷速率,含水状态,温度和应力状态等。

## 一、岩石的单轴抗压强度

岩石的单轴抗压强度(简称岩石抗压强度)是岩石试件在单轴压力下抵抗破坏的极限能力,在数值上等于破坏时的最大应力。岩石抗压强度可用试件破坏时的最大轴向压力除以试件的横截面面积计算,即

$$R_c = \frac{P}{A} \tag{3-1}$$

式中　$R_c$——抗压强度,MPa;

$P$——最大荷载,MN;

$A$——试件的受压横截面面积,$m^2$。

岩石抗压强度通常在实验室由压力机加压试验测定。岩石单轴抗压试验中试件制作要求和加载速率可参照规范进行,目前可参考的规范主要有《工程岩石试验方法标准》(GB/T 50266—99)和《水利水电工程岩石试验规程》(SL 264—2001)。

岩石单轴抗压试验时,试件尺寸和形状可选用圆柱形试件,直径 5 cm 或稍大,高为直径的 2~2.5 倍。试验时以 0.5~0.8 MPa 的加荷速率加荷,直至试件破坏。岩石单轴抗压强度试验通常取不少于 5 个试件。

常见岩石的抗压强度和抗拉强度值见表 3-1。

**表 3-1　常见岩石的抗压强度和抗拉强度**

| 岩石名称 | 抗压强度 $R_c$ (MPa) | 抗拉强度 $R_t$ (MPa) | 岩石名称 | 抗压强度 $R_c$ (MPa) | 抗拉强度 $R_t$ (MPa) |
|---|---|---|---|---|---|
| 花岗岩 | 100~250 | 7~25 | 石灰岩 | 30~250 | 5~25 |
| 闪长岩 | 180~300 | 15~30 | 白云岩 | 80~250 | 15~25 |
| 粗玄岩 | 200~350 | 15~35 | 煤 | 5~50 | 2~5 |
| 辉长岩 | 180~300 | 15~30 | 石英岩 | 150~300 | 10~30 |
| 玄武岩 | 150~300 | 10~30 | 片麻岩 | 50~200 | 5~20 |
| 砂　岩 | 20~170 | 4~25 | 大理岩 | 100~250 | 7~20 |
| 页　岩 | 10~100 | 2~10 | 板　岩 | 100~200 | 7~20 |

影响岩石的抗压强度的因素很多,主要为岩石本身特性和试验方法。

(1)矿物成分。不同矿物组成的岩石具有不同的抗压强度,这是由于不同矿物有着不同的强度。即使相同矿物组成的岩石,由于其生成环境的影响,它们的抗压强度也可能相差很大。例如,石英石是已知矿物中强度最大的矿物,如果石英的颗粒在岩石中互相连接成骨架,则随着石英含量的增加,岩石的强度也增加。石英岩中石英颗粒呈结晶状,所以石英岩强度很大(可达 300 MPa),而在花岗岩中,如果石英颗粒是分散的,未组成骨架,则即使石英含量增加,对花岗岩强度的影响也相对要小很多。

(2)结晶程度和颗粒大小。一般而言,结晶岩石比非结晶岩石的强度高,细粒结晶岩石比粗粒结晶岩石的强度高。如细晶花岗岩的强度能达 250 MPa,而粗晶花岗岩的强度可降低到 120 MPa;以粗晶方解石组成的大理岩强度为 80 ~ 120 MPa,而晶粒为千分之几毫米组成的致密石灰岩的强度能达到 250 MPa。

(3)胶结情况。对沉积岩来说,胶结情况和胶结物对岩石强度影响很大,硅质胶结的岩石具有很高的强度,如致密硅质胶结砂岩,其强度很高,有时可达 170 MPa。石灰质胶结的岩石强度较低,如石灰质胶结的砂岩,其强度为 20 ~ 120 MPa。泥质胶结的岩石强度最低,软弱岩石往往属于这一类。

(4)生成条件。在岩浆岩结构中,成岩环境对岩性影响很大,若其形成具有非结晶物质,则要大大降低岩石的强度。例如,细粒橄榄玄武岩的强度可达 300 MPa 以上,而玄武质熔岩的强度却降低到 30 ~ 150 MPa。生成条件影响的又一方面是埋深。埋深较大的岩石强度高于接近地表岩石的强度,这是由于埋深越大,岩石受压越大,孔隙率越小,因而岩石强度增加。

(5)风化作用。风化对岩石强度影响极大。例如,未风化的花岗岩的抗压强度一般超过 100 MPa,而强风化后其抗压强度可降低至 4 MPa。这是由于风化作用破坏了岩石的粒间连接和晶粒本身,从而使强度降低。

(6)密度。岩石密度也常是反映强度的因素,如石灰岩的密度从 1 500 $kg/m^3$ 增加到 2 700 $kg/m^3$,其抗压强度就由 5 MPa 增加到 180 MPa。又如,当砂岩的密度由 1 870 $kg/m^3$ 增加到 2 570 $kg/m^3$ 时,其强度由 15 MPa 增加到 90 MPa。

(7)水的作用。水对岩石的影响很复杂,包括物理作用和化学作用,使得岩石强度变化较大。一般采用软化系数描述水对岩石抗压强度的影响。软化系数是岩石受水饱和状态试件的抗压强度(湿抗压强度)和干燥状态试件的抗压强度的比值。

(8)试件的几何特征。一般而言,圆柱形试件的强度高于棱柱形试件的强度,这是由后者应力集中而在断面上应力分布不均匀所致,这种影响称为形状效应。岩石试件的尺寸越大,则强度越低,反之越高,这种现象则称为尺寸效应。这是因为试件内分布着从微观到宏观的各种裂隙,它们是岩石破坏的重要诱因。试件尺寸越大,可能包含的裂隙越多,破坏的概率越大,因而强度降低。根据研究,强度随试件横截面面积增大而减小的规律可用下式表示:

$$R_c = (R_c)_0 (\frac{D_0}{D})^m \tag{3-2}$$

式中 $R_c$——直径(圆柱体)或截面边长(立方柱形)为 $D$ 时的抗压强度,MPa;

$(R_c)_0$——当所采用的标准直径或边长为 $D_0$ 时的抗压强度,MPa;

$m$——指数,其值一般为0.1~0.5。

(9)加荷速率。加荷速率越快,岩石的强度越大,这是因为快速加荷具有动力的特性。

## 二、岩石的单轴抗拉强度

岩石的单轴抗拉强度(简称岩石抗拉强度)就是岩石试件在单轴拉力作用下抵抗破坏的极限能力或极限强度,它在数值上等于破坏时的最大拉应力。对岩石直接进行抗拉强度试验比较困难,目前大多进行各种各样的间接试验,再用理论公式算出抗拉强度。

目前常用劈裂法(也称巴西试验法)测定抗拉强度。试件形状经常采用圆柱体和立方体。试验时以0.29~0.49 MPa/s的加荷速率,在圆盘(圆柱)试件的直径方向上施加相对的线荷载,使试件沿直径平面破裂。

试验资料的整理可按弹性力学的解答进行。根据弹性力学公式,岩石的抗拉强度可采用如下公式:

$$R_t = \frac{2P}{\pi D l} \tag{3-3}$$

式中　$R_t$——抗拉强度,MPa;

$P$——作用荷载,MN;

$D$——圆柱体试件的直径,m;

$l$——圆柱体试件的长度,m。

如果试件是立方体,则抗拉强度按下式计算:

$$R_t = \frac{2P}{\pi a^2} \tag{3-4}$$

式中　$a$——立方体试件的边长,m。

其他符号意义同前。

该方法的优点是简单易行,只要有普通压力机就可进行试验。因此,该法已经广泛应用。缺点是其抗拉强度与直接拉伸试验求得的强度有一定的差别。

常见岩石的抗拉强度见表3-1。结果表明,岩石的抗拉强度比抗压强度要小很多,甚至最坚硬的岩石也只有30 MPa左右,有些岩石的抗拉强度仅为2 MPa。一般而言,岩石的抗拉强度与抗压强度之间存在着线性关系,可近似地表示为:

$$R_t = \frac{R_c}{C_m} \tag{3-5}$$

式中　$C_m$——系数,其值在4~10之间变化。

## 三、岩石的抗剪强度

岩石的抗剪强度是岩石抵抗剪切破坏的能力,是岩石力学中需要研究的重要特性之一,往往比抗压强度和抗拉强度更有意义。岩石的抗剪强度可用黏聚力 $c$ 和内摩擦角 $\varphi$ 两个指标来表示。岩石的抗剪强度,准确地说,是抗剪断强度。

测定岩石抗剪强度的方法可分为室内和现场两大类。室内试验常采用直接剪切试验和三轴压缩试验,有时也采用楔形剪切和其他相应试验。现场试验主要以直接剪切试验为主,也可做三轴压缩试验。现分述如下。

**(一)直接剪切试验**

直接剪切试验采用直接剪切仪进行。每次试验时,先在试件上施加垂直荷载 $P$,然后在水平方向逐渐施加水平剪切力 $T$,直至达到最大值 $T_{max}$ 发生破坏。剪切面上的正应力 $\sigma$ 和剪应力 $\tau$ 按下列公式计算:

$$\sigma = \frac{P}{A}, \quad \tau = \frac{T}{A} \tag{3-6}$$

式中 $A$——试件的剪切面积,$mm^2$。

在逐渐施加水平剪切力 $T$ 的同时,不断观测试件的水平变形和竖直变形,从而绘制剪应力 $\tau$ 与水平位移 $\delta_h$ 的关系曲线以及垂直位移 $\delta_v$ 与水平位移 $\delta_h$ 的关系曲线,见图 3-2。为了获得剪切时的剩余应力,试验应当一直延续到较大的位移值(为 5 ~ 10 mm 或更大些)。

试验证明,直接剪切试验试件破坏的全过程可分为三个阶段(见图 3-2):第一阶段是剪应力从 0 一直加到 $\tau_p$,试件内开始产生张裂隙,这一阶段为弹性阶段。在理论上,直接剪切试验中试件内有一主应力 $\sigma_3$ 总是拉应力,张裂缝就是拉应力引起的。但是,开始产生裂缝并不意味沿着剪切面发生破坏,剪应力从 $\tau_p$ 一直增加到 $\tau_f$ 属第二阶段。这一阶段是裂缝发展、增长阶段,当剪应力达到 $\tau_f$ 时,剪切面上就达到完全破坏。以后剪应力降低直至最终的剩余值 $\tau_0$,从 $\tau_f$ 到 $\tau_0$ 为强度下降段,即第三阶段。因此,在同一正应力下可以表现出三种不同的强度,称 $\tau_p$ 为裂隙开始发展的强度,$\tau_f$ 为峰值强度,$\tau_0$ 为剩余强度。剩余强度也就是失去黏聚力而仅有内摩擦力的强度。根据研究,失去黏聚力的原因主要是不断位移引起晶格错位。

利用相同的试样,不同的正应力(如 $\sigma'$,$\sigma''$,$\sigma'''$…)进行多次试验,即可求出不同正应力下的抗剪断强度($\tau_f'$、$\tau_f''$、$\tau_f'''$…),绘成 $\tau_f \sim \sigma$ 关系曲线,见图 3-3。

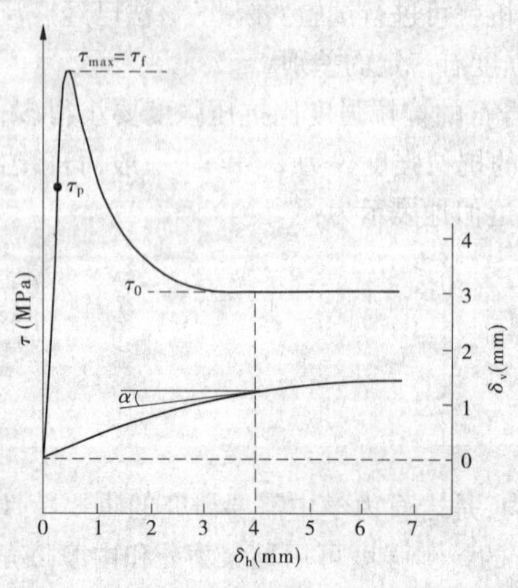


图 3-2 $\tau \sim \delta_h$ 曲线和 $\delta_v \sim \delta_h$ 曲线

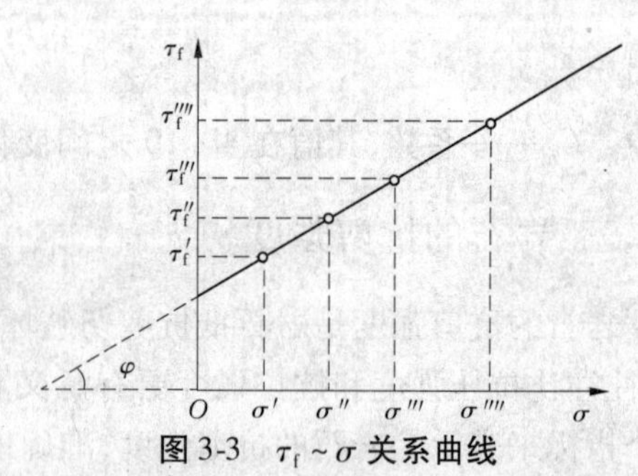


图 3-3 $\tau_f \sim \sigma$ 关系曲线

试验证明，这根强度线并不是很严格的直线，但在正应力不大时（<10 MPa）可近似看做直线，其方程式为：

$$\tau_{\mathrm{f}} = c + \sigma\tan\varphi \tag{3-7}$$

这是著名的库仑方程式，根据直线在 $\tau_{\mathrm{f}}$ 轴上的截距求得岩石的黏聚力 $c$，根据该线与水平线的夹角，定出岩石的内摩擦角 $\varphi$。

**（二）三轴压缩试验**

三轴压缩试验采用三轴压力仪进行。岩石常规三轴试验装置与土的三轴仪类似。在进行三轴试验时，先将试件施加侧压力，然后逐渐增加轴向压力直至试件破坏，得到破坏时的大主应力，从而得到一个破坏时的应力圆。采用相同的岩样，改变侧压力，施加轴向压力直至试件破坏，从而又得到一个破坏应力圆。绘制这些应力圆的包络线，即可求得岩石的抗剪强度曲线，见图 3-4。如果把它看做一根近似直线，则可根据该线在纵轴上的截距和该线与水平线的夹角，求得黏聚力和内摩擦角。常见岩石的黏聚力、内摩擦角及内摩擦系数参考值见表 3-2。

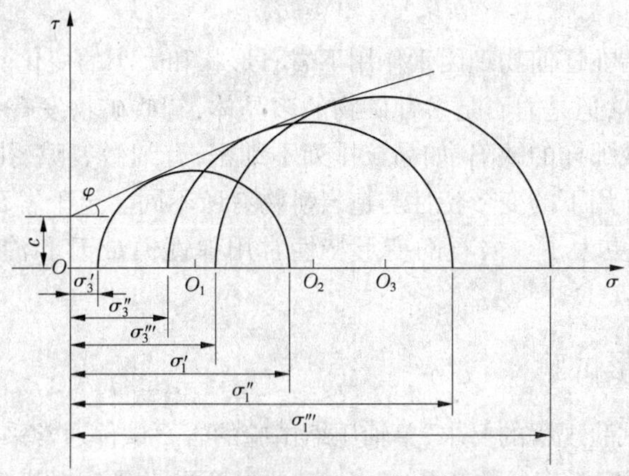


**图 3-4　三轴试验破坏时的莫尔圆**

**表 3-2　常见岩石的黏聚力、内摩擦角及内摩擦系数参考值**

| 岩石种类 | 黏聚力（MPa） | 内摩擦角 $\varphi$（°） | 内摩擦系数 $f$ |
|---|---|---|---|
| 花岗岩 | 14 ~ 50 | 45 ~ 60 | 1.0 ~ 1.8 |
| 粗玄岩 | 25 ~ 60 | 55 ~ 60 | 1.4 ~ 1.8 |
| 玄武岩 | 20 ~ 60 | 50 ~ 55 | 1.2 ~ 1.4 |
| 砂　岩 | 8 ~ 40 | 35 ~ 50 | 0.7 ~ 1.2 |
| 页　岩 | 3 ~ 30 | 5 ~ 30 | 0.25 ~ 0.6 |
| 石灰岩 | 10 ~ 50 | 35 ~ 50 | 3.7 ~ 1.2 |
| 石英岩 | 20 ~ 60 | 50 ~ 80 | 1.2 ~ 1.8 |
| 大理岩 | 15 ~ 30 | 35 ~ 50 | 0.7 ~ 1.2 |

也像单轴压缩试验一样，三轴试验试件的破裂面与大主应力方向间的夹角为 $45° - \frac{\varphi}{2}$。如果在试件内有一条或数条细微裂隙，则试验时就不一定沿着上面指出的角度破坏，而是可能沿着潜在破坏面—细微裂隙面定向剪切。

四、现场强度试验

室内试验结果由于受试验条件的限制，试件尺寸不够大，不能忽略尺寸效应，同时试件的制备过程对岩石的扰动是不可忽视的。虽然小块试件对于认识实际岩体强度是有益的，但它难以反映现场天然岩石的某些地质缺陷，如裂隙、节理、层理等。为了克服这些缺点，可开展现场强度试验。通常在工程现场或原位切割试体进行单轴压缩试验、直接剪切试验和三轴强度试验。

## 第三节 岩石的变形

岩石的变形是指在任何物理因素作用下岩石形状和大小的变化。大多数造岩矿物都可认为是线性弹性体，但是岩石是多种矿物的多晶体，有些矿物发育并不完全。此外，岩石构造中总有这样或那样的缺陷，如晶粒排列不细密，有细微裂隙、孔隙、软弱面等，这样就使得岩石在荷载作用下的变形特性与造岩矿物有所不同。至于岩石在天然状态下有大的裂隙，则其影响就更大了。岩石的变形特性常用弹性模量 $E$ 和泊松比 $\mu$ 两个常数来表示。

一、实验室变形试验

按照岩石力学试验规程的要求，单轴压缩试验的岩石试件通常采用圆柱形，试件直径为 50 mm 或稍大，高度为直径的 2. 0 ~2. 5 倍，两端磨平光滑至规范要求。试验时以合适的加载速率加载，并测定试件在荷载下相应的轴向变形和横向变形。岩石单轴压缩变形试验可分为电阻应变片法和千分表法，适用于能制成规则试件的各类岩石。坚硬和较坚硬的岩石宜采用电阻应变片法，较软的岩石宜采用千分表法，对于变形较大的软岩和极软岩，可采用百分表法。

岩石单轴压缩变形试验结果处理时绘制应力 $\sigma$ 与应变 $\varepsilon$ 关系曲线，参见图 3-5。岩石弹性模量、变形模量和泊松比按下式计算：

$$E_e = \frac{\sigma_b - \sigma_a}{\varepsilon_{hb} - \varepsilon_{ha}} \tag{3-8}$$

$$\mu_e = \frac{\varepsilon_{db} - \varepsilon_{da}}{\varepsilon_{hb} - \varepsilon_{ha}} \tag{3-9}$$

$$E_{50} = \frac{\sigma_{50}}{\varepsilon_{h50}} \tag{3-10}$$

$$\mu_{50} = \frac{\varepsilon_{d50}}{\varepsilon_{h50}} \tag{3-11}$$

式中　$E_e$——岩石弹性模量，MPa；

$\mu_e$——岩石弹性泊松比；

$\sigma_a$——应力与纵向应变关系曲线上直线段起始点的应力值，MPa；

$\sigma_b$——应力与纵向应变关系曲线上直线段终点的应力值，MPa；

$\varepsilon_{ha}$——应力为 $\sigma_a$ 时的纵向应变值；

$\varepsilon_{hb}$——应力为 $\sigma_b$ 时的纵向应变值；

$\varepsilon_{da}$——应力为 $\sigma_a$ 时的横向应变值；

$\varepsilon_{db}$——应力为 $\sigma_b$ 时的横向应变值；

$E_{50}$——岩石变形模量，即割线模量，MPa；

$\sigma_{50}$——抗压强度为50%时的应力值，MPa；

$\varepsilon_{h50}$——应力为 $\sigma_{50}$ 时的纵向应变值；

$\varepsilon_{d50}$——应力为 $\sigma_{50}$ 时的横向应变值；

$\mu_{50}$——与 $\varepsilon_{d50}$ 和 $\varepsilon_{h50}$ 相应的泊松比。

计算时岩石应力、弹性模量和变形模量值取三位有效数，泊松比计算值精确至0.01。

## 二、岩石变形性质

### (一)岩石应力—应变全过程曲线

岩石试件在单轴压缩荷载作用下，可得到如下典型的应力—应变全过程曲线，如图3-5所示。它一般可分为四个区段：初始加载段 *OA*、近似直线上升段 *AB*、曲线上升段 *BC* 和曲线下降段 *CD*。

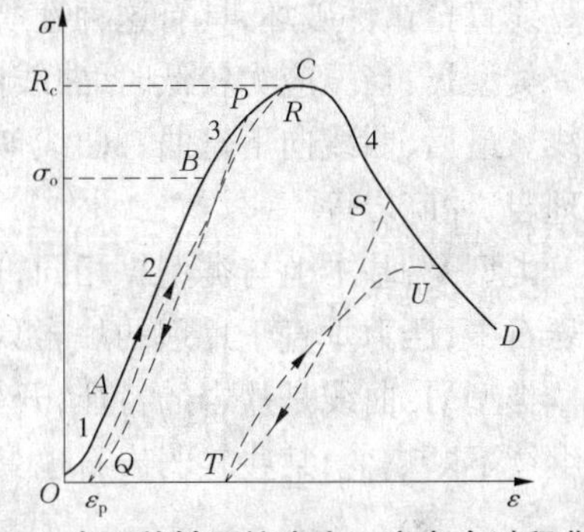


图3-5　岩石单轴压缩应力—应变全过程曲线

在 *OA* 区段，曲线稍微向上弯曲，属于压密阶段，这是由细微裂隙受压闭合造成的。

在 *AB* 区段，曲线很接近直线，岩石很接近弹性，可能稍有一点滞回效应，但是在该区段加载和卸载对于岩石不发生不可恢复的变形，*B* 点是岩石从弹性转变为塑性的转折点，也就是屈服应力，相应于该点的应力称为屈服点，约为最大应力的2/3处。

在 *BC* 区段，曲线弯曲上升，属于塑性阶段，主要是由于平行于荷载轴的方向内开始强烈地形成新的细微裂隙。从 *B* 点开始，应力—应变曲线的斜率随应力的增加而逐渐降低到0。在这一范围内，岩石将发生不可恢复的变形，加载与卸载的每次循环都是不同的曲线。在图中的卸载曲线 *PQ* 在0应力时还有残余变形 $\varepsilon_p$。如果岩石再加载，则再加载曲线 *QR* 总是在曲线 *OABC* 以下，但最终与之连接起来。*C* 点的纵坐标就是单轴抗压强度 $R_c$。

在 *CD* 区段，曲线开始下降，其特点是这一区段上曲线的斜率为负值。在这一区段内卸载可能产生很大的残余变形。图中 *ST* 表示卸载曲线，*TU* 表示再加载曲线。岩石单轴压缩全过程曲线表明，*TU* 曲线在比 *S* 点低得多的应力下趋近于 *CD* 曲线。*CD* 段的应力—应变曲线只有在刚性压力机上才能得到。实际上，最终破坏不出现在峰值处，而是在超过峰值后 *CD* 曲线上的某点处。根据曲线上荷载循环 *STU* 分析，破坏后的岩石仍可能具有一定的刚度,从而也就可能具有一定的承载力。

### (二)应力—应变曲线的几种类型

岩石的应力—应变曲线类型与岩石性质密切相关。上述全过程曲线只是其中一种的主要类型。奥地利学者米勒根据大量试验,将其分成 6 种类型,如图 3-6 所示。

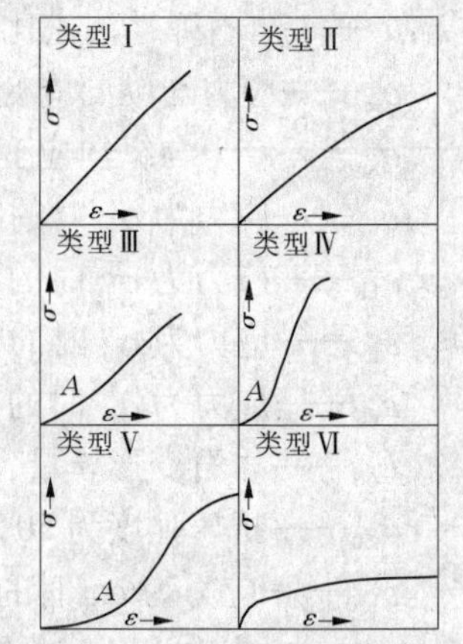


图 3-6 岩石典型应力—应变曲线

类型Ⅰ:应力—应变关系近似直线,直至试件发生突然破坏,具有这种性质的岩石有玄武岩、石英岩、辉绿岩、白云岩和坚硬的石灰岩等。

类型Ⅱ:在应力较低时,应力—应变关系近似于直线,当应力增加至一定值后,曲线向下弯曲直至试件破坏,具有这种性质的岩石有较软弱石灰岩、泥岩和凝灰岩等。

类型Ⅲ:在应力较低时,应力—应变曲线略向上弯曲。当应力增加到一定值后,呈近似直线直至试件破坏,具有这种性质的岩石有砂岩、花岗岩及某些花岗岩等。

类型Ⅳ:当压应力较低时,曲线向上弯曲。当压力增加到一定值后,变形曲线就成为直线。最后,曲线向下弯曲。曲线似 S 形。具有这种变形类型的岩石大多数是变质岩,如大理岩、片麻岩等。

类型Ⅴ:基本上与类型Ⅳ相同,也呈 S 形,不过曲线较平缓。一般发生在压缩性较高的岩石中,压力垂直于片理的片岩具有这种性质。

类型Ⅵ:曲线是盐岩的特征,开始先有很小一段直线部分,然后有非弹性的曲线部分,并继续不断蠕变,某些软弱岩石也具有类似特性。

## 三、三轴压缩条件下的岩石变形

大量常规三轴压缩试验结果表明,侧向压力对岩石的强度和变形都有很大影响。以大理岩试验结果为例,详细说明。

在单轴压缩下,大理岩试件在变形不大的情况下就产生脆性破坏;而在侧压增大到一定范围下,岩石开始几乎符合理想塑性变形。若侧压再增大,岩石的变形特性变化不大。在图 3-7 中,在侧压分别为 249 MPa 和 326 MPa 时的曲线形状非常相似;在侧压等于 50 MPa 时,岩石显示出由脆性到塑性的转化;当围压超过 68.5 MPa 时,呈现出塑性流动状态;当围压增至 165 MPa 时,出现应变硬化现象。

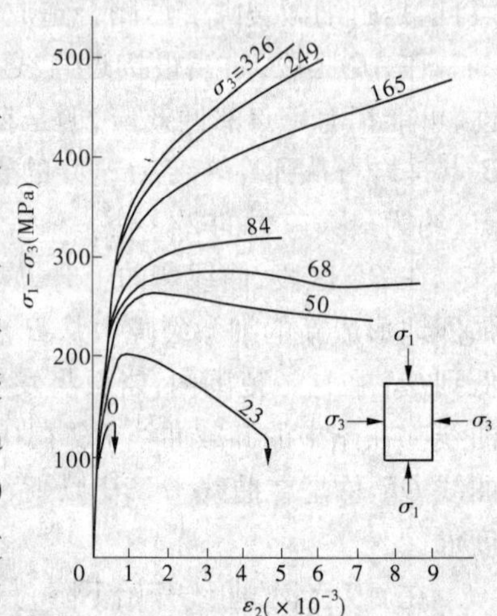


图 3-7 三向应力下大理岩试验结果

岩石破坏时的变形随侧压增加而增大。

在单轴压缩下,岩石破坏时变形较小,根据图 3-7 中曲线,试件曲线在峰值后稍微向下弯曲后就破坏了。而在侧压作用下,岩石破坏时变形较大,且随围压增加而增大。

岩石的变形不仅与侧压的大小有关，而且与轴压的数值有关。无论侧压为0或者很大，岩石的轴向应力—应变曲线上升段均有一段近似的直线阶段，说明当轴压在一定范围内时，岩石的变形总是符合线弹性的，而当轴压超过一定范围时，岩石的变形才合乎塑性变形的性质。研究结果还表明，岩石的弹性极限随围压的增加而显著增大。

研究表明，在侧压作用下，当轴向应力较小时，岩石的体应变随着压力的增加而近似线性增大；当应力达到强度约一半时，体应变开始偏离弹性材料的直线。偏离的程度随应力的增加而越来越大，在接近破裂时，岩石在压缩阶段的体积超过了它原来的初始体积，产生了负的压缩体积应变，通常称为扩容。扩容是岩石试件内张开细微裂隙的形成和扩张所致，这种裂隙的长轴与最大主应力的方向是平行的，它往往是岩石破坏的前兆。

## 四、现场变形试验

现场变形试验也称原位试验。与实验室试验相比，它更能反映天然岩体的性质（如裂隙、节理等地质缺陷），但是现场试验所需工作量大、时间长、费用高，一般对于一些重要的建筑物，采用这种方法。岩石现场变形试验方法分静力法和动力法。

### （一）承压板法

承压板法试验可分为刚性承压板法和柔性承压板法。柔性承压板法又可分为双枕法、四枕法、环形枕法和中心孔法。刚性承压板法适用于各级岩石，柔性承压板法适用于完整和较完整的岩石。

试验宜在平洞内进行，特殊情况下也可在露天或竖井内进行。承压板面积不小于2 000 $cm^2$，试点边缘至洞壁边缘距离应大于承压板直径或边长的1.5倍，至洞口或掌子面距离应大于承压板直径或边长的2倍，至临空面距离应大于承压板直径或边长的6倍，试点间距应大于承压板直径或边长的3倍。

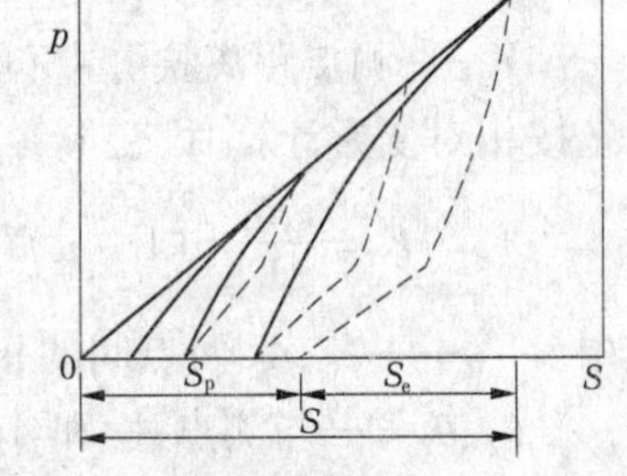

图3-8　承压板试验岩体 $p \sim S$ 曲线

试验时，根据施加的单位压力 $p$ 和实测的岩面变形 $S$，绘制 $p \sim S$ 曲线，如图3-8所示。然后，按照采用的承压板的刚度和形状，用弹性力学公式计算变形（弹性模量）：

$$E = \frac{pD(1-\mu^2)\omega}{S} \tag{3-12}$$

式中　$E$——岩体的变形（弹性）模量，MPa；

$p$——作用在岩面上的压力，MPa；

$D$——承压板尺寸（圆形板为直径，方形板为边长），m；

$\mu$——泊松比；

$\omega$——与承压板的刚度和形状有关的系数，刚性圆形板取0.79，方形板取0.88，柔性圆形板若按板中心变形计算取1，按板边缘计算取$2/\pi$，柔性环形板如按中心变形计算，取2倍的内、外直径之差；

$S$——岩面的变形，m。

### (二)狭缝法试验

狭缝法试验适用于完整和较完整的岩体。狭缝法也称扁千斤顶法,是在岩体表面(或试验洞壁)开一条狭缝(槽),在缝(槽)内放置液压钢枕(扁千斤顶),并用水泥砂浆充填钢枕和岩槽间的空隙。通过液压枕对狭缝(槽)两侧岩面施加压力,同时量测相应压力下岩体的变形。

试验中狭缝边缘至洞壁边缘距离应大于 1.5 倍狭缝长度,至洞口和掌子面距离应大于 2 倍狭缝长度,两试点狭缝之间的距离应大于 3 倍狭缝长度,至临空面距离应大于 6 倍狭缝长度。

根据试验结果,按下列不同情况计算变形(弹性)模量。

按绝对变形计算:

$$E = \frac{pL}{2W_A\rho}\left[(3+\mu) - \frac{2(1+\mu)\rho^2}{1+\rho^2}\right] \tag{3-13}$$

$$\rho = \frac{2Y + \sqrt{4Y^2 + L^2}}{L} \tag{3-14}$$

式中　$E$——变形(弹性)模量,MPa,当以全变形 $W_0$ 代入式中计算时为变形模量 $E_0$,当以弹性变形 $W_e$ 代入式中计算时为弹性模量 $E_e$;

$p$——施加在狭缝两侧岩体上的单位压力,MPa;

$W_A$——变形测点 $A$ 处的岩体变形,cm;

$L$——狭缝长度,cm;

$\rho$——与狭缝长度和测量点位置有关的数;

$Y$——测点距离狭缝中心线的距离,cm。

按相对变形计算时,变形参数按下式计算:

$$E = \frac{pL}{2W_R}\left[(1-\mu)(\tan\theta_1 - \tan\theta_2) + (1+\mu)(\sin2\theta_1 - \sin2\theta_2)\right] \tag{3-15}$$

式中　$W_R$——$A_1$、$A_2$ 两点间的相对变形,cm;

$\theta_2$、$\theta_2$——与测点 $A_1$ 和 $A_2$ 的位置有关的角度,(°),如图 3-9 所示。

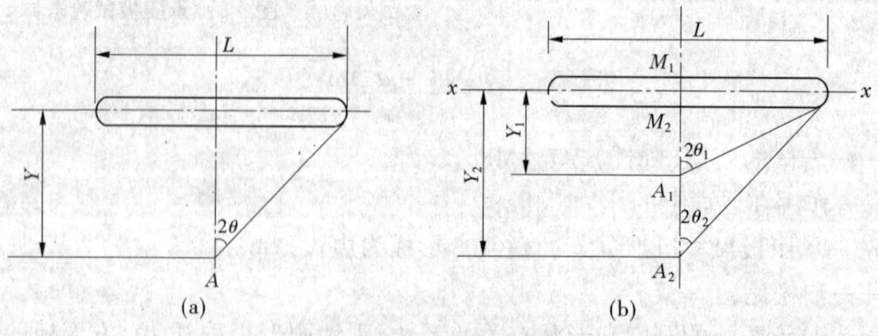


图 3-9　$L$、$Y$ 与 $\theta$ 的示意图

目前,在试验工作中应用较多的是按相对变形计算。狭缝法的试验设备简单轻便,挖槽施工对岩体扰动较小,它能适应在各种方向加压,所以也可在软弱夹层或断层带中做试

验。由于在测试技术和计算方法上还存在一些问题，如采用的计算公式是半无限平面应力状态下椭圆孔孔周的变形公式，而实际上，测量断面是试区范围的自由端表面，加上受固定端约束的影响，该断面不属于平面应力状态。因此，狭缝法比承压板法可靠性要差。

### （三）钻孔径向加压法试验

钻孔径向加压法试验可分为钻孔膨胀计法、钻孔压力计法和钻孔千斤顶法，适用于完整及较完整的岩体。目前应用较多的是水压法和径向千斤顶法。

### （四）隧洞水压法试验

隧洞水压法试验适用于较完整的各级岩体。当水工有压隧洞受到洞内水压力作用时，衬砌就向岩石方向变形，衬砌会遭到岩石的抵抗，即岩石会对衬砌产生一定的反力，这个反力有时也称为弹性抗力。

岩石反力（弹性抗力）的大小常常用岩石反力（弹性抗力）系数 $K$ 表示：

$$K = \frac{p}{\Delta R} \tag{3-16}$$

$$p = p_0 \frac{r}{R} \tag{3-17}$$

式中　$K$——抗力系数，MPa/cm；

$p_0$——内水压力，MPa；

$r$——衬砌内半径，cm；

$R$——试验洞半径，cm；

$\Delta R$——主断面岩体表面径向变形，cm。

从式（3-16）分析可知，$K$ 的物理意义就是使隧洞周围的岩石达到一个单位变形时所需要的压力大小。

岩体单位抗力系数按下式计算：

$$K_0 = \frac{p}{\Delta R} \frac{R}{100} \tag{3-18}$$

式中　$K_0$——单位抗力系数，MPa/cm。

则岩体变形模量按下式计算：

$$E_0 = p(1 + \mu) \frac{R}{\Delta R} \tag{3-19}$$

式中　$E_0$——岩体变形模量，MPa；

$p$——作用于围岩表面上的单位压力，MPa。

密实黏土（泥质岩）、半坚硬岩石和坚硬岩石的 $K_0$ 参考值分别为 100～500 MPa/m、500～5 000 MPa/m 和 500～40 000 MPa/m。

### （五）岩石声波测试

现场采用声波测定岩石的弹性常数，速度快、成本低、适用面广，且可大面积测试，因此得到了广泛应用。

开展岩体声波测试时，测区宜布置在具有代表性的工程岩体部位，测线布置应平行和垂直于主要结构面或主要受力方向，测点宜布置在岩石较均匀、表面较平整的部位。

当采用换能器激发时，发射换能器与接收换能器间距宜为 1～3 m；当采用电火花激发时,该间距宜为 10 ~ 30 m;当采用锤击激发时,该间距应大于 3 m。换能器宜根据间距选定。

对于各向同性或近似各向同性的岩体,应按下面公式计算:

$$E_d = \rho v_p^2 \frac{(1+\mu)(1-2\mu)}{1-\mu} \times 10^{-3} \tag{3-20}$$

$$E_d = \rho v_s^2 (1+\mu) \times 10^{-3} \tag{3-21}$$

$$\mu = \frac{\left(\frac{v_p}{v_s}\right)^2 - 2}{2\left[\left(\frac{v_p}{v_s}\right)^2 - 1\right]} \tag{3-22}$$

$$G_d = \rho v_s^2 \times 10^{-3} \tag{3-23}$$

$$\lambda_d = \rho(v_p^2 - 2v_s^2) \times 10^{-3} \tag{3-24}$$

$$K_d = \rho\left[\left(\frac{3v_p^2}{4v_s^2}\right)/3\right] \times 10^{-3} \tag{3-25}$$

$$v_p = \frac{L}{t_p - t_0} \tag{3-26}$$

$$v_s = \frac{L}{t_s - t_0} \tag{3-27}$$

式中　$E_d$——动弹性模量,MPa;

$\rho$——岩石的密度,g/cm$^3$;

$\mu$——岩石的泊松比;

$G_d$——动刚性模量或动剪切模量,MPa;

$\lambda_d$——动拉梅系数,MPa;

$K_d$——动体积模量,MPa;

$v_p$——纵波波速,m/s;

$v_s$——横波波速,m/s;

$L$——发射换能器与接收换能器中心点间的距离,m,精确至 0. 001 m;

$t_p$——纵波在试件中的传播时间,s,精确至 0. 1 μs;

$t_s$——横波在试件中的传播时间,s,精确至 0. 1 μs;

$t_0$——仪器系统的零延时,s。

对于层状岩体,垂直层面测量单一岩层时,若纵波波长大于或等于层厚的 2 ~ 5 倍,动弹性模量按下式计算:

$$E_d = \rho v_p^2 (1 - \mu^2) \times 10^{-3}$$

# 第四节　岩石的强度理论

当岩石处于简单的应力状态下时,岩石的破坏(或岩石强度)可由简单试验来确定,如单向抗压强度试验、单向抗拉强度试验或纯剪试验等。这时岩石破坏准则的建立是不困难的。然而，岩石在外荷载作用下常常处于复杂的应力状态，大量试验结果表明，岩石的强度及其在荷载作用下形状与其应力状态密切相关。在单向应力状态下表现出脆性的岩石，在三向应力状态下具有塑性性质，同时其强度极限也大大提高。然而，由于对岩石在复杂应力状态下的性状研究不够深入，现有理论还不能无条件地用于岩石。下面介绍岩石常见的破坏准则。

## 一、莫尔－库仑准则

莫尔强度理论是莫尔在1900年提出，并在目前岩土力学中应用最广的一种理论。该理论假设材料内某一点的破坏主要取决于它的大主应力和小主应力，即 $\sigma_2$ 和 $\sigma_3$，而与中间主应力无关。这样按照平面应力状态来研究岩石的强度问题。根据用不同大、小主应力求得的岩石强度试验结果，在 $\tau \sim \sigma$ 的平面上绘制一系列的莫尔应力圆，然后作出这一系列应力圆的包络线，也叫莫尔包络线，见图3-4。这根包络线代表岩石的破坏条件或强度条件。在包络线上所有点都反映材料破坏时的剪应力 $\tau_f$ 和正应力 $\sigma$ 之间的关系，即 $\tau_f = f(\sigma)$。这就是莫尔理论破坏准则的普遍形式。

关于岩石包络线的形状，目前存在很多假定。一般而言，对于坚硬岩石，岩石包络线可认为是双曲线或摆线；对于软弱岩石，岩石包络线可认为是抛物线。大部分岩石工作者认为，当压力不大（如 $\sigma < 10$ MPa）时，采用直线也满足精度。为简化计算，岩石力学中大多采用直线形式的包络线，即和式（3-7）相同：

$$\tau_f = c + \sigma\tan\varphi$$

该方程式由库仑首先提出，后由莫尔用新的理论加以解释，因此该方程式也常称为莫尔－库仑方程式或莫尔－库仑准则。

有时常用大、小主应力来表示莫尔－库仑方程式：

$$\sigma = \frac{\sigma_1 + \sigma_3}{2} + \frac{\sigma_1 - \sigma_3}{2}\cos2\alpha,\quad \tau = \frac{\sigma_1 - \sigma_3}{2}\sin2\alpha \tag{3-28}$$

式中　$\alpha$——大主应力作用面与滑动面的夹角，$\alpha = 45° + \frac{\varphi}{2}$。

根据式（3-28），令侧压等于0，得到单轴抗压强度公式为：

$$\sigma_1 = R_c = \frac{2c\cos\varphi}{1 - \sin\varphi} \tag{3-29}$$

同样，令大主应力等于0，得到表观抗拉强度公式为：

$$R_t' = \frac{2c\cos\varphi}{1 + \sin\varphi} \tag{3-30}$$

莫尔－库仑公式还可以表示成第一主应力与第三主应力、单轴抗压强度的关系式：

$$\sigma_1 = N_\varphi\sigma_3 + R_c \tag{3-31}$$

$$N_\varphi = \tan^{-2}(45° - \frac{\varphi}{2}) \tag{3-32}$$

## 二、格里菲斯理论

格里菲斯理论认为材料内部存在许多细微裂隙。在力的作用下,细微颗粒的周围,特别是缝端,易产生应力集中现象。材料的破坏往往从缝端开始,随着裂缝的扩展,最后导致材料的完全破坏。

假定材料含有大量方向杂乱的细微裂隙,其中有一系列裂隙,它们的长轴方向与第一主应力 $\sigma_1$ 成 $\beta$ 角。按照格里菲斯理论,假定这些裂隙是张开的,并且形状近似于椭圆。研究证明,即使在压应力情况下,只要裂隙的方位合适,则裂隙的边壁上也会出现很高的拉应力。一旦这种拉应力达到材料的抗拉强度,在张开裂隙的边壁上就开始破裂。

为确定张开的椭圆裂隙边壁周围的应力,假定:

(1)椭圆可以作为半无限弹性介质中的单个孔洞处理,即相邻的裂隙之间不相互影响,并忽略材料特性的局部变化。

(2)椭圆及作用于其周围材料上的应力系统可作为二维问题处理,即忽略裂缝的三维空间形状和裂缝平面内应力的影响。

经弹性力学理论求解,得到其强度理论的破坏准则:

$$\left.\begin{array}{ll}\sigma_1+3\sigma_3 \geqslant 0, & (\sigma_1-\sigma_3)^2=8R_t(\sigma_1+\sigma_3) \\ \sigma_1+3\sigma_3<0, & \sigma_3=-R_t\end{array}\right\} \tag{3-33}$$

或者

$$\tau^2=4R_t(R_t+\sigma)$$

式中 $R_t$——材料单轴抗拉强度,MPa;

$\sigma$——椭圆长轴法线方向正应力,MPa。

上述公式在 $\tau\sim\sigma$ 平面内是一个抛物线方程式,是一个张开椭圆细微裂隙边壁上破坏开始时的剪应力与正应力的关系。这条曲线的形状与莫尔包络线相似,其值在负象限内明显弯曲,表明其抗拉强度要比由莫尔-库仑直线包络线推断出来的更合理,并与实际测定的抗拉强度 $R_t$ 是一致的。

格里菲斯准则在 $\sigma_1\sim\sigma_3$ 平面内是由直线段部分及与之相切的抛物线部分组成的。当 $\sigma_3=0$,即单向加压时,$\sigma_1=8R_t$,单轴抗压强度为劈裂抗拉强度的8倍。该理论求得的结果与实验室测定的结果比较吻合。

## 三、霍克-布朗准则

霍克和布朗研究发现,岩体的经验破坏准则符合如下规律:

$$\frac{\sigma_1}{R_c}=\frac{\sigma_3}{R_c}+\left(\frac{\sigma_3}{R_c}M+S\right)^{\frac{1}{2}} \tag{3-34}$$

式中 $R_c$——完整岩块的单轴抗压强度,MPa;

$M$、$S$——常数,与岩石的性质以及承受破坏应力 $\sigma_2$、$\sigma_3$ 以前岩石扰动或损伤的程度有关,典型岩体的 $M$ 和 $S$ 值见表3-3。

**表 3-3　$M$ 和 $S$ 的取值(按照霍克、布朗的建议)**

| 岩体状况 | 具有很好结晶解理的碳酸盐类岩石,如白云岩、灰岩、大理岩 | 成岩的黏土质岩石,如泥岩、粉砂岩、页岩、板岩(垂直于板理) | 强烈结晶,结晶解理不发育的砂质岩石,如砂岩、石英岩 | 细粒、多矿物、结晶岩浆岩。如安山岩、辉绿岩、玄武岩、流纹岩 | 粗粒、多矿物结晶岩浆岩和变质岩。如角闪岩、辉长岩、片麻岩、花岗岩、石英闪长岩等 |
|---|---|---|---|---|---|
| 完整岩块试件,实验室试件尺寸,无节理,$RMR=100$,$Q=500$ | $M=7.0$<br>$S=1.0$<br>$A=0.816$<br>$B=0.658$<br>$T=-0.140$ | $M=10.0$<br>$S=1.0$<br>$A=0.918$<br>$B=0.677$<br>$T=-0.099$ | $M=15.0$<br>$S=1.0$<br>$A=1.044$<br>$B=0.692$<br>$T=-0.067$ | $M=17.0$<br>$S=1.0$<br>$A=1.086$<br>$B=0.696$<br>$T=-0.059$ | $M=25.0$<br>$S=1.0$<br>$A=1.220$<br>$B=0.705$<br>$T=-0.040$ |
| 质量非常好的岩体,紧密互锁,未扰动,未风化岩体,节理间距 3 m 左右,$RMR=85$,$Q=100$ | $M=3.5$<br>$S=0.1$<br>$A=0.651$<br>$B=0.679$<br>$T=-0.028$ | $M=5.0$<br>$S=0.1$<br>$A=0.739$<br>$B=0.692$<br>$T=-0.020$ | $M=7.5$<br>$S=0.1$<br>$A=0.848$<br>$B=0.702$<br>$T=-0.013$ | $M=8.5$<br>$S=0.1$<br>$A=0.883$<br>$B=0.705$<br>$T=-0.012$ | $M=12.5$<br>$S=0.1$<br>$A=0.998$<br>$B=0.712$<br>$T=-0.008$ |
| 质量好的岩体,新鲜至轻微风化,轻微构造变化岩体,节理间距为 1~3 m,$RMR=65$,$Q=10$ | $M=0.7$<br>$S=0.004$<br>$A=0.369$<br>$B=0.669$<br>$T=-0.006$ | $M=1.0$<br>$S=0.004$<br>$A=0.427$<br>$B=0.683$<br>$T=-0.004$ | $M=1.5$<br>$S=0.004$<br>$A=0.501$<br>$B=0.695$<br>$T=-0.003$ | $M=17.0$<br>$S=1.0$<br>$A=1.086$<br>$B=0.696$<br>$T=-0.059$ | $M=2.5$<br>$S=0.004$<br>$A=0.603$<br>$B=0.707$<br>$T=-0.002$ |
| 质量中等的岩体,中等风化,岩体中发育有几组节理,间距为0.3~1 m,$RMR=44$,$Q=1.0$ | $M=0.14$<br>$S=0.0001$<br>$A=0.198$<br>$B=0.662$<br>$T=-0.0007$ | $M=0.20$<br>$S=0.0001$<br>$A=0.234$<br>$B=0.675$<br>$T=-0.0005$ | $M=0.30$<br>$S=0.0001$<br>$A=0.280$<br>$B=0.688$<br>$T=-0.0003$ | $M=0.34$<br>$S=0.0001$<br>$A=0.295$<br>$B=0.691$<br>$T=-0.0003$ | $M=0.50$<br>$S=0.0001$<br>$A=0.346$<br>$B=0.700$<br>$T=-0.0002$ |
| 质量坏的岩体,具大量风化节理,间距 30~500 mm,并含有一些夹泥,$RMR=23$,$Q=0.1$ | $M=0.04$<br>$S=0.00001$<br>$A=0.115$<br>$B=0.646$<br>$T=-0.0002$ | $M=0.05$<br>$S=0.00001$<br>$A=0.129$<br>$B=0.655$<br>$T=-0.0002$ | $M=0.08$<br>$S=0.00001$<br>$A=0.162$<br>$B=0.646$<br>$T=-0.0001$ | $M=0.09$<br>$S=0.00001$<br>$A=0.172$<br>$B=0.676$<br>$T=-0.0001$ | $M=0.13$<br>$S=0.00001$<br>$A=0.203$<br>$B=0.686$<br>$T=-0.0001$ |
| 质量非常坏的岩体,具大量严重风化节理,间距小于 50 mm,充填夹泥,$RMR=3$,$Q=0.01$ | $M=0.007$<br>$S=0$<br>$A=0.042$<br>$B=0.534$<br>$T=0$ | $M=0.010$<br>$S=0$<br>$A=0.050$<br>$B=0.539$<br>$T=0$ | $M=0.015$<br>$S=0$<br>$A=0.061$<br>$B=0.546$<br>$T=0$ | $M=0.017$<br>$S=0$<br>$A=0.065$<br>$B=0.548$<br>$T=0$ | $M=0.025$<br>$S=0$<br>$A=0.078$<br>$B=0.556$<br>$T=0$ |

# 第五节 岩石的流变

岩石在力的作用下发生与时间相关的变形的性质，称为岩石的流变性(又称黏性)。岩石的流变性包括蠕变、松弛和弹性后效。蠕变是指在应力为恒定的情况下岩石变形随时间发展的现象，松弛是指在应变保持恒定的情况下岩石的应力随时间而减小的现象。图3-10显示了蠕变和松弛的特征。弹性后效是指在卸载过程中弹性应变滞后于应力的现象。当前岩石流变力学主要研究岩石的蠕变、松弛和长期强度，本节对这三方面作基本介绍。

## 一、岩石的蠕变

### (一)蠕变曲线

由试验可知，岩石的蠕变曲线(即应变($\varepsilon$)—历时($t$)曲线具有两种典型形式。如花岗岩的蠕变曲线见图3-10，其蠕变变形甚小，荷载施加后不久变形就趋于稳定，此为稳定蠕变。这类蠕变对工程不会造成后患，可以忽略不计。又如图3-10中的砂岩蠕变曲线，在蠕变的开始阶段，变形增长较快，以后也就趋于稳定，稳定后的变形量可能比初始变形量(即$t=0$瞬时弹性变形量)增大30%～40%，但由于这种蠕变最终仍是稳定的，一般也不至于对工程酿成危害。而图3-10中页岩的蠕变曲线却与上述两例有所不同，其蠕变变形达到一定值后，就以某一等速无限地增长，直到岩石破坏，此属不稳定蠕变。

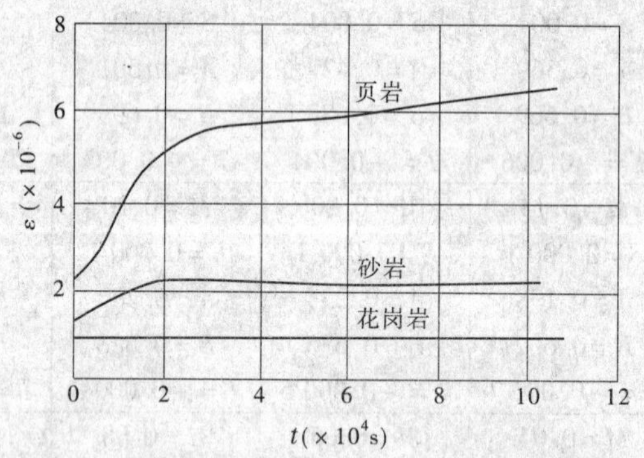


图3-10 页岩、砂岩和花岗岩的典型蠕变曲线

一般而言，软弱岩石的典型蠕变曲线可分为三个阶段，如图3-11所示。图3-11中纵坐标表示岩石承载后的变形，横坐标表示时间。蠕变的第Ⅰ阶段称做初始蠕变段，在此阶段的应变时间曲线向下弯曲，应变与时间大致成对数关系，即第Ⅰ阶段结束后就进入第Ⅱ阶段(从$B$点开始)，在此阶段内变形缓慢，应变与时间近于线性关系，故亦称等速蠕变段或稳定蠕变段；最后，进入第Ⅲ阶段，此阶段内呈加速蠕变，这将导致岩石的迅速破坏，称为加速蠕变段。

如果在第Ⅰ阶段内，将所施加的应力骤然降低到零，则$\varepsilon\sim t$曲线具有$PQR$的形式(见图3-11)，其中$PQ$为瞬时弹性变形形式，而曲线$QR$表明应变需经历一定时间才能完全恢复，这种现象称为弹性后效。这说明初始蠕变段的后期尚未产生永久变形。因此，初始蠕变阶段岩石仍保持着弹性性能。如果在等速蠕变段内将所施加的应力骤然降到零，则 $\varepsilon \sim t$ 曲线呈 $TUV$ 曲线的路径，最终将保持一定的永久变形。

图 3-12 为一组石膏的单轴试验蠕变曲线。图 3-12 中每一根曲线代表一种轴向应力。图 3-12 中曲线表明，蠕变曲线与所加应力的大小有很大的关系，在低应力时蠕变可以渐趋稳定，材料不致破坏；在高应力时蠕变则加速发展，终将引起材料的破坏。应力愈大，蠕变速率愈大。这一现象说明：存在一个临界荷载时，当荷载小于这个临界荷载时，岩石不会发展到蠕变破坏；当荷载大于这个临界荷载时，岩石会持续变形，并发展到破坏。这个临界荷载叫做岩石的长期强度，对工程很有意义。

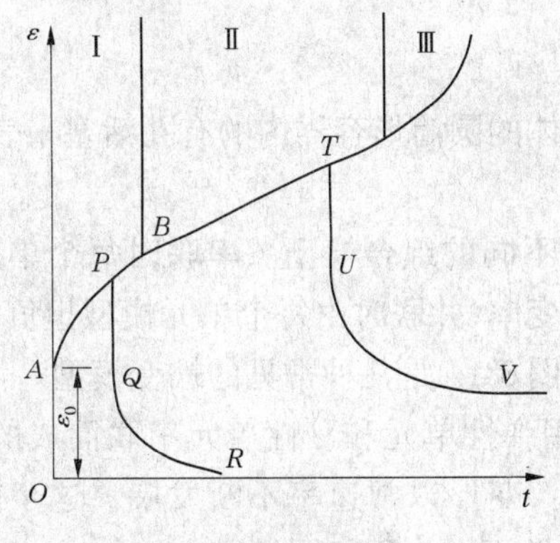


图 3-11　软岩典型蠕变曲线

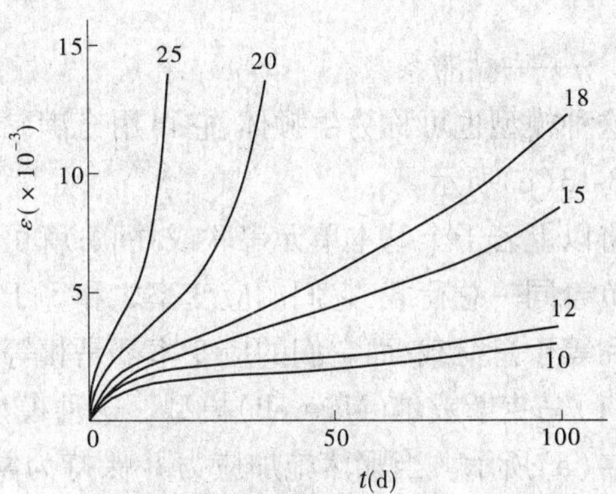


图 3-12　石膏单轴试验蠕变曲线

（曲线上数字表示单轴压力，MPa）

## （二）蠕变模型

为了描述岩石的蠕变现象，目前常常采用简单的基本单元来模拟材料的某种性状，再将这些基本单元进行不同的组合就可求得岩石的不同蠕变方程式，以模拟不同的岩石蠕变。通常用的基本单元有三种：弹性单元、塑性单元和黏性单元。

1. 弹性单元

这种模型是线性弹性的，完全服从虎克定律，所以也称为虎克体。因为在应力作用下应变瞬时发生，而且应力与应变成正比关系，例如应力与应变的关系为：

$$\sigma = E\varepsilon \tag{3-35}$$

这种模型可用刚度为 $E$ 的弹簧来表示，如图 3-13（a）所示。

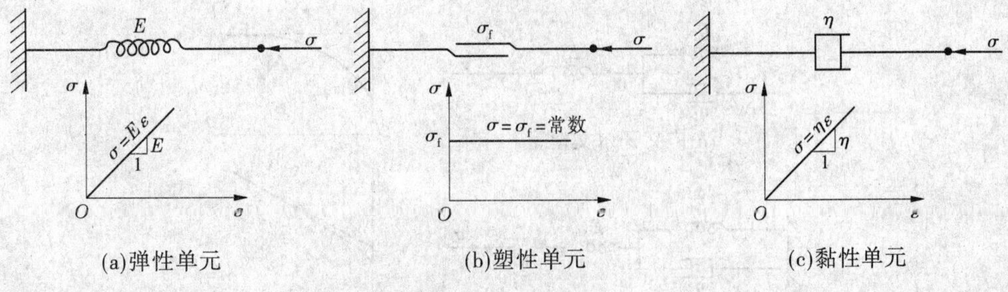


(a)弹性单元　(b)塑性单元　(c)黏性单元

图 3-13　基本单元

2. 塑性单元

这种模型是理想刚塑性的，在应力小于屈服值时可以看成刚体，不产生变形；当应力达到屈服值后，应力不变而变形逐渐增加，也称为圣维南体。这种模型可用两块粗糙的滑块来表示，如图 3-13(b)所示。

3. 黏性单元

这种模型完全服从牛顿黏性定律，它表示应力与应变速率成比例，例如应力 $\sigma$ 与应变速率 $\dot{\varepsilon}$ 的关系为：

$$\sigma = \eta\dot{\varepsilon} \quad 或 \quad \sigma = \eta \frac{\mathrm{d}\varepsilon}{\mathrm{d}t} \tag{3-36}$$

式中　$\eta$——黏滞系数。

这种模型也可称为牛顿体，它可用充满黏性液体的圆筒形容器内的有孔活塞来表示，如图 3-13(c)所示。

将以上若干个基本单元串联或并联，就可得到不同的组合模型。串联时每个单元模型担负着同一总荷载，它们的应变率之和等于总应变率；并联时由每个单元模型担负的荷载之和等于总荷载，而它们的应变率都是相等的。图 3-14 是几种常见的蠕变模型。

(1)马克斯威尔(Maxwell)模型。这种模型是用弹性单元和黏性单元串联而成的，如图 3-14(a)所示。当骤然施加应力并保持为常量时，变形以常速率不断发展。这个模型用两个常数 $E$ 和 $\eta$ 来描述。由于串联，所以这两个单元上作用相同的应力 $\sigma$：

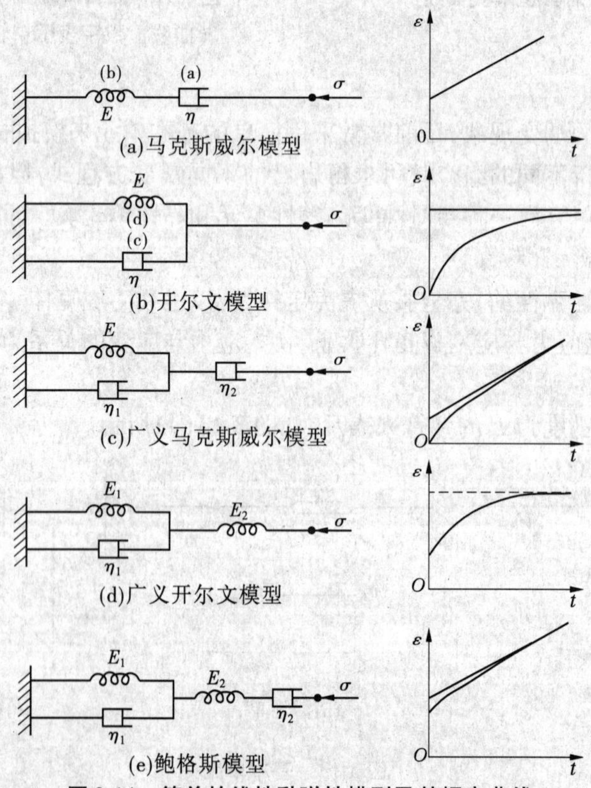


**图 3-14　简单的线性黏弹性模型及其蠕变曲线**

$$\tau = \tau_a = \tau_b \tag{3-37}$$

$$\gamma = \gamma_a + \gamma_b \tag{3-38}$$

对式(3-38)微分,有:

$$\dot{\gamma} = \dot{\gamma}_a + \dot{\gamma}_b \tag{3-39}$$

又因为 $\tau_a = \eta\dot{\gamma}_a$、$\tau_b = E\dot{\gamma}_b$,代入式(3-39)有:

$$\dot{\gamma} = \frac{\tau}{\eta} + \frac{\dot{\tau}}{E} \tag{3-40}$$

或者

$$\left(\frac{1}{\eta} + \frac{1}{E}\frac{\mathrm{d}}{\mathrm{d}t}\right)\tau = \left(\frac{\mathrm{d}}{\mathrm{d}\tau}\right)\gamma \tag{3-41}$$

式(3-41)是描述马克斯威尔材料黏弹性体剪应力 $\tau$ 与剪应变 $\gamma$ 关系的微分方程式。对于单轴压缩试验,在 $t=0$ 时骤然施加轴向应力 $\sigma_1$ 的情况($\sigma_1$ 保持为常量),这个方程式的解答是:

$$\varepsilon_1(t) = \frac{\sigma_1\tau}{3\eta} + \frac{\sigma_1}{3E} + \frac{\sigma_1}{9K} \tag{3-42}$$

式中　$\varepsilon_1(t)$——轴向应变。

(2)开尔文(Kelvin)模型。该模型又称为伏埃特(Voigt)模型,它由弹性单元和黏性单元并联而成,如图3-14(b)所示。当骤然施加应力时,应变速率随着时间增长逐渐递减,在 $t$ 增长到一定值时,剪应变就趋于零。这个模型用两个常数 $G$ 和 $\eta$ 来描述。由于并联,介质上的剪应力是弹性单元和黏性单元剪应力之和,由下列方程式给出:

$$\tau = \tau_c + \tau_d \tag{3-43}$$

$$\gamma = \gamma_c = \gamma_d \tag{3-44}$$

黏性单元(c)的剪应力与剪应变的关系由下式给出:

$$\tau_c = \eta\dot{\gamma}_c \tag{3-45}$$

弹性单元(d)的剪应力与剪应变的关系为:

$$\tau_d = E\dot{\gamma}_d \tag{3-46}$$

整理得到:

$$\tau = \eta\dot{\gamma} + E\gamma \tag{3-47}$$

或者

$$\tau = \left(\eta\frac{\mathrm{d}}{\mathrm{d}t} + E\right)\gamma \tag{3-48}$$

式(3-48)是描述开尔文材料剪应力 $\tau$ 与剪应变 $\gamma$ 关系的微分方程式。对于单轴压缩试验,在 $t=0$ 时骤然施加轴向应力 $\sigma_1$ 的情况($\sigma_1$ 保持为常量),这个方程式的解答是:

$$\varepsilon_1(t) = \frac{\sigma_1}{3E}(1 - \mathrm{e}^{-(Et/\eta)}) + \frac{\sigma_1}{9K} \tag{3-49}$$

(3)广义马克斯威尔模型。如图3-14(c)所示,该模型由开尔文模型与黏性单元串联而成。用三个常数 $E$、$\eta_1$ 和 $\eta_2$ 描述。剪应变开始以指数速率增长,逐渐趋近于常速率。

(4)广义开尔文模型。如图3-14(d)所示,该模型由开尔文模型与弹性单元串联而成，用三个常数 $E_1$、$E_2$ 和 $\eta_1$ 描述。开始时产生瞬时应变，随后剪应变以指数递减速率增长，最终应变速率趋于零，应变不再增长。

（5）鲍格斯模型。这种模型由开尔文模型与马克斯威尔模型串联而组成，如图 3-14（e）所示。模型用 4 个常数 $E_1$、$E_2$、$\eta_1$ 和 $\eta_2$ 来描述。蠕变曲线上开始有瞬时变形，然后剪应变以指数递减的速率增长，最后趋于不变速率增长。从形成一般的蠕变曲线（见图 3-11）的观点来看，这种模型是用来描述第三期蠕变以前的蠕变曲线的较好而最简单的模型。当然，用增加弹性单元和黏性单元的办法还可组成更复杂而合理的模型，但是鲍格斯模型对实用而言已经足够了，该模型已获得较广泛的应用。

## 二、岩石的松弛性质

松弛是指在保持恒定变形条件下应力随时间逐渐减小的性质，用松弛方程和松弛曲线（见图 3-15）表示。

松弛特性可划分为三种类型。

### （一）立即松弛

变形保持恒定后，应力立即消失到零，这时松弛曲线与 $\sigma$ 轴重合，如图 3-15 中 $\sigma_6$ 曲线。

### （二）完全松弛

变形保持恒定后，应力逐渐消失，直到应力为零后，如图 3-15 中 $\sigma_5$ 曲线和 $\sigma_4$ 曲线。

### （三）不完全松弛

变形保持恒定后，应力逐渐松弛，但最终不能完全消失，而趋于某一定值，如图 3-15 中 $\sigma_2$ 曲线和 $\sigma_3$ 曲线。

此外，还有一种极端情况：变形保持恒定后应力始终不变，即不松弛，松弛曲线平行于 $t$ 轴，如图 3-15 中 $\sigma_1$ 曲线。

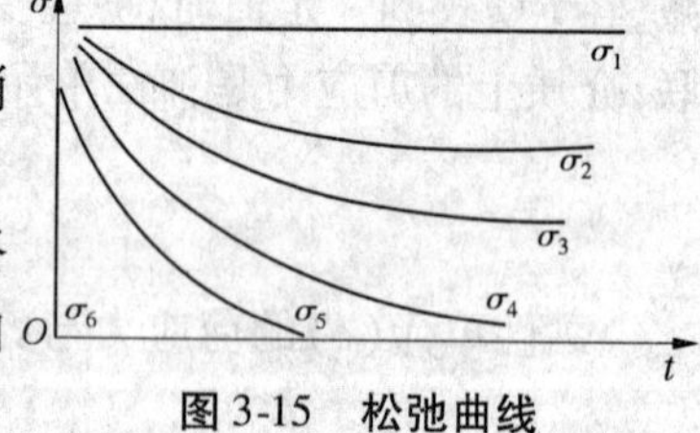

图 3-15　松弛曲线

在同一变形条件下，不同材料具有不同类型的松弛特性。同一材料，在不同变形条件下也可能表现为不同类型的松弛特性。

## 三、岩石的长期强度

一般情况下，当荷载达到岩石瞬时强度时，岩石发生破坏。在岩石承受荷载低于瞬时强度的情况下，如果荷载持续作用的时间足够长，由于流变，特性岩石也可能发生破坏。因此，岩石的强度是随外荷载作用时间的延长而降低的，通常把作用时间 $t \to \infty$ 的强度 $s_\infty$ 称为岩石的长期强度。

长期强度的确定有两种方法。

第一种方法：长期强度曲线即强度随时间降低的曲线，可以通过各种应力水平长期恒载试验获取。设在 $\tau_1 > \tau_2 > \tau_3 \cdots$ 试验的基础上，绘出非衰减蠕变的曲线簇，并确定每条曲线加速蠕变达到破坏前的应力 $\tau$ 及荷载作用所经历的时间，如图 3-16（a）所示。然后以纵坐标表示破坏应力 $\tau_1 > \tau_2 > \tau_3 \cdots$，横坐标表示破坏前经历的时间 $t_1 > t_2 > t_3 \cdots$，作破坏应力和破坏前经历时间的关系曲线，如图 3-16（b）所示，称为长期强度曲线。所得曲线的水平渐近线在纵轴上的截距就是所求的长期强度。

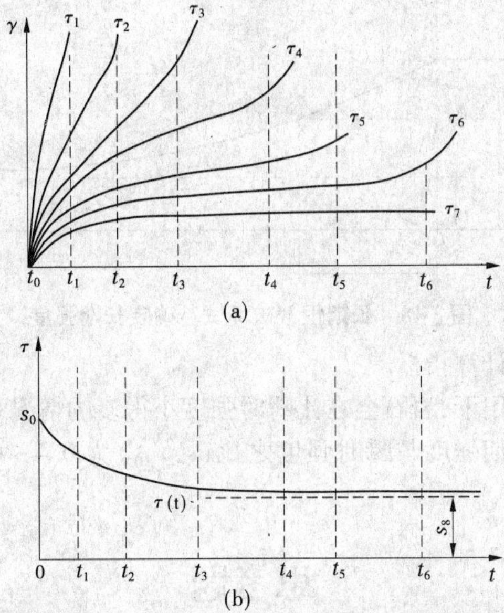


图 3-16　岩石蠕变曲线和长期强度曲线

第二种方法：通过不同应力水平恒载蠕变试验，得到蠕变曲线簇，在图 3-16(a)上作 $t_0(t=0)$，$t_1$，$t_2$，…，$t_\infty$ 时与纵轴平行的直线，且与各蠕变曲线相交，各交点和包含 $\tau$、$\gamma$ 和 $t$ 三个参数，如图 3-17(a)所示。应用这三个参数，作等时 $\tau\sim t$ 的曲线簇，得到相应的等时 $\tau\sim t$ 曲线，对应于 $\tau_\infty$ 的等时 $\tau\sim t$ 曲线的水平渐近线在纵轴上的截距就是所求的长期强度，如图 3-17(b)所示。

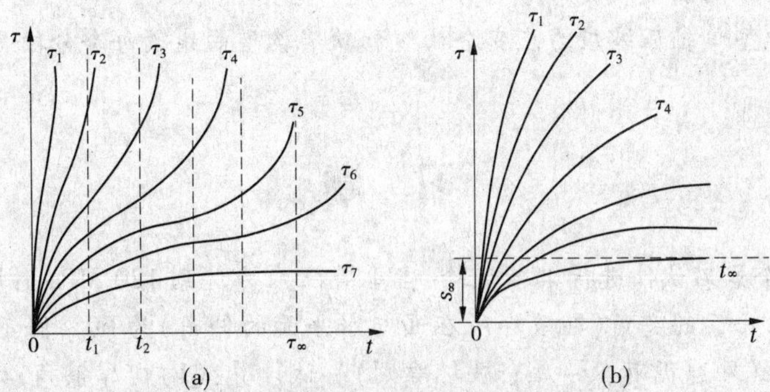


图 3-17　由岩石蠕变曲线确定长期强度曲线

岩石长期强度曲线如图 3-18 所示，可用指数型经验公式表示：

$$\sigma_t = A + B\mathrm{e}^{-\alpha t} \tag{3-50}$$

由 $t=0$ 时，得 $s_0=A+B$；当 $t\to\infty$ 时，$\sigma_t\to s_\infty$，有 $B=s_0-s_\infty$。

$$\sigma_t = s_\infty + (s_0 - s_\infty)^{-\alpha t} \tag{3-51}$$

式中　$\alpha$——由试验确定的另一个经验常数。

由式(3-51)确定任意 $t$ 时刻的岩石强度 $\sigma_t$。岩石长期强度是一个极有价值的时间效应指标。当衡量永久性的和使用期长的岩石工程的稳定性时，不应以瞬时强度而应以长

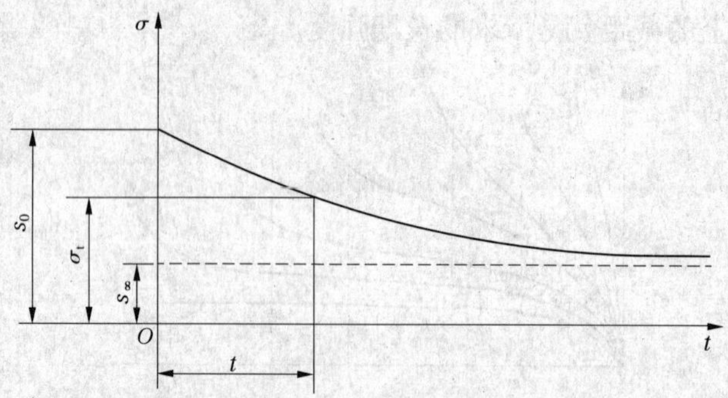


图 3-18 长期恒载破坏试验确定长期强度

期强度作为岩石强度的计算指标。

在恒定荷载长期作用下，岩石会在比瞬时强度小得多的情况下破坏，根据目前试验资料，对于大多数岩石，长期强度与瞬时强度之比（$s_\infty/s_0$）为 0.4 ~ 0.8，软岩和中等坚固岩石为 0.4 ~ 0.6。

# 思考题

1. 当岩石在实验室进行压缩试验下产生破坏，或者岩体由于天然压缩发生破坏，产生破坏的原因是应力或是应变？

2. 不同破坏准则对于岩石适应程度如何？理论及实际工程中如何合理应用？

3. 岩石和岩体有何区别与联系？

4. 岩石的弹性模量和变形模量在描述岩石的变形性能中有何异同？

5. 围压对岩石的强度和变形影响有哪些？

6. 岩石的典型单轴压缩应力应变全曲线和软岩典型曲线段每个分段具有什么的物理意义？

# 习　题

3-1　将一个岩石试件进行单轴试验，当垂直压应力达到 120 MPa 时即发生破坏，破坏面与大主应力平面的夹角（即破坏所在面与水平面的仰角）为 60°，假定抗剪强度随正应力呈线性变化（即遵循莫尔－库仑破坏准则）。试计算：(1) 内摩擦角；(2) 在正应力等于零的那个平面上的抗剪强度；(3) 预计一下单轴拉伸试验中的抗拉强度。

3-2　某矿大理岩试验结果如下：其单向抗压强度 $S_c = 120$ MPa；当侧压力 $\sigma_2 = \sigma_3 = 40$ MPa 时，其破坏时垂直压力 $\sigma_1 = 280$ MPa；当侧压力 $\sigma_2 = \sigma_3 = 80$ MPa时，其破坏时垂直压力 $\sigma_1 = 380$ MPa。试问：当侧压力 $\sigma_2 = \sigma_3 = 60$ MPa，垂直压力 $\sigma_1 = 240$ MPa 时，试件是否破坏？

3-3　试验测得某交通隧道上覆岩体中一点的最大主应力 $\sigma_1 = 61.2$ MPa，最小主应力 $\sigma_3 = -19.1$ MPa，并且已知岩体的单轴抗拉强度 $\sigma_t = -8.7$ MPa，黏聚力 $c = 50$ MPa，内摩擦角 $\varphi = 57°$。试分别基于莫尔强度准则、格里菲斯强度准则判定上覆岩体破坏与否。

3-4　岩体内有一组节理，其倾角为$\beta$，节理面上的黏聚力为$c_j$，内摩擦角为$\varphi_j$，孔隙水压力为$p_w$，岩体内大主应力为垂直方向，设$\beta = 50°$，$\varphi_j = 35°$，$c_j = 100$ kPa，垂直应力$\sigma_y = 1\ 000$ kPa。在这岩体内开挖一个洞室，必须对边墙施加150 kPa的水平压力才能使边墙稳定，试推算节理面上的孔隙水压力$p_w$。

3-5　某地下洞室，其围岩为片麻岩，围岩内有两组节理，其走向均平行于洞室的轴向，第一组节理与水平面的夹角为$\beta_1 = 60°$，第二组$\beta_2 = 10°$，若洞壁上的切向应力均为$\sigma_\theta = 2$ MPa，已知$\varphi_j = 30°$。试问：(1)洞壁是否稳定？(2)若不稳定，围岩压力为多少？

# 第四章　岩体应力及量测

## 第一节　概　述

在漫长的地质年代里,地壳始终处于不断运动与变化之中,致使岩层内产生褶皱、断裂和错动,这些现象的出现都是岩层或岩体受力的结果,即岩体内存在有应力。自从人类文明诞生以来,人类的生产实践活动就与岩石工程息息相关,无论是在岩基上建设水利水电工程,还是在岩体之中开挖山地隧道、修建地下电厂、兴建城市地铁等地下空间工程,事实上均是在岩体中实施了增加或卸除应力的行为。岩体中存在应力这是一客观事实,所以研究岩石内部的应力状态对于确定工程岩土力学属性,进行围岩稳定性分析,实现岩石工程优化设计和施工决策无疑是十分重要的。

近几十年来国内外的大量地应力实测资料表明,地壳中的应力场是一个随着时空变化具有相对稳定性的非均匀应力场。地球本身的各种动力运动过程是使地壳产生各种应力场的主要原因,如板块边界受压、地幔热对流、地质构造运动和地球旋转、地心引力、地球内部温度不均匀、岩浆侵入和地壳非均匀扩容、水压梯度、地表剥蚀等自然地质作用;另外还有由于地下开挖在洞室围岩中所引起的应力重分布和高坝等建筑物在岩基中所引起的附加应力等。地壳中的所有力学过程几乎都是在上述地球动力过程引起的应力场以及人类活动施加的附加力综合作用下发生的。由此可见,在岩层中产生应力的原因是十分复杂的。一般在工程上认为凡是在工程施工开始前就已存在于岩体中的应力,通常称为地应力(有时又称为初始应力、原位应力、天然应力或一次应力)。上述的构造应力和自重应力就是初始应力的主要组成部分。初始应力的大小主要取决于上覆岩层的重量,构造作用的类型、强度和持续时期的长短等。而在工程活动和岩体特性的相互作用下,岩体内初始应力发生集中、释放、叠加、转移等过程形成的重分布应力被称为二次应力或次应力。对于地下洞室来讲,洞室开挖引起应力重分布影响范围内的洞室周边岩体称为围岩。

天然应力状态与岩体稳定性关系极大,它不仅是决定岩体稳定性的重要因素,而且直接影响各类岩体工程的设计和施工。越来越多的资料表明,在岩体高应力区,地表和地下工程施工期间所进行的岩体开挖,常常能在岩体中引起一系列与开挖卸荷回弹和应力释放相联系的变形及破坏现象,使工程岩体失稳。

对于地下洞室而言,岩体中天然应力是围岩变形和破坏的力源。天然应力状态的影响主要取决于垂直洞轴方向的水平天然应力 $\sigma_h$ 和铅直天然应力 $\sigma_v$ 的比值,以及它们的绝对值大小。从理论上讲,对于圆形洞室来说,当天然应力绝对值不大,$\sigma_h/\sigma_v=1$ 时,围岩的重分布应力较均匀,围岩稳定性最好;当 $\sigma_h/\sigma_v=1/3$ 时,洞室顶部将出现拉应力,洞侧壁将会出现大于 $2.67\sigma_v$ 的压应力,可能在洞顶拉裂掉块、洞侧壁内鼓胀裂和倒塌。如果地区的铅直应力 $\sigma_v$ 为最小主应力,由于 $\sigma_h/\sigma_v>1.0$,所以洞轴线与最大主应力 $\sigma_{hmax}$ 方向一致的洞室围岩稳定性要较轴线垂直于 $\sigma_{hmax}$ 方向的洞室围岩稳定性好。

对于有压隧道而言，当 $\sigma_h/\sigma_v>1.0$，且应力达到一定数值时，围岩将具有较大承受内水压力的承载力可资利用。因此，岩体中具有较高天然水平应力时，对有压隧洞围岩稳定有利。

对于地表工程而言，如开挖基坑或边坡，由于开挖卸荷作用，将引起基坑底部发生回弹隆起，并同时引起坑壁或边坡岩体向坑内发生位移。例如，美国大古力坝基坑开挖在花岗岩中，在开挖基坑过程中，发现花岗岩呈水平层状开裂，且这种现象延至较大深部；我国葛洲坝电站厂房基坑开挖在白垩纪粉砂岩和黏土岩互层地层中发生层间滑错等。基坑岩体回弹隆起、位错和变形的结果，将使地基岩体的适水性增大，力学性能恶化，甚至使建筑物变形破坏。

地下工程在小规模范围内或接近地表的深度上进行设计时，经验类比法往往是有效的。但随着开挖规模和深度的不断加大，地应力的作用表现得越来越明显，经验类比法越来越失去作用。深部高地应力洞室的维护、冲击地压等灾害现象都与地应力有着密切的关系。查清拟建工程范围内地应力的大小和方向，进行合理的设计，不仅可以显著改善洞室围护状况，避免灾害发生，而且可节约大量支护和维修费用，显著提高工程的经济效益。所以，地应力测量工作被列为地质勘探的重要内容之一。

总之，岩体的天然应力状态，对工程建设有着重要意义。为了合理地利用岩体天然应力的有利方面，应根据岩体天然应力状态，在可能的范围内合理地调整地下洞室轴线、坝轴线以及人工边坡走向，较准确地预测岩体中重分布应力和岩体变形，正确地选择加固岩体的工程措施。因此，对于重要工程，均应把岩体天然应力量测与研究当做一项必须进行的工作来安排。

地应力测量是指探明地壳中各点应力状态的测量方法。其原理为：有的利用岩石的应力应变关系，如应力恢复法、应力解除法和钻孔加深法等；有的利用岩石受应力作用时的物理效应，如声波法和地电阻率法等。根据测量的结果，又可分为绝对和相对两种地应力测量。用现有测量方法测出的地应力中，不仅包含构造应力，还包含其他因素，如重力、地热等引起的非构造应力。地应力测量对地质构造研究，地震预报和矿山、水利、国防等工程中有关问题的解决具有理论和实际意义。它是地质力学研究的重要内容之一，通过测量发现最大主应力的方向几乎都是接近水平的。

## 第二节　岩体初始应力

### 一、自重应力

大量应力的实测资料已经证实，对于没有经受构造作用、产状较为平缓的单一岩层，当把该岩层看做是均质、连续、各向同性的弹性介质（见图 4-1）时，其中的应力状态十分接近于由弹性理论所确定的应力值。对于表面为水平的半无限体，在深度为 $z$ 处的垂直应力 $\sigma_z$ 可按下式计算：

$$\sigma_z = \gamma z \tag{4-1}$$

式中　$\gamma$——岩体的容重。

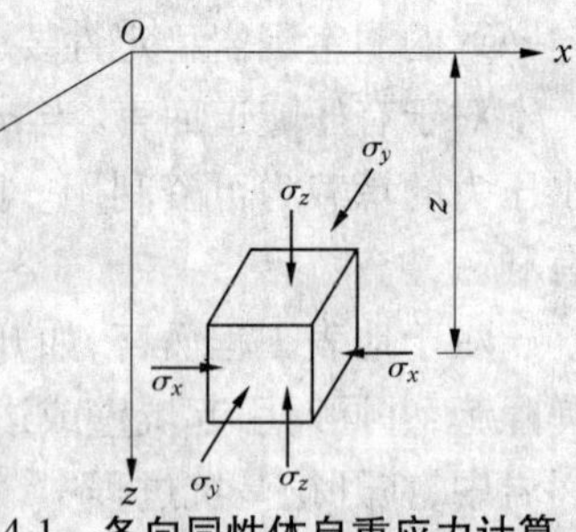

图 4-1　各向同性体自重应力计算

在半无限体中的任一微分单元体上的正应力 $\sigma_x$、$\sigma_y$、$\sigma_z$ 是主应力，而且水平方向的两个应力与应变彼此相等，亦即

$$\sigma_x = \sigma_y$$

$$\varepsilon_x = \varepsilon_y$$

如果考虑到半无限体中的任一单元体都不可能产生侧向变形，亦即

$$\varepsilon_x = \varepsilon_y = 0$$

由此可得：

$$\frac{\sigma_x}{E} - \frac{\mu}{E}(\sigma_y + \sigma_z) = 0$$

式中　$E$、$\mu$——岩石的弹性模量、泊松比。

因为 $\sigma_x = \sigma_y$，所以上式可以写成：

$$\sigma_x = \sigma_y = \frac{\mu}{1 - \mu}\sigma_z$$

令 $K_0 = \dfrac{\mu}{1 - \mu}$，则有

$$\sigma_x = \sigma_y = K_0\sigma_z \tag{4-2}$$

式中　$K_0$——岩石静止侧压力系数。

一般在实验室条件下所测定的泊松比 $\mu = 0.2 \sim 0.3$，此时侧压力系数为 $K_0 = \dfrac{\mu}{1 - \mu} = 0.25 \sim 0.4$。

当用其他理论计算自重应力时，侧压力系数 $K_0$ 还可有其他两种常见到的计算公式：

(1)松散介质极限平衡理论公式。$K_0 = \dfrac{1 - \sin\varphi}{1 + \sin\varphi}$，其中 $\varphi$ 为岩石内摩擦角，这里认为岩石的黏聚力 $c = 0$；如果黏聚力 $c \neq 0$，则水平应力应用如下公式计算：

$$\sigma_x = \sigma_y = \sigma_z\frac{1 - \sin\varphi}{1 + \sin\varphi} - \frac{2c\cos\varphi}{1 + \sin\varphi}$$

(2)海姆假说。$K_0 = 1$。侧压力系数 $K_0 = 1$ 时，就出现侧向水平应力与垂直应力相等的所谓静水压力式情况。这就是 1878 年著名瑞士地质学家海姆(Heim)所指出的情况。他根据在开挖横贯阿尔卑斯山的大型隧洞的观察中，发现隧洞的各个方向上都承受着很高的压力。于是他提出了著名的海姆假说：在岩体深处的初始垂直应力与其上覆岩体的重量成正比，而水平应力大致与垂直应力相等。

自然界岩石多为成层存在岩石，成层岩石的自重应力按下式计算：

垂直应力：

$$\sigma_z = \sum_{i=1}^{n}\gamma_i H_i \tag{4-3}$$

成层岩石为各向异性体，如薄层沉积岩，其水平应力如下：

当岩层水平(见图 4-2(a))时

$$\varepsilon_x = \frac{\sigma_x}{E_\perp} - \mu_\parallel \frac{\sigma_y}{E_\parallel} - \mu_\perp \frac{\sigma_z}{E_\perp} = 0, \quad \sigma_x = \sigma_y$$

则有

$$\sigma_x = \sigma_y = \frac{\mu_\perp}{1 - \mu_\parallel} \times \frac{E_\parallel}{E_\perp}\sigma_z \tag{4-4}$$

式中 $E_\parallel$——平行于层面的弹性模量;

$E_\perp$——垂直于层面的弹性模量;

$\mu_\parallel$——平行于层面的泊松比;

$\mu_\perp$——垂直于层面的泊松比。

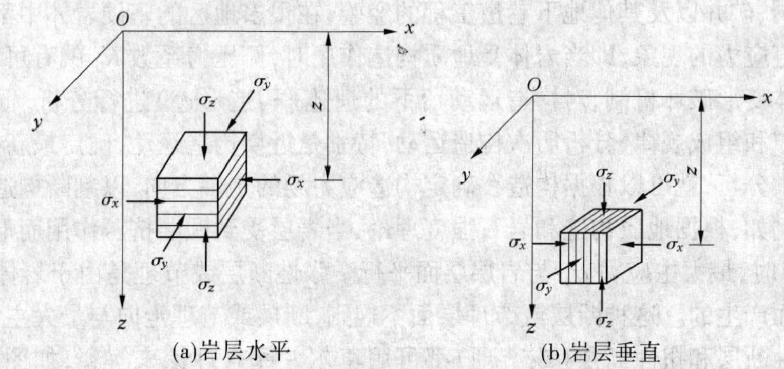


(a)岩层水平　(b)岩层垂直

图 4-2　薄层沉积岩中自重应力分析简图

当岩层垂直(见图 4-2(b))时

$$\varepsilon_x = \frac{\sigma_x}{E_\perp} - \mu_\parallel \frac{\sigma_y}{E_\parallel} - \mu_\parallel \frac{\sigma_z}{E_\parallel} = 0 \tag{4-5}$$

$$\varepsilon_y = \frac{\sigma_y}{E_\parallel} - \mu_\parallel \frac{\sigma_z}{E_\parallel} - \mu_\perp \frac{\sigma_x}{E_\perp} = 0 \tag{4-6}$$

联立求解上式得:

$$\left.\begin{aligned} \sigma_x &= \frac{\mu_\parallel(1 + \mu_\parallel)E_\perp}{(1 - \mu_\parallel\mu_\perp)E_\parallel}\sigma_z \\ \sigma_y &= \frac{\mu_\parallel(1 + \mu_\perp)E_\perp}{(1 - \mu_\parallel\mu_\perp)}\sigma_z \end{aligned}\right\} \tag{4-7}$$

根据以上理论推导及大量实测数据,我们可以总结出岩体自重应力的特点:

(1)水平应力 $\sigma_x$、$\sigma_y$ 小于垂直应力 $\sigma_z$;

(2)$\sigma_x$、$\sigma_y$、$\sigma_z$ 均为压应力;

(3)$\sigma_z$ 只与岩体密度和深度有关,而 $\sigma_x$、$\sigma_y$ 同时与岩体弹性常数 $E$、$\mu$ 有关;

(4)结构面影响岩体自重应力分布。

## 二、构造应力概说

在漫长的地质年代里,由于地壳的构造运动,不仅在岩层或岩体中引起构造应力,同时在岩层和岩体中引起相应的变形，这种变形表现为各种岩层和岩体以不同产状、形状和一定的几何形态有规律地分布于地壳中。上述岩层和岩体中的变形形成地质学中所称的地质构造。现在在野外所观察到的各式各样的地质构造，都是岩体在构造应力的长期作用下所产生的残余变形的结果。当然，对于这些地质构造的岩体变形过程和构造应力的作用方式我们是无法见到的。因此，这就使我们在确定岩体应力分布规律——构造应力场时产生巨大困难。

对于现时还在活动的构造应力场的研究，主要的手段之一就是进行构造应力的实测。对于过去所形成的古构造应力场的研究，最重要的手段就是在野外对于古时地壳运动所遗留下来的各种踪迹进行实地调查研究，并确定各种构造形式的存在和它们的构造特征。然后采用各种相应的方法进行模拟试验，同时配合有关应力场的理论分析进行研究。

大量隧洞、矿井以及其他地下巷道工程的经验，在很多地区的坚硬岩体中都发现水平应力大于垂直应力的现象，即当岩体受地质构造作用时，侧压力系数 $K_0$ 就有可能大于 1。

根据岩体变形破坏机制，对构造运动留下的遗迹（构造形迹）进行分析，根据各种地质构造的分布和组成规律，分析历次构造运动，特别是近期构造运动，确定最新构造体系，进行地质力学分析，就可以根据构造线确定构造应力场的主轴方向，以判断构造应力的主应力方向。例如，根据地质构造和岩石强度理论，当岩层受到顺层挤压作用而形成纵弯褶皱（见图 4-3）时，最大主应力 $\sigma_1$ 与岩层层面平行。张性断层或节理是由于岩体中的张应变超过极限而产生的。这种断层或节理层面不规则，断层或节理走向与最大主应力 $\sigma_1$ 方向平行。压性断层和扭性断层（或节理）都可用莫尔 - 库仑理论来解释，如图 4-4 所示。如根据岩脉和其他类型褶皱的地质特征也可推断出应力方向，如图 4-5 所示。

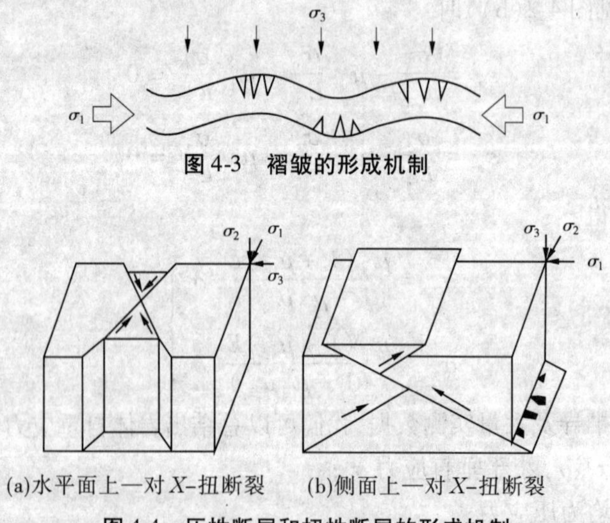


图 4-3　褶皱的形成机制

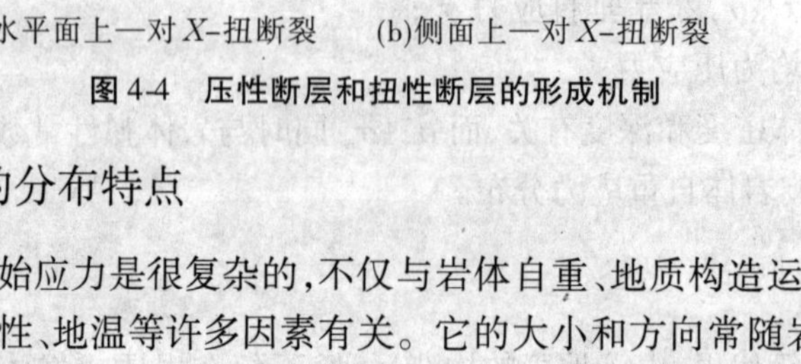

(a)水平面上一对 X-扭断裂　(b)侧面上一对 X-扭断裂

图 4-4　压性断层和扭性断层的形成机制

## 三、初始应力的分布特点

天然岩体中的初始应力是很复杂的，不仅与岩体自重、地质构造运动有关，而且与成岩条件、地形地貌、岩性、地温等许多因素有关。它的大小和方向常随岩体中的测点位置

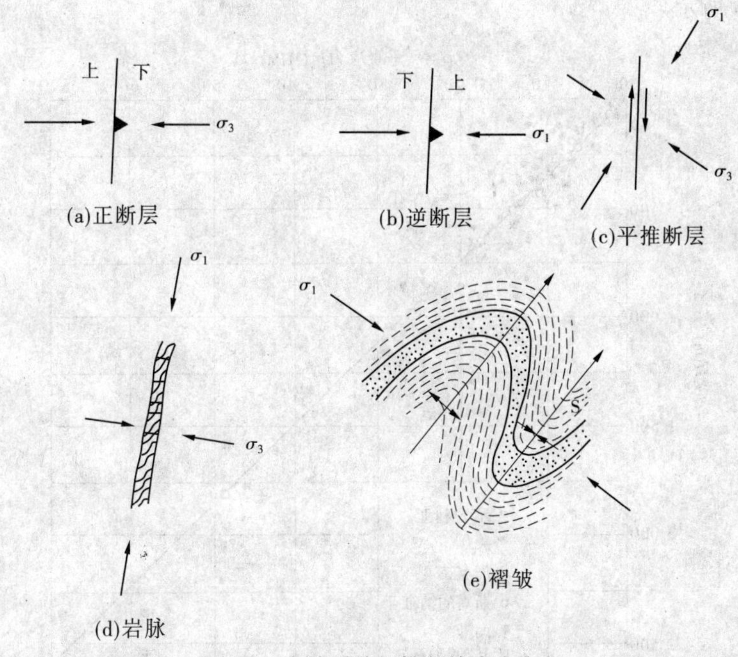


图 4-5　由地质特征推断的应力方向

及测点局部地质因素的不同而变化。但对一定范围内的地质体来说,起控制作用的终究是其自重和经受的地质构造作用,因而大体上仍有规可循。根据目前所获得的大量实测地应力资料和地质调查结果,通过理论分析和研究,对于 3 000 m 以内的浅层地壳来说,地应力的分布规律主要有如下几点:

(1)地应力是一个具有相对稳定性的非稳定应力场,它是时间和空间的函数。地应力在绝大部分地区是以水平应力为主的三向不等压的空间应力场,三个主应力的量值和方向是随着空间和时间而变化的。地应力在空间上的变化程度,从小范围来看,其变化比较明显,如一个矿山或一个水利枢纽,从某一点到相距数十米外的另一点,地应力的量值和方向可能是不相同的。但就某个地区整体而言,地应力的变化是不大的,如我国的华北地区,地应力场的主导方向为北西到近于东西的主压应力。对于地应力的量值和方向在时间上的变化,就人类生产实践活动所延续的时间而言,其变化应该是十分缓慢的,但在某些地震活动比较活跃的地区,地应力的大小和方向随时间的变化就相当明显,地应力的量值和方向在地震前和地震后会发生明显的改变。

(2)岩体上覆岩层的重量是形成岩体初始应力的基本因素之一。一般认为,岩体垂直初始应力基本上与上覆岩体的重量 $\gamma H$ 相等。但就国内某些实测资料来看,垂直应力 $p_v$ 与上覆岩体重量 $\gamma H$ 的比值的变化范围为 0.43 ~ 19.8。值得指出的是,比值 $p_v/(\gamma H)>1.2$ 的情况占实测数据中的 68.4%。这表明在多数情况下垂直初始应力是大于上覆岩体重量的。一般认为,产生这种现象是某种力场作用的结果,而这种力场(如构造力场等)不一定是上覆岩层自重所引起的。

Brown 和 Hoek(1978)汇集了世界范围内的原岩应力实测资料后认为,在 25 ~ 2 700 m 深度范围内,岩体的平均容重为 0.027 MN/m$^3$,垂直原岩应力 $\sigma_v$ 随深度 $H$ 增加呈线性增大，如图 4-6 所示。

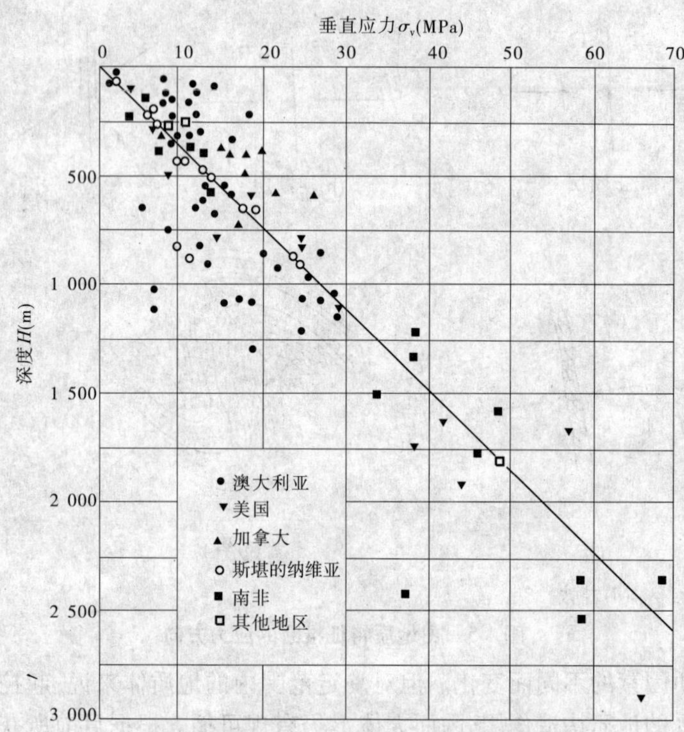


**图 4-6　岩体垂直初始应力随深度的变化**

(3)实测资料表明，在绝大多数(几乎所有)地区均有两个主应力位于水平或接近水平的平面内，其与水平面的夹角一般不大于 30°，最大水平主应力 $\sigma_{h,max}$ 普遍大于垂直应力 $\sigma_v$；最小水平主应力的数值则变化较大。如三峡工程中的石英闪长岩，当上覆岩体厚度为 120 m 时，实测垂直应力为 3.2 MPa，然而最大水平主应力几乎是它的 4 倍左右，最小水平主应力只是它的 1/8。实测值表明，按自重计算的垂直应力常小于实测的水平应力，两者比值随空间位置而异：$\sigma_{h,max}$ 与 $\sigma_v$ 的比值一般为 0.5 ~ 5.5，在很多情况下比值大于 2。如果将最大水平主应力与最小水平主应力的平均值 $\sigma_{h,av} = (\sigma_{h,max} + \sigma_{h,min})/2$ 与 $\sigma_v$ 相比，总结目前全世界地应力实测的结果，得出侧压力系数 $\lambda$($\lambda = \sigma_{h,av}/\sigma_v$)的值一般为 0.5 ~ 5.5，大多数为 0.8 ~ 1.5，最大值达到了 30 或更大。我国实测资料表明，该值为 0.8 ~ 3.0，而大部分为 0.8 ~ 1.2。这说明在浅层地壳中平均水平应力也普遍大于垂直应力，垂直应力在多数情况下为最小主应力，在少数情况下为中间主应力，只在个别情况下为最大主应力(岩层产状平缓，构造不发育的地区)。这再次说明，水平方向的构造运动如板块移动、碰撞对地壳浅层地应力的形成起控制作用。

霍克和布朗根据图 4-7 所示结果回归出下列公式，用以表示侧压力系数 $K_0$ 随深度变化的取值范围：

$$\frac{100}{H} + 0.3 \leqslant \frac{\sigma_{h,av}}{\sigma_v} \leqslant \frac{1\,500}{H} + 0.5$$

式中　$H$——深度，m。

图4-7表明,在深度不大的情况下,$\sigma_{h,av}/\sigma_v$ 的值相当分散。随着深度的增加,该值的变化范围逐步缩小,并向1附近集中,这说明在地壳深部有可能出现静水压力状态。

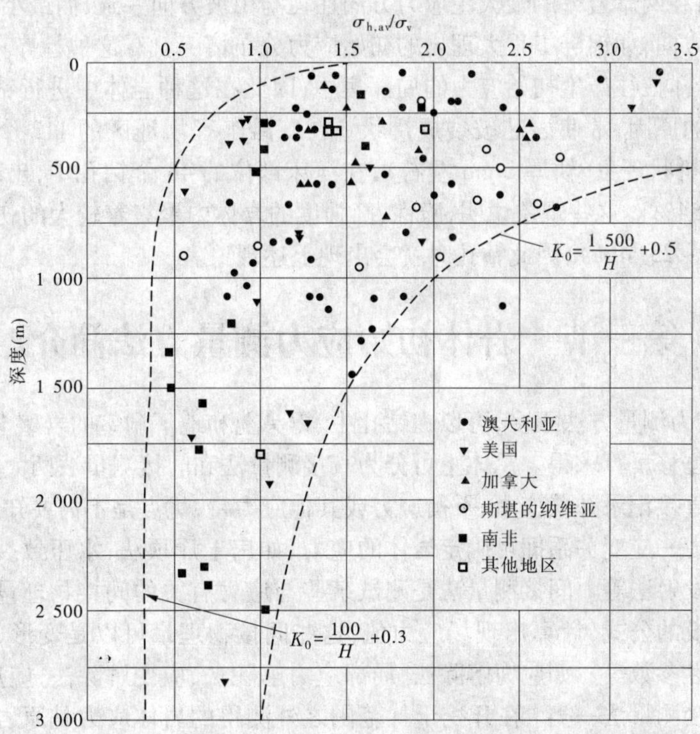


图4-7　平均天然水平应力与埋藏深度关系的实测结果

地应力中最大水平主应力和最小水平主应力也随深度呈线性增长关系。与垂直应力不同的是,在水平主应力线性回归方程中的常数项比垂直应力线性回归方程中常数项的数值要大些,这反映了在某些地区近地表处仍存在显著水平应力的事实,斯蒂芬森(O. Stephansson)等根据实测结果给出了芬兰斯堪的纳维亚部分地区最大水平主应力和最小水平主应力随深度变化的线性方程:

最大水平主应力　　$\sigma_{h,max}=6.7+0.044\,4H$　(MPa)

最小水平主应力　　$\sigma_{h,min}=0.8+0.032\,9H$　(MPa)

式中　$H$——深度,m。

最大水平主应力和最小水平主应力之值一般相差较大,显示出很强的方向性。$\sigma_{h,min}/\sigma_{h,max}$ 一般为0.2~0.8,多数情况下为0.4~0.8。

(4)初始应力的大小、方向与地质构造有着密切关系。很明显,位于活动断层的拐弯或交叉处的断裂构造易产生较大的应力集中,其他部位的断裂构造反而引起应力释放,促使岩体应力的重新分布。例如,苏联戈尔诺绍里亚地区的矿井距断层5~10 m范围内,应力比其他部位高2~3倍;又如葡萄牙的毕可托(Picote)地下电站,由于下游部位出现断层引起了应力释放,其最大主应力为7.8 MPa,只是上游最大主应力的1/4左右。坚硬完整的岩体内可积聚大量应变能,以形成较高的初始应力;反之,软弱破碎岩体中由于积聚的应变能不大,因而初始应力较低。由此可知,在地质构造大体相同的条件下,可认为初始应力的量级与岩体的力学性质直接有关。

(5)地形地貌对初始应力有一定的影响,因为地形被切割后必然引起新的重分布应力,这就使得河谷两岸岩壁的最大主应力方向往往与山坡方向一致,而最小主应力方向则是谷坡的法线方向,如锦屏工程大理岩的初始应力分布情况就有这种趋势。此外,在深切河床的底部,岩体往往产生初始应力的局部集中,因此在这种岩体中进行钻探时,由于应变能急剧释放的原因,常使岩芯破裂成饼状。在二滩工程坝址区的112个钻孔中,就有58个孔内出现饼状现象(饼厚2 cm左右);在河床部位的48个钻孔中,出现饼状岩芯的有40个孔,占84%。这些现象说明,脆性、高强度的岩体中聚集着较大的初始应力(实测初始应力为19~25 MPa),因此钻孔时就会出现上述现象。

## 第三节　岩体初始应力测量方法简介

目前,地应力测量方法很多,可以在钻孔中、露头上和地下洞室的岩壁上进行,也可以由地下工程的位移反算求得。总体上可分为直接测量法和间接测量法两大类。直接测量法是测量仪器直接记录补偿应力、平衡应力或其他应力量,优点是不需要知道岩体的物理力学性质及应力—应变关系即可确定岩体的应力,如扁千斤顶法、水压致裂法、刚性圆筒应力法以及声发射法等。间接测量法是测试某些与应力有关的间接物理量的变化,然后根据已知或假设的公式,计算出现场应力值,这些间接物理量可以是变形、应变、波动参数、密度、放射性参数等。如应力解除法、局部应力解除法、应变解除法、应用地球物理方法等均属于间接测量法一类。在开挖干扰范围之外测得的岩体应力是原岩应力场,在开挖范围之内测得的岩体应力是二次应力场。本节简要介绍这些方法的基本原理。

测量原始地应力就是确定存在于拟开挖岩体及其周围区域的未受扰动的三维应力状态,这种测量通常是通过一点一点的量测来完成的。岩体中一点的三维应力状态可由选定坐标系中的六个分量来表示,如图4-8所示。这种坐标系是可以根据需要和方便任意选择的,但一般取地球坐标系作为测量坐标系,由六个应力分量可求得该点的三个主应力的大小和方向,这是唯一的。在实际测量中,测量方法不同,每一测点所涉及的岩石可能从几立方厘米到几千立方米。但不管是几立方厘米还是几千立方米,对于整个岩体而言,仍可视为一点。虽然也有一些测定大范围岩体内的平均应力的方法,如超声波等地球物理方法,但这些方法很不准确,因而远没有“点”测量方法普及。由于地应力状态的复杂性和多变性,要比较准确地测定某一地区的地应力,就必须进行充足数量的“点”测量,在此基础上才能借助数值分析和数理统计、灰色建模、人工智能等方法,进一步描绘出该地区的全部地应力场状态。

### 一、应力恢复法

利用应力恢复法量测岩体表面应力时,应在岩体表面沿不同方向安置三个应变计,以便能够测出岩体沿这三个不同方向的伸缩变形。先读出应变计的初始读数,然后沿着与所测应力相垂直的方向开挖一狭长槽,如图4-9所示。

挖槽后,槽壁上的岩体应力即被解除,此时岩体表面上的三个应变计的读数显然与挖

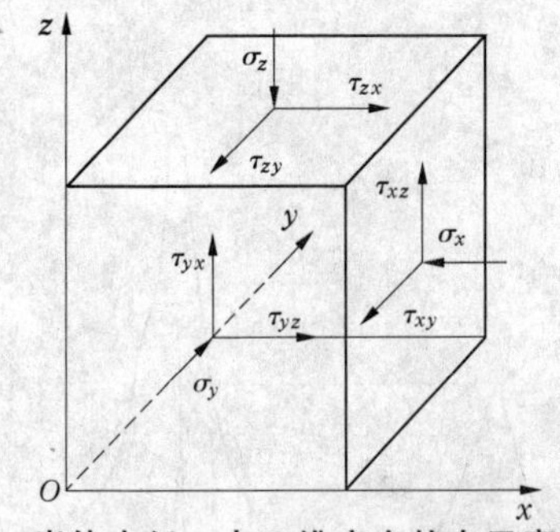


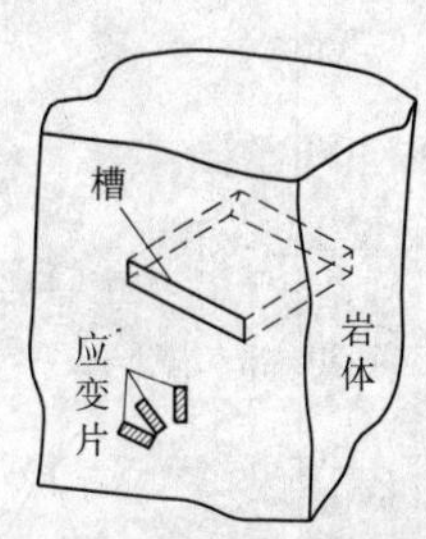


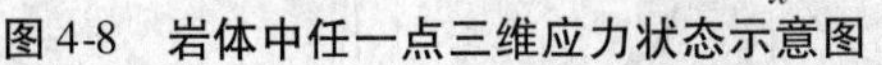
图 4-8　岩体中任一点三维应力状态示意图　　图 4-9　应力恢复法测量岩体应力

槽之前不同。其次将扁千斤顶装于槽中,并逐渐增加千斤顶中的油压,使千斤顶对槽壁逐渐施加压力,直到岩体表面上的三个应变计读数恢复到挖槽之前的数值,这时千斤顶施加于槽壁上的单位压力也就是槽壁上原有的法向应力(近似值)。采用这种方法测定岩体应力可以不用岩体中的应力与应变关系而直接得出岩体的应力。然而,应当指出的是,如果槽壁不是岩体的主应力作用,则在挖槽前的槽壁上有剪应力,显然这种剪应力的作用在应力的恢复过程中没有考虑进去,这就必然引起一定的误差。如果应力恢复,岩体的应力和应变关系与应力解除前并不完全相同,这也必然影响量测的精度。

## 二、声发射测试

材料在受到外荷载作用时,其内部储存的应变能快速释放产生弹性波,发生声响,称为声发射。1950 年,德国人凯泽(J. Kaiser)发现多晶金属的应力从其历史最高水平释放后,再重新加载,当应力未达到先前最大应力值时,很少有声发射产生,而当应力达到和超过历史最高水平后,则大量产生声发射,这一现象叫做凯泽效应。从很少产生声发射到大量产生声发射的转折点称为凯泽点,该点对应的应力即为材料先前受到的最大应力。后来,许多人通过试验证明,许多岩石(如花岗岩、大理岩、石英岩、砂岩、安山岩、辉长岩、闪长岩、片麻岩、辉绿岩、灰岩、砾岩等)也具有显著的凯泽效应。

凯泽效应为测量岩石应力提供了一个途径,即如果从原岩中取回定向的岩石试件,通过对加工的不同方向的岩石试件进行加载声发射试验,测定凯泽点,即可找出每个试件以前所受的最大应力,并进而求出取样点的原始(历史)三维应力状态。

试验时,由声发射监测所获得的应力—声发射事件数(速率)曲线(见图 4-10)可确定每次试验的凯泽点,并进而确定该试件轴线方向先前受到的最大应力值。15 ~ 25 个试件获得一个方向的统计结果,六个方向的应力值即可确定取样点的历史最大三维应力的大小和方向。

根据凯泽效应的定义,用声发射法测得的是取样点的先存最大应力,而非现今地应力。但是也有一些人对此持相反意见,并提出了“视凯泽效应”的概念,认为声发射可获得两个凯泽点,一个对应于引起岩石饱和残余应变的应力,它与现今应力场一致,比历史最高应力值低,因此称为视凯泽点。在视凯泽点之后,还可获得另一个真正的凯泽点,它对应于历史最高应力。

由于声发射与弹性波传播有关,所以高强度的脆性岩石有较明显的声发射凯泽效应

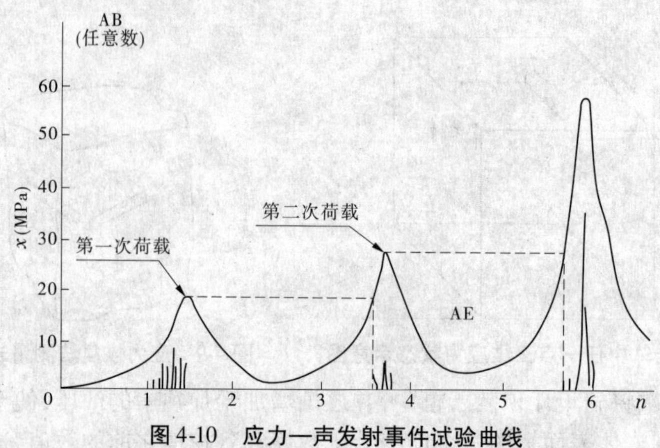


图 4-10 应力—声发射事件试验曲线

出现，而多孔隙低强度及塑性岩体的凯泽效应不明显，所以不能用声发射法测定比较软弱疏松岩体中的应力。

## 三、水压致裂法

### (一)测量原理

水压致裂法在 20 世纪 50 年代被广泛应用于油田，通过在钻井中制造人工的裂隙来提高石油的产量。哈伯特(M. K. Hubbert)和威利斯(D. G. Willis)在实践中发现了水压致裂裂隙和原岩应力之间的关系。这一发现又被费尔赫斯特(C. Fairhurst)和海姆森(B. C. Haimson)用于地应力测量。

从弹性力学理论可知，当一个位于无限体中的钻孔受到无穷远处二维应力场($\sigma_1$,$\sigma_2$)的作用时，离开钻孔端部一定距离的部位处于平面应变状态。在这些部位，钻孔周边的应力为：

$$\sigma_\theta = \sigma_1 + \sigma_2 - 2(\sigma_1 - \sigma_2)\cos\theta \tag{4-8}$$

$$\sigma_r = 0 \tag{4-9}$$

式中 $\sigma_\theta$ 和 $\sigma_r$——钻孔周边的切向应力和径向应力；

$\theta$——周边一点与 $\sigma_1$ 轴的夹角。

由式(4-8)可知，当 $\theta = 0°$时，$p$ 取得极小值，此时

$$\sigma_\theta = 3\sigma_2 - \sigma_1$$

如果采用图 4-11 所示的水压致裂系统将钻孔某段封隔起来，并向该段钻孔注入高压水，当水压超过 $3\sigma_2 - \sigma_1$ 与岩石抗拉强度 $T$ 之和后，在 $\theta = 0°$处，也即 $\sigma_1$ 所在方位将发生孔壁开裂，设钻孔壁发生初始开裂时的水压为 $P_i$，则有

$$P_i = 3\sigma_2 - \sigma_1 + T \tag{4-10}$$

如果继续向封隔段注入高压水，使裂隙进一步扩展，当裂隙深度达到 3 倍钻孔直径时，此处已接近原岩应力状态，停止加压，保持压力恒定，将该恒定压力记为 $P_s$，则由图 4-11可见，$P_s$ 应和原岩应力 $\sigma_2$ 相平衡，即

$$P_s = \sigma_2 \tag{4-11}$$

由式(4-10)和式(4-11)，只要测出岩石抗拉强度 $T$，即可由 $P_i$ 和 $P_s$ 求出 $\sigma_1$ 和 $\sigma_2$。

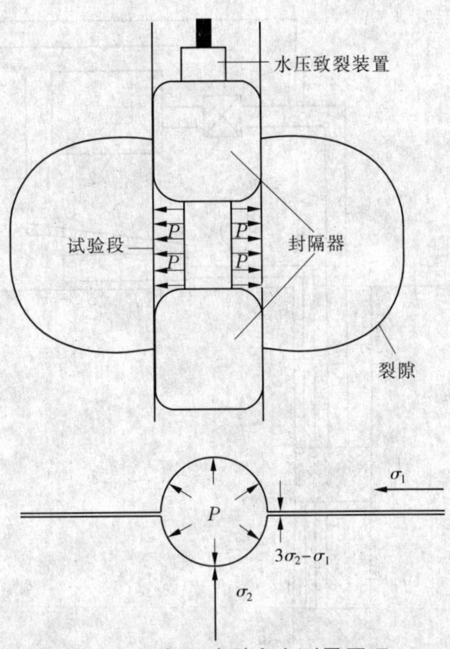


图 4-11　水压致裂应力测量原理

这样 $\sigma_1$ 和 $\sigma_2$ 的大小与方向就全部确定了。

在钻孔中存在裂隙水的情况下，如封隔段处的裂隙水压力为 $P_0$，则式(4-10)变为：

$$P_i = 3\sigma_2 - \sigma_1 + T - P_0 \tag{4-12}$$

根据式(4-11)和式(4-12)求 $\sigma_1$ 和 $\sigma_2$，需要知道封隔段岩石的抗拉强度，这往往是很困难的。为了克服这一困难，在水压致裂试验中增加一个环节，即在初始裂隙产生后，将水压卸除，使裂隙闭合，然后重新向封隔段加压，使裂隙重新打开，记下裂隙重开时的压力为 $P_r$，则有

$$P_r = 3\sigma_2 - \sigma_1 - P_0 \tag{4-13}$$

这样，由式(4-11)和式(4-13)求 $\sigma_1$ 和 $\sigma_2$ 就无须知道岩石的抗拉强度。因此，由水压致裂法测量原岩应力将不涉及岩石的物理力学性质，而完全由测量和记录的压力值来确定。

**(二)测量步骤**

该法的具体测量步骤简述如下(见图 4-12)：

(1)打钻孔到准备测量应力的部位，并将钻孔中待加压段用封隔器密封起来。

(2)向两个封隔器的隔离段注射高压水，不断加大水压，直至孔壁出现开裂，获得初始开裂压力 $P_i$；然后继续施加水压以扩张裂隙，当裂隙扩张至 3 倍直径深度时，关闭高水压系统，保持水压恒定，此时的应力称为关闭压力，记为 $P_s$；最后卸压，使裂隙闭合。在整个加压过程中，同时记录压力—时间曲线和流量—时间曲线，使用适当的方法从压力—时间曲线上可以确定 $P_i$、$P_s$ 值，从流量—时间曲线可以判断裂隙扩展的深度。

(3)重新向密封段注射高压水，使裂隙重新打开并记下裂隙重开时的压力 $P_r$ 和随后的恒定关闭压力 $P_s$。这种卸压—重新加压的过程重复 2 ~ 3 次，以提高测试数据的准确

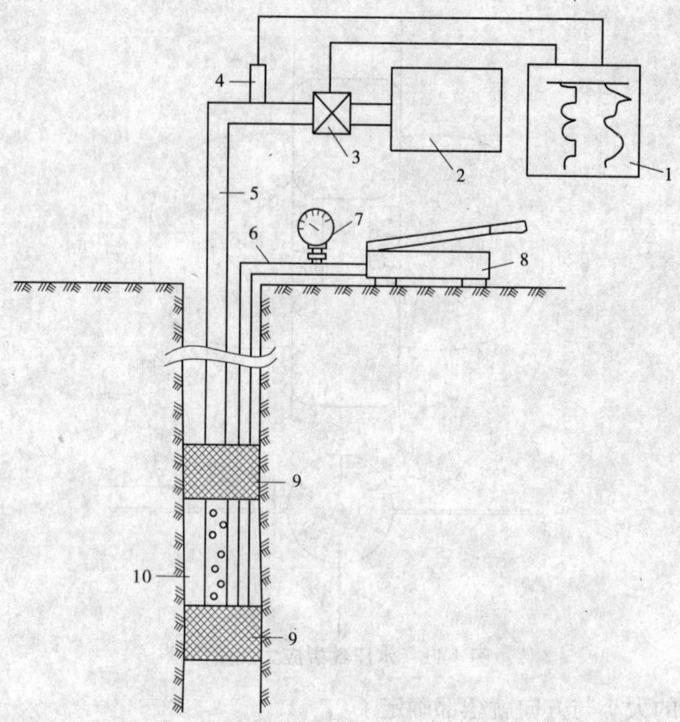


1—记录仪;2—高压泵;3—流量计;4—压力计;5—高压钢管;
6—高压胶管;7—压力表;8—泵;9—封隔器;10—压裂段

**图 4-12　水压致裂应力测量系统示意图**

性。$P_r$ 和 $P_s$ 同样由压力—时间曲线和流量—时间曲线确定。

(4)将封隔器完全卸压,连同加压管等全部设备从钻孔中取出。

(5)测量水压致裂裂隙和钻孔试验段天然节理、裂隙的位置、方向和大小。测量可以采用井下摄影机、井下电视、井下光学望远镜或印模器。

水压致裂测量结果只能确定垂直于钻孔平面内的最大主应力和最小主应力的大小与方向,所以从原理上讲,它是一种二维应力测量方法。若要确定测点的三维应力状态,必须打互不平行的交会于一点的三个钻孔,这是非常困难的。一般情况下,假定钻孔方向为一个主应力方向,如将钻孔打在垂直方向,并认为垂直应力是一个主应力,其大小等于单位面积上覆岩层的重量,则由单孔水压致裂结果就可以确定三维应力场了。但在某些情况下,垂直方向并不是一个主应力的方向,其大小也不等于上覆岩层的重量,如果钻孔方向和实际主应力的方向偏差 15°以上,那么上述假设就会对测量结果造成较为显著的误差。

水压致裂法认为初始开裂发生在钻孔壁切向应力最小的部位,亦即平行于最大主应力的方向,这是基于岩石为连续、均质和各向同性的假设。如果孔壁本来就有天然节理裂隙存在,那么初始裂痕很可能发生在节理裂隙这些部位,而并非切向应力最小的部位。因而,水压致裂法较适用于完整的脆性岩石中。

## 四、应力解除法

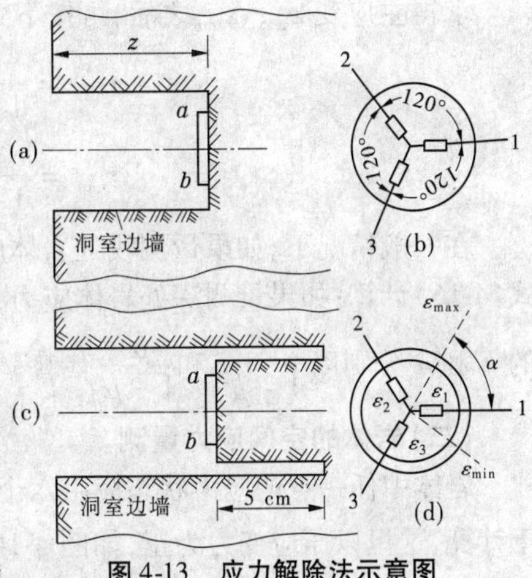


图 4-13　应力解除法示意图

应力解除法是岩体应力量测中应用较广的方法。当需要测定岩体中某点的应力状态时，人为地将该处的岩体单元与周围岩体分离，此时，岩体单元上所受的应力将被解除。同时，该单元体的几何尺寸也将产生弹性恢复。应用一定的仪器，测定这种弹性恢复的应变值或变形值，并且认为岩体是连续、均质和各向同性的弹性体，于是就可以借助弹性理论的解答来计算岩体单元所受的应力状态。其基本操作见图 4-13。

应力解除法按测试深度可以分为表面应力解除法、浅孔应力解除法及深孔应力解除法。按测试变形或应变的方法不同，又可分为孔径变形测试法、孔壁应变测试法及钻孔应力解除法，详见《工程岩体试验方法标准》(GB/T 50266—1999)。

### (一)应力解除法的基本原理

以如图 4-13(a)所示的测定洞室边墙岩体深部的应力为例，说明应力解除法的基本原理。为了测定距边墙表面深度为 $z$ 处的应力，这时利用钻头自边墙钻一深度为 $z$ 的钻孔，然后用嵌有细粒金刚石的钻头将孔底磨平、磨光。为了简化问题，现假定钻孔方向与该处岩体的某一主应力方向重合(如与第三主应力重合)，这时钻孔底面即应力的主平面，因此确定钻孔底部的主应力也就十分方便(如果钻孔轴线与主应力方向并不一致，这时则按后面所述方法确定主应力)。

为了确定这一主应力，在钻孔底面贴上三个互成 120°夹角的电阻应变片，如图 4-13(b)所示(有的钻孔应变计内部已装好互成一定角度的三个电阻应变片，使用时直接将此应变元件胶结于钻孔底部即可)。这时通过电阻应变仪读出相应的三个初始读数。然后用与钻孔直径相同的套头在钻孔底部的四周进行“套钻”掏槽(槽深约 5 cm)，如图 4-13(c)所示，掏槽的结果就在钻孔底部形成一个与周围岩体相脱离的孤立岩柱——岩芯。这样，掏槽前周围岩体作用于岩芯上的应力就被全部解除，岩芯也就产生相应的变形。因此，根据所测的岩芯变形就可以换算出掏槽前岩芯所承受的应力。

应力解除后，在应变仪上可读出三个读数，它们分别与掏槽前所读的三个初读数相应之差，就表示图 4-13(d)中岩芯分别沿 1、2、3 三个不同方向的应变值，现在分别以 $\varepsilon_1$、$\varepsilon_2$ 和 $\varepsilon_3$ 表示。

根据材料力学的原理，可由下列公式计算大、小主应变：

$$\left.\begin{matrix}\varepsilon_{max}\\ \varepsilon_{min}\end{matrix}\right\} = \frac{1}{3}(\varepsilon_1+\varepsilon_2+\varepsilon_3) \pm \frac{\sqrt{2}}{3}\sqrt{(\varepsilon_1-\varepsilon_2)^2+(\varepsilon_2-\varepsilon_3)^2+(\varepsilon_3-\varepsilon_1)^2} \tag{4-14}$$

最大主应变与 $\varepsilon_1$ 之间的夹角 $\alpha$ 按下式确定(见图 4-13(d))：

$$\tan 2\alpha = \frac{\sqrt{3}(\varepsilon_2-\varepsilon_3)}{2\varepsilon_1-\varepsilon_2-\varepsilon_3} \tag{4-15}$$

求得主应变 $\varepsilon_{\max}$、$\varepsilon_{\min}$之后，可按下式计算相应于这两个方向的主应力 $\sigma_{\max}$ 和 $\sigma_{\min}$：

$$\left.\begin{aligned}\sigma_{\max} &= \frac{E}{1-\mu^2}(\varepsilon_{\max}+\mu\varepsilon_{\min})\\ \sigma_{\min} &= \frac{E}{1-\mu^2}(\varepsilon_{\min}+\mu\varepsilon_{\max})\end{aligned}\right\} \tag{4-16}$$

在一般情况下，如果量测浅处岩体应力，则可按平面应力问题计算主应力，亦即可按式(4-16)计算；如果量测深处岩体应力，则按平面变形问题计算主应力，此时式(4-16)中的 $E$ 和 $\mu$ 分别以 $\dfrac{E}{1-\mu^2}$ 和 $\dfrac{\mu}{1-\mu}$ 代替。

**(二)岩体的空间应力量测**

岩体中任一点的应力状态应由六个应力分量 $\sigma_x$、$\sigma_y$、$\sigma_z$、$\tau_{xy}$、$\tau_{yz}$ 以及 $\tau_{zx}$ 表示。为了便于计算，这里以压应变力为正，如图 4-14(a)所示。由上可知，每一钻孔仅能提供两个正应变与一个剪应变的值，因此确定岩体中的六个应力分量时，一般情况下需通过三个钻孔的量测资料才能确定。下面介绍两种按应力解除法原理来确定岩体三向应力状态的方法。

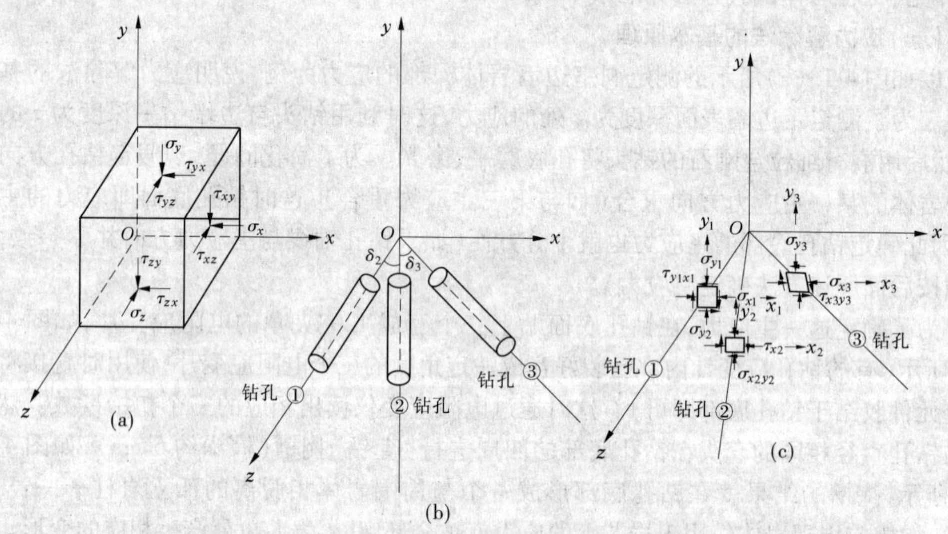


**图 4-14　岩体空间应力的量测**

1. 采用共面三钻孔法确定三维应力

在钻孔的应力量测中，有各种不同方法。有的通过孔底处岩体的应变来测定孔底平面中的三个应力分量，有的则通过钻孔中孔径的变化来测定与孔轴正交平面中的三个应力分量。前者称为孔底应变法，后者称为孔径变形法。但是，这些方法只能确定与孔轴正交平面中的平面应力状态。为了确定岩体的空间应力状态，不论是采用孔底应变法，还是采用孔径变形法，都必须首先利用这些方法在岩体中测定三个钻孔中的平面应力分量，然后根据这些实测数据确定岩体的空间应力。这里介绍的共面三钻孔法就讨论如何确定岩体空间应力的问题。

为了测定图 4-14(a)所示的三向应力,可在 $xz$ 平面中分别打三个钻孔①、②、③,如图 4-14(b)所示。为方便起见,使钻孔①与 $z$ 轴重合,其余两钻孔与 $z$ 轴的交角分别为 $\delta_2$ 与 $\delta_3$ 。各钻孔底面的平面应力状态如图 4-14(c)所示;各钻孔底面中的坐标分别以 $x_i$、$y_i$ 表示($i=1,2,3$),其中 $y_i$ 与 $y$ 轴平行。由弹性理论可知,图 4-14(c)中坐标系为 $x_i$、$y_i$ 的平面应力分量 $\sigma_{x_i}$、$\sigma_{y_i}$、$\tau_{x_iy_i}$ 与六个待求的空间应力分量之间具有以下关系:

$$\left.\begin{aligned}\sigma_{x_i} &= \sigma_x l_x^2 + \sigma_y m_x^2 + \sigma_z n_x^2 + 2\tau_{xy} l_x m_x + 2\tau_{yz} m_x n_x + 2\tau_{zx} n_x l_x \\ \sigma_{y_i} &= \sigma_x l_y^2 + \sigma_y m_y^2 + \sigma_z n_y^2 + 2\tau_{xy} l_y m_y + 2\tau_{yz} m_y n_y + 2\tau_{zx} n_y l_y \\ \tau_{x_iy_i} &= \sigma_x l_x l_y + \sigma_y m_x m_y + \sigma_z n_x n_y + \tau_{zx}(n_x l_y + n_y l_x) + \\ &\quad \tau_{xy}(l_x m_y + l_y m_x) + \tau_{yz}(m_x n_y + m_y n_x)\end{aligned}\right\} \tag{4-17}$$

式中　$l_x$、$m_x$、$n_x$ 和 $l_y$、$m_y$、$n_y$ —— $x_i$ 和 $y_i$ 对于 $x$、$y$、$z$ 轴的方向余弦。

表 4-1 第(3)栏列出各钻孔 $i$ 中相应坐标系 $x_i$、$y_i$ 对于轴 $x$、$y$、$z$ 的方向余弦的具体数值,该表第(4)栏根据式(4-17)列出相应的平面应力分量时 $\sigma_{x_i}$、$\sigma_{y_i}$ 以及 $\tau_{x_iy_i}$ 的表达式。由于各钻孔中的这些平面应力分量可按本节第一部分所述方法(或其他方法)进行测定,因此利用表 4-1 中所列的有关公式即可确定待求的六个空间应力分量。

**表 4-1**

<table>
<tr><td>(1)</td><td>(2)</td><td colspan="3">(3)</td><td>(4)</td></tr>
<tr><td rowspan="2">钻孔编号</td><td rowspan="2">各钻孔底面坐标轴</td><td colspan="3">$x_i$、$y_i$ 对于轴 $x$、$y$、$z$ 的方向余弦</td><td rowspan="2">根据式(4-17)以及第(3)栏的方向余弦列出各钻孔的三个平面应力分量</td></tr>
<tr><td>$l$</td><td>$m$</td><td>$n$</td></tr>
<tr><td rowspan="6">钻孔①</td><td rowspan="3">$x_1$</td><td rowspan="3">1</td><td rowspan="3">0</td><td rowspan="3">0</td><td rowspan="2">$\sigma_{x1} = \sigma_x$</td></tr>
<tr></tr>
<tr><td rowspan="2">$\sigma_{y1} = \sigma_y$</td></tr>
<tr><td rowspan="3">$y_1$</td><td rowspan="3">0</td><td rowspan="3">1</td><td rowspan="3">0</td></tr>
<tr><td rowspan="2">$\sigma_{x1y1} = \sigma_{xy}$</td></tr>
<tr></tr>
<tr><td rowspan="6">钻孔②</td><td rowspan="3">$x_2$</td><td rowspan="3">$\cos\delta_2$</td><td rowspan="3">0</td><td rowspan="3">$\sin\delta_2$</td><td rowspan="2">$\sigma_{xz} = \sigma_x\cos^2\delta_2 + \sigma_z\sin^2\delta_2 + \tau_{zx}\sin2\delta_2$</td></tr>
<tr></tr>
<tr><td rowspan="2">$\sigma_{y2} = \sigma_y$</td></tr>
<tr><td rowspan="3">$y_2$</td><td rowspan="3">0</td><td rowspan="3">1</td><td rowspan="3">0</td></tr>
<tr><td rowspan="2">$\tau_{x2y2} = \tau_{xy}\cos\delta_2 + \tau_{yz}\sin\delta_2$</td></tr>
<tr></tr>
<tr><td rowspan="6">钻孔③</td><td rowspan="3">$x_3$</td><td rowspan="3">$\cos\delta_3$</td><td rowspan="3">0</td><td rowspan="3">$\sin\delta_3$</td><td rowspan="2">$\sigma_{x3} = \sigma_x\cos^2\delta_3 + \sigma_z\sin^2\delta_3 + \tau_{zx}\sin2\delta_3$</td></tr>
<tr></tr>
<tr><td rowspan="2">$\sigma_{y3} = \sigma_y$</td></tr>
<tr><td rowspan="3">$y_3$</td><td rowspan="3">0</td><td rowspan="3">1</td><td rowspan="3">0</td></tr>
<tr><td rowspan="2">$\tau_{x3y3} = \tau_{xy}\cos\delta_3 + \tau_{yz}\sin\delta_3$</td></tr>
<tr></tr>
</table>

值得指出的是,这里是对共面三钻孔①、②、③进行讨论的。如果这些钻孔互相正交,在此情况下这里所介绍的方法也同样完全适用。

2. 孔壁应变测试法

孔壁应变测试法的优点是只需在 个钻孔中通过对洞壁应变的量测,即可完全确定岩体的六个空间应力分量,因此量测工作十分简便。

1)孔壁应变测试法的原理

假定在弹性岩体中钻一半径为 $r_0$ 的圆形钻孔,如图 4-15(a)所示。钻孔前岩体中的

应力分量是 $\sigma_x^0$、$\sigma_y^0$、$\sigma_z^0$ 以及 $\tau_{xy}^0$、$\tau_{yz}^0$、$\tau_{zx}^0$。钻孔后由于钻孔附近的应力发生变化，钻孔附近的应力不再保持岩体中原有的均匀应力场。为了方便起见，我们采用圆柱坐标系 $r \sim \theta \sim z$ 来表示钻孔孔壁各点的应力分量，如图 4-15(b)所示。孔壁上坐标为 $r_0$、$\theta$、$z$ 的任意一点，其应力分量是 $\sigma_z$、$\sigma_\theta$、$\tau_{\theta z}$，孔壁上的这些应力可以通过钻孔前岩体中的六个应力分量 $\sigma_x^0$、$\sigma_y^0$、…、$\tau_{\theta z}$ 表示如下：

$$\left.\begin{aligned}\sigma_z &= -\mu[2(\sigma_x^0 - \sigma_y^0)\cos 2\theta] + \sigma_z^0 \\ \sigma_\theta &= (\sigma_x^0 + \sigma_y^0) - 2(\sigma_x^0 - \sigma_y^0)\cos 2\theta - 4\tau_{xy}^0 \sin 2\theta \\ \tau_{\theta z} &= 2\tau_{yz}^0 \cos\theta - 2\tau_{zx}^0 \sin\theta\end{aligned}\right\} \tag{4-18}$$

式(4-18)左边的三个应力 $\sigma_z$、$\sigma_\theta$ 以及 $\tau_{\theta z}$ 可在孔壁上直接测出，因此是已知的。式(4-18)右侧的六个应力分量 $\sigma_x^0$、$\sigma_y^0$…正是所要求的未知应力。要确定这六个应力分量必须建立 6 个关系式。自式(4-18)可以看出，每测定孔壁上一个点的应力，只能获得类似于式(4-18)的三个关系式。因此，在孔壁上任选三个测点进行应力测量，这样就可建立 9 个关系式，然后在其中挑选 6 个关系式，由此即可确定所求的六个未知应力 $\sigma_x^0$、$\sigma_y^0$、…、$\tau_{\theta z}$。

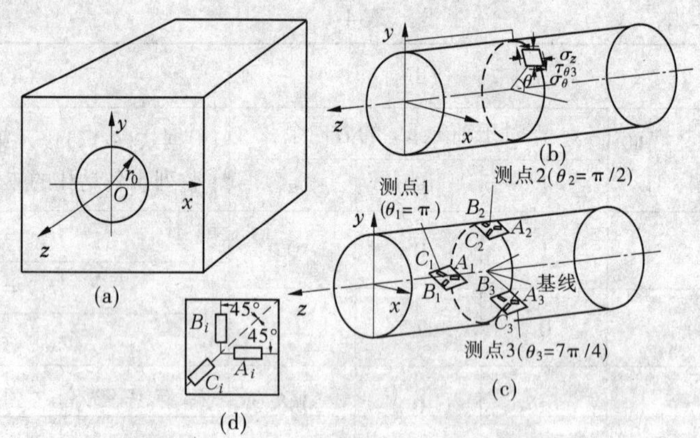


**图 4-15　孔壁应变测试法原理示意图**

上述三测点的位置是任选的，为方便计算，这三个测点可选在同一圆周上，它们的角度分别是 $\theta_1 = \pi, \theta_2 = \frac{\pi}{2}, \theta_3 = \frac{7\pi}{4}$，如图 4-15(c)所示。其中，第 $i$ 测点的应力分量以 $\sigma_{z(i)}$、$\sigma_{\theta(i)}$、$\tau_{\theta z(i)}$ 表示，该测点的相应角度为 $\theta_i(i=1、2、3)$，利用式(4-18)对上述三测点可写出以下 9 个关系式：

第一测点($\theta_1 = \pi$)：

$$\left.\begin{aligned}\sigma_{z(1)} &= -2\mu(\sigma_x^0 - \sigma_y^0) + \sigma_z^0 \\ \sigma_{\theta(1)} &= -\sigma_x^0 + 3\sigma_y^0 \\ \tau_{\theta z(1)} &= -2\tau_{yz}^0\end{aligned}\right\} \tag{4-19}$$

第二测点($\theta_2 = \frac{\pi}{2}$)：

$$\left.\begin{aligned}\sigma_{z(2)} &= 2\mu(\sigma_x^0 - \sigma_y^0) + \sigma_z^0 \\ \sigma_{\theta(2)} &= 3\sigma_x^0 - \sigma_y^0 \\ \tau_{\theta z(2)} &= -2\tau_{zx}^0\end{aligned}\right\} \tag{4-20}$$

第三测点($\theta_3 = \frac{7\pi}{4}$):

$$\left.\begin{aligned}\sigma_{z(3)} &= 4\mu\tau_{xy}^0 + \sigma_z^0 \\ \sigma_{\theta(3)} &= (\sigma_x^0 + \sigma_y^0) + 4\tau_{xy}^0 \\ \tau_{\theta z(3)} &= \sqrt{2}(\tau_{yz}^0 + \tau_{zx}^0)\end{aligned}\right\} \tag{4-21}$$

以上各式左侧的应力分量都是由应力量测来确定的。因此,下面介绍各测点的应力量测原理和方法。现在就以其中第 $i$ 测点为例进行说明。为了测定第 $i$ 测点的三个应力分量,我们必须在第 $i$ 测点上布置三个应变元件(譬如是量测应变的应变计),分别以 $A_i$、$B_i$、$C_i$ 表示,如图 4-15(d)所示。这些应变计的具体方位是:$A_i$ 和 $B_i$ 应分别与第 $i$ 测点的 $z$ 和 $\theta$ 方向平行,而且 $A_i$ 与 $B_i$ 之间夹角为$\frac{\pi}{2}$;$C_i$ 应放置在 $A_i$ 和 $B_i$ 之间的角平分线上,如图 4-15(c)、(d)所示。沿 $A_i$、$B_i$ 以及 $C_i$ 三方向所测的应变值分别以 $\varepsilon_{Ai}$、$\varepsilon_{Bi}$、$\varepsilon_{Ci}$ 表示,根据这三个应变值(这些应变以拉为正,以压为负)可直接由下式计算出测点 $i$ 的三个应力分量:

$$\left.\begin{aligned}\sigma_{z(i)} &= \frac{E}{2}\left(\frac{\varepsilon_{Ai} + \varepsilon_{Bi}}{1-\mu} + \frac{\varepsilon_{Ai} - \varepsilon_{Bi}}{1+\mu}\right) \\ \sigma_{\theta(i)} &= \frac{E}{2}\left(\frac{\varepsilon_{Ai} + \varepsilon_{Bi}}{1-\mu} + \frac{\varepsilon_{Ai} - \varepsilon_{Bi}}{1+\mu}\right) \\ \tau_{\theta z(i)} &= \frac{E}{2}\left[\frac{2\varepsilon_{\theta i} - (\varepsilon_{Ai} + \varepsilon_{Bi})}{1+\mu}\right]\end{aligned}\right\} \tag{4-22}$$

通过应力量测按照式(4-22)可确定孔壁上所选定的三个测点的 9 个应力分量。因此,式(4-19)~式(4-21)中所有左侧的应力分量都是已知的。现在我们利用式(4-19)中的三个关系式,式(4-20)中的第(2)式、第(3)式,式(4-21)中的第(2)式,直接解出所求的六个应力分量如下:

$$\left.\begin{aligned}\sigma_x^0 &= \frac{1}{8}[3\sigma_{\theta(2)} + \sigma_{\theta(1)}] \\ \sigma_y^0 &= \frac{1}{8}[3\sigma_{\theta(1)} + \sigma_{\theta(2)}] \\ \sigma_z^0 &= \sigma_{z(1)} + \frac{\mu}{2}[\sigma_{\theta(2)} - \sigma_{\theta(1)}] \\ \tau_{xy}^0 &= -\frac{1}{8}[\sigma_{\theta(1)} + \sigma_{\theta(2)} - 2\sigma_{\theta(3)}] \\ \tau_{yz}^0 &= -\frac{1}{2}\tau_{\theta z(1)} \\ \tau_{zx}^0 &= -\frac{1}{2}\tau_{\theta z(2)}\end{aligned}\right\} \tag{4-23}$$

2)孔壁应变测试法的具体应用

采用孔壁应变测试法测定岩体的三向应力时,需用到套取岩芯的应力解除法。具体方法是用钻机钻孔,钻到需测定应力的深度为止,如图 4-16(a)所示。钻孔底面应用金刚石钻头磨平,然后用较小的钻头自钻孔底面沿孔轴方向钻一深度约为 45 cm 的小钻孔,如图 4-16(b)所示。这时就在小钻孔的中部孔壁上选定三个测点,并在每一测点上按前述规定方向安置三个应变元件,如图 4-16(c)所示。此时读出各测点应变计的初始读数,并将应变计的量测导线引至孔外,然后封住小钻孔的孔口,以防止随后进行套取岩芯时的冷却水流入小钻孔而损坏孔内的应变元件。最后选用适当大小的钻头在小钻孔外围进行套钻并取出岩芯,如图 4-16(d)、(e)所示。此时读出完全解除了应力之后的岩芯中各应变元件读数,然后就套取岩芯前后应变元件读数之差 $\varepsilon_{Ai}$、$\varepsilon_{Bi}$、$\varepsilon_{Ci}$,通过式(4-22)、式(4-23)来计算所求的岩体应力 $\sigma_x^0$、$\sigma_y^0$、$\sigma_z^0$ 以及 $\tau_{xy}^0$、$\tau_{yz}^0$、$\tau_{zx}^0$。

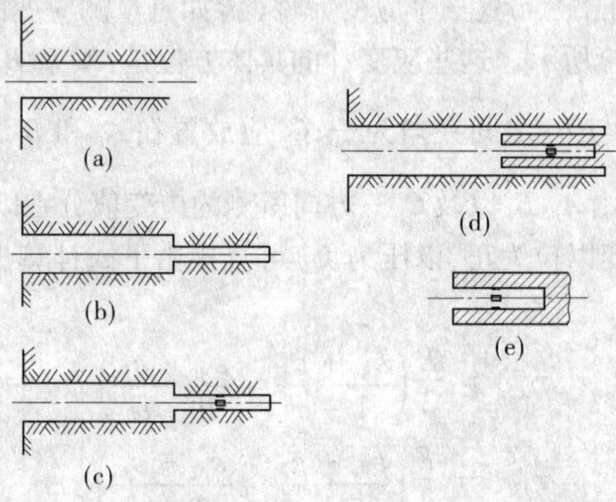


**图 4-16　孔壁应变测试法测定岩体的三向应力**

上述的水压致裂法和应力解除法是 2003 年国际岩石力学学会新推荐的两种地应力测试方法。这两种方法均是从洞室表面向岩体中打小孔,直至原岩应力区。地应力测量是在小孔中进行的。由于小孔对原岩应力状态的扰动是可以忽略不计的,这就保证了测量是在原岩应力区中进行的。应力解除法的测试深度较浅,并且需要足够的地下巷道容纳设备。从理论上讲,水压致裂法没有测试深度限制,突出的优点是能测量深部应力,已见报道的最大测深为 5 000 m,这是其他方法所不能做到的。因此,这种方法可用来测量深部地壳的构造应力场。同时,对于某些工程,如露天边坡工程,由于没有现成的地下井巷、隧道、洞室等可用来接近应力测量点,或者在地下工程的前期阶段,需要估计该工程区域的地应力场,也只有使用水压致裂法才是最经济实用的。否则,如果使用更精确的方法——应力解除法,则需要首先打几百米深的导洞才能接近测点,那么经济上将是十分昂贵的。因此,对于一些重要的地下工程,在工程前期阶段使用水压致裂法估计应力场,在工程施工过程中或工程完成后,再使用应力解除法比较精确地测量某些测点的应力大小和方向,就能为工程设计、施工和维护提供比较准确可靠的地应力场数据。

# 思考题

4-1　岩体原始应力状态与哪些因素有关？

4-2　什么是岩体的构造应力？构造应力是如何产生的？土中有无构造应力？为什么？

4-3　什么是侧压力系数？测压力系数能否大于1？从侧压力系数的大小如何说明岩体所处的应力状态？

# 习　题

4-1　自地表向下的岩层依次为：表土层，厚 $H_1=60$ m，容重 $\gamma_1=20\ \text{kN/m}^3$，内摩擦角 $\varphi_1=30°$；砂岩层，厚 $H_2=60$ m，容重 $\gamma_2=25\ \text{kN/m}^3$，内摩擦角 $\varphi_2=45°$，泊松比 $\mu_2=0.25$。求距地表 50 m 及 100 m 处的原岩中由自重引起的水平应力。

4-2　在距地表 100 m 深度处某点测得原岩应力场的三个主应力 $\sigma_x=5$ MPa，$\sigma_y=0.5$ MPa，$\sigma_z=15$ MPa，已知岩体的平均容重 $\gamma=24\ \text{kN/m}^3$，泊松比 $\mu=0.2$。求该点处的地应力，并确定地应力的方向。

# 第五章　地基岩体应力及稳定性分析

## 第一节　概　述

所谓岩石地基，是指建筑物以岩体作为持力层的地基。与土质地基相比，岩石地基由于具有承载力高、压缩性低和稳定性好等特点，因而越来越受到设计者的青睐。我国自1955年在武汉长江大桥和南京长江一桥先后采用岩基作为持力层以来，随着铁路、公路和桥梁的日益增多，大直径嵌岩桩被广泛应用于高层建（构）筑物和重型建（构）筑物的基础中。特别是近年来，随着我国战略重点向中西部转移，一大批高层建筑物、超高层建筑物、重型构筑物和大跨度桥梁的建造，为了适应山区上覆土层厚度不均匀、基岩面起伏大、土岩性质差异悬殊等特殊地质条件，越来越多学者开始关注岩石地基研究领域。然而通常情况下，人们在实际工程中面对的岩石在大多数情况下都不是完整的岩块，而是具有各种不良地质结构面包括各种断层、节理、裂隙及其填充物的复合体，即所谓的岩体。岩体还可能包含有洞穴或经历过不同程度的风化作用，甚至非常破碎。所有这些缺陷都有可能使表面上看起来有足够强度的岩石地基发生破坏，并导致灾难性的后果。所以，必须对岩石地基做出正确的评价，才能指导工程实际。

本章根据岩石地基的上述特点和设计要求，将着重介绍上部荷载在地基岩体中引起的附加应力分布特征、地基岩体的沉降与变形、地基岩体承载力以及坝基岩体抗滑稳定性分析等方面的内容。

## 第二节　地基岩体的应力分布特征

掌握岩基中岩体应力的分布特征，有利于对岩基稳定性做出正确的评价。岩基中的应力主要包括天然应力和建筑物外荷引起的附加应力分布。前者在第四章中已有介绍，本节主要介绍建筑物外荷在岩基中引起的附加应力分布特征。由于大多数岩石表现出弹性性质，因此目前岩基中的应力分析一般都采用弹性理论。下面介绍几种不同地质条件下岩石地基中的应力分布特征。

### 一、各向同性、均质岩石地基

早在1885年布辛奈斯克（J. Boussinesq）运用弹性理论推导了弹性半平面体上作用有垂直集中荷载的情况，如图5-1所示，竖向集中力作用下岩基内任意一点的应力为：

$$
\left.\begin{aligned}
\sigma_z &= \frac{3P}{2\pi z^2}\cos^5\theta = \frac{P}{2\pi}\frac{3z^3}{r^5} \\
\sigma_x &= \frac{3P}{2\pi x^2}[3\sin^4\theta\cos\theta - (1-2\mu)(1-\cos\theta)] = \frac{P}{2\pi}\left[\frac{3x^2z}{r^5} - (1-2\mu)\frac{1}{r(r+z_0)}\right] \\
\tau_{xz} &= \frac{3Px}{2\pi z}\cos^5\theta = \frac{3P}{2\pi}\frac{z^2x}{r^5} \\
\sigma_r &= \frac{3P}{2\pi z^2}\cos^3\theta \\
\sigma_\theta &= \frac{P}{2\pi x^2}(1-2\mu)(1-\cos\theta-\sin^2\theta\cos\theta)
\end{aligned}\right\} \quad (5\text{-}1)
$$

当地基岩体作用一均布线荷载时，由于假设地基岩体为各向同性、均质，此时可沿着垂直荷载方向切一平面来研究，因而研究的问题就变成了一个典型的平面应变问题。

**（一）垂直荷载作用情况**

如图 5-2 所示，地基岩体中任意一点 $M(r,\theta)$ 的附加应力为：

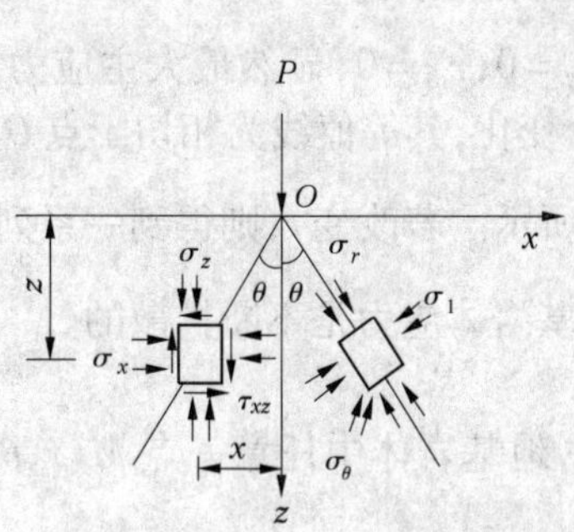


**图 5-1　集中力作用下岩基应力**

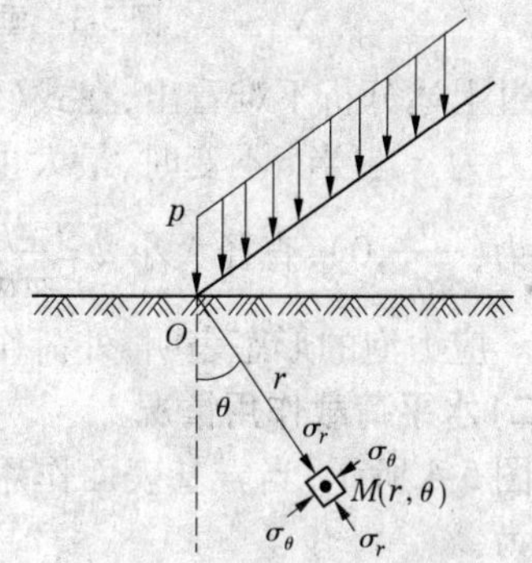


**图 5-2　垂直荷载作用下岩基应力**

$$
\left.\begin{aligned}
\sigma_r &= \frac{2p\cos\theta}{\pi r} \\
\sigma_\theta &= 0 \\
\tau_{r\theta} &= 0
\end{aligned}\right\} \quad (5\text{-}2)
$$

式中　$\sigma_r$——$M$ 点的径向应力，MPa；

$\sigma_\theta$——$M$ 点的环向应力，MPa；

$\tau_{r\theta}$——$M$ 点的剪应力，MPa。

由式(5-2)可得，$r = \frac{2p}{\pi\sigma_r}\cos\theta$，若假定 $\frac{2p}{\pi\sigma_r} = 1$，即可得到 $\theta$ 与 $r$ 的关系，如表 5-1 所示。

**表 5-1　$\frac{2p}{\pi\sigma_r} = 1$ 时，$\theta$ 与 $r$ 的关系**

| $\theta$(°) | 0 | 15 | 30 | 45 | 60 | 75 | 90 |
|---|---|---|---|---|---|---|---|
| $r$ | 1.000 | 0.966 | 0.866 | 0.707 | 0.500 | 0.259 | 0 |

画出其应力分布图，可以得到一直径为$\frac{2p}{\pi\sigma_r}=1$的圆（见图5-3(a)）。

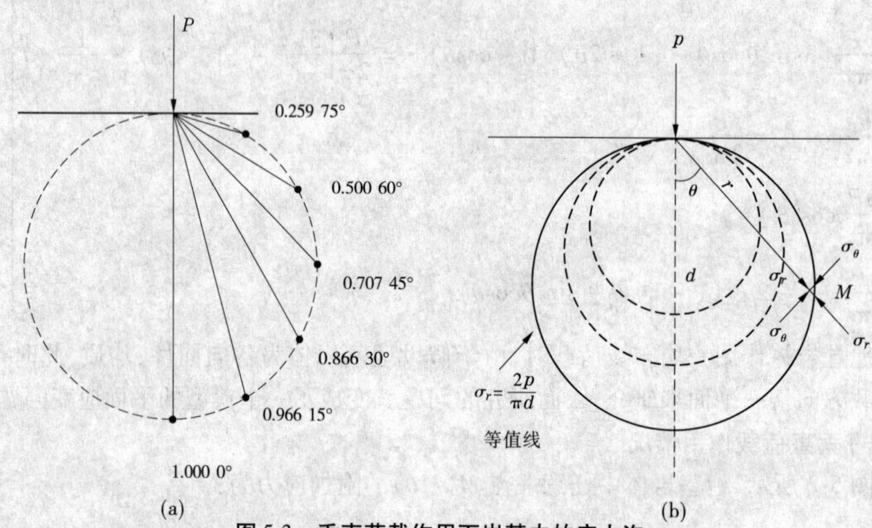


图5-3　垂直荷载作用下岩基内的应力泡

通过上述分析不难看出，在式(5-2)中，由于$\sigma_\theta=0$，$\tau_{r\theta}=0$，显然最大主应力为$\sigma_r$，最小主应力为$\sigma_\theta$。当$r$不变时，最大主应力$\sigma_r$只随$\theta$变化，其等值线为相切于点$O$的圆，圆心坐标为$(\frac{p}{\pi\sigma_r},0)$，直径大小$d=\frac{2p}{\pi\sigma_r}$，如图5-3(b)所示。若改变$r$，则得到一系列圆，俗称应力泡。应力泡的形态表明，外荷作用所引起的地基岩体应力是不断扩散的。

**（二）水平荷载作用情况**

如图5-4所示，当岩基表面作用一水平荷载时，地基岩体中任意一点$M(r,\theta)$处的附加应力为：

$$\left.\begin{aligned}\sigma_r&=\frac{2Q\sin\theta}{\pi r}\\\sigma_\theta&=0\\\tau_{r\theta}&=0\end{aligned}\right\}\tag{5-3}$$

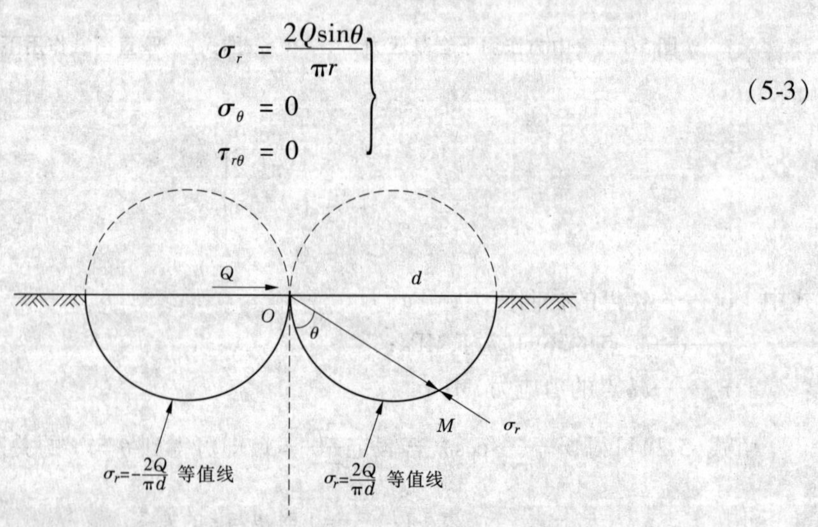


图5-4　水平荷载作用下岩基应力分布

由$\sigma_r$的表达式可以看出，$\sigma_r$的等值线为相切于点$O$的两个半圆。圆心在水平荷载

$Q$ 的作用线上，圆心坐标为$(\frac{Q}{\pi\sigma_r},0)$。指向 $Q$ 的半圆代表压应力，背向 $Q$ 的半圆代表拉应力。同样，改变 $r$ 的大小可以得到一系列相切于点 $O$ 的半圆，即水平荷载作用时岩基的应力泡。

**(三)倾斜荷载作用情况**

当岩基表面作用倾斜荷载时，可以把倾斜荷载看做是垂直荷载和水平荷载的组合，如图 5-5 所示，倾斜荷载 $R$ 作用下岩基内任意一点 $M(r,\theta)$的附加应力为：

$$\left.\begin{aligned}\sigma_r &= \frac{2R\sin\theta}{\pi r}\\ \sigma_\theta &= 0\\ \tau_{r\theta} &= 0\end{aligned}\right\}\tag{5-4}$$

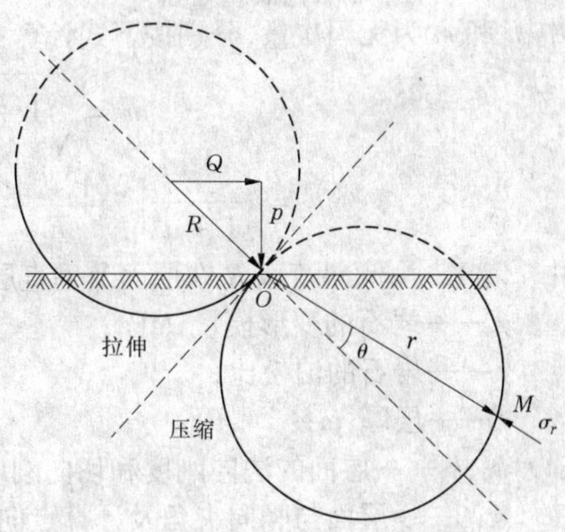

图 5-5　倾斜荷载作用下岩基应力分布

同样可以得到倾斜荷载作用下 $\sigma_r$ 的等值线，此时等值线为相切于 $O$ 点的圆弧，圆弧的圆心位于外荷载 $R$ 的作用线上。改变 $r$ 的大小可以得到一系列相切于点 $O$ 的圆弧，切线上面的圆弧表示拉应力，切线下面的圆弧表示压应力线(见图 5-5)。

## 二、层状岩石地基

层状岩石地基由于层理、节理、裂隙等结构面的存在，必须对均质、各向同性岩石地基的情况进行修正，从而得到其应力分布特征。对于均质各向同性岩石地基，如前所述为圆形应力泡。而对于存在结构面的情形，因为合应力不能与各个结构面呈同一角度，因此由外荷引起的附加应力等值线不再为圆形，而是各种不规则的形状。

为了更好地研究结构面对岩石地基中应力分布的影响，1977 年 Bray 提出了倾斜层状岩体上作用有倾斜荷载 $R$(见图 5-6)时岩基中的附加应力，可按下式确定：

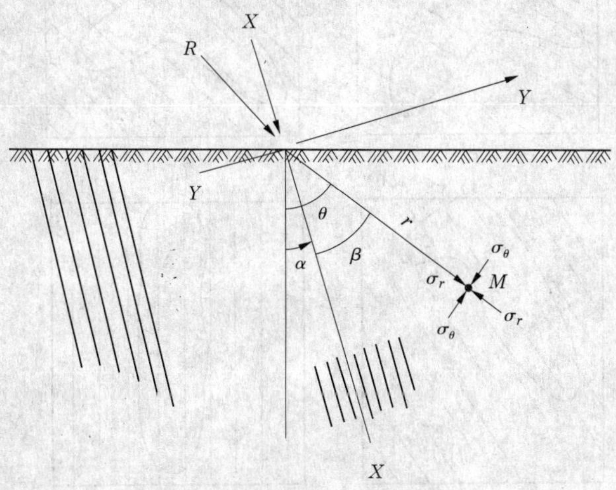

图 5-6　倾斜荷载作用下层状岩基应力分布情况

$$\left.\begin{aligned}\sigma_r &= \frac{h}{\pi r}\left[\frac{X\cos\beta + Ym\sin\beta}{(\cos^2\beta - m\sin^2\beta) + h^2\sin^2\beta\cos^2\beta}\right] \\ \sigma_\theta &= 0 \\ \tau_{r\theta} &= 0\end{aligned}\right\} \tag{5-5}$$

式中,$h$ 和 $m$ 为无因次量,分别按下式计算:

$$m = \sqrt{1 + \frac{E}{(1-\mu^2)k_n S}} \tag{5-6}$$

$$h = \left\{\frac{E}{1-\mu^2}\left[\frac{2(1+2\mu)}{E} + \frac{1}{k_s S}\right] + 2\left(m - \frac{\mu}{1-\mu}\right)\right\} \tag{5-7}$$

式中　$X,Y$——倾斜荷载 $R$ 在层面及垂直层面上的分量;

$E$——岩石的变形模量,MPa;

$\mu$——岩石的泊松比;

$S$——层厚,m;

$k_n,k_s$——层面的法向刚度和切向刚度,MPa/cm;

$\alpha,\beta$——层面与竖向夹角及计算点向径的夹角。

利用式(5-5)可以计算任意产状的岩石地基中的应力分布,图 5-7 给出了竖直荷载 $p$

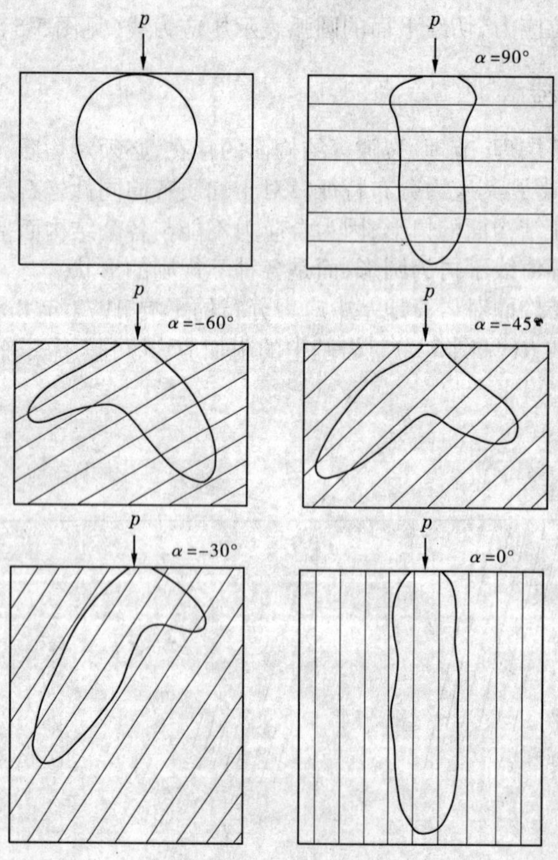


**图 5-7　几种层状岩体的应力泡形状(据 Bray,1977)**

作用下几种产状的岩基中径向附加应力的等值线图，其中取$\frac{E}{1-\mu^2}=k_n S$，$\frac{E}{2(1+\mu)}=5.63k_n S$，$\mu=0.25$，$m=2$，$h=4.45$。

## 第三节　地基岩体基础沉降分析

在建筑物荷载作用下，岩石地基会产生 $x$、$y$、$z$ 三个方向的变形，但是以 $z$ 方向的变形为主。一般而言，由于岩体的变形模量较大，所以当外荷较小时，岩基内引起的沉降较小。但当外荷较大时，在岩基内部也会产生较大的变形。岩基的变形包括基础的整体沉降和由于岩基中各点变形不一致导致的不均匀沉降。不考虑地基沉降的时效性，可以利用弹性理论计算地基的整体沉降。通常根据岩体的性质，可将岩石地基的沉降分为以下三种类型：

(1)由岩石本身的变形、结构面的闭合与变形以及少数黏土夹层的压缩三个部分组合形成的地基沉降。当地基岩体完整性好、坚硬，且含有的软弱夹层较薄(小于几个毫米)时，则可以认为其沉降是弹性的，也就是说可以利用弹性理论计算地基沉降值。这种方法的适用范围包括均质、各向同性岩石地基。

(2)由于岩石块体沿结构面剪切滑动产生的地基沉降。绝大多数这种情况发生在基础位于岩石边坡顶部，且边坡岩体中存在潜在滑动的块体。

(3)与时间有关的地基沉降。这种沉降主要发生在软弱岩石地基和脆性岩石地基中；当地基岩体包含有一定厚度的黏土夹层时，也会有此类沉降发生。

下面主要介绍弹性岩石地基沉降的计算方法，对于较复杂的地质条件或基础的几何形状、材料性质、荷载分布等都不均匀的情况，则可以采用数值计算方法来分析。

### 一、浅基础的沉降

对于均质岩石地基上的浅基础沉降，可采用弹性理论求解，一般采用布辛奈斯克理论解。当半无限体表面上作用有一垂直集中力 $p$ 时，在半无限体表面处的沉降为：

$$S=\frac{p(1-\mu^2)}{\pi E r} \tag{5-8}$$

式中　$S$——沉降量，m；

$E$——地基岩体的变形模量，MPa；

$\mu$——地基岩体的泊松比；

$r$——沉降量计算点至集中荷载 $p$ 的距离，m。

当半无限体表面作用荷载 $p(\xi,\eta)$ 时(见图5-8)，可按积分法求表面任意一点 $M(x,y)$ 处的沉降量：

$$S(x,y)=\frac{1-\mu^2}{\pi E}\iint\frac{p(\xi,\eta)\mathrm{d}\xi\mathrm{d}\eta}{\sqrt{(\xi-x)^2+(\eta-y)^2}} \tag{5-9}$$

根据建筑物基础的形状和几何尺寸对式(5-9)沿 $x$ 和 $y$ 方向积分，即可分别求得圆形、矩形和条形基础的沉降。

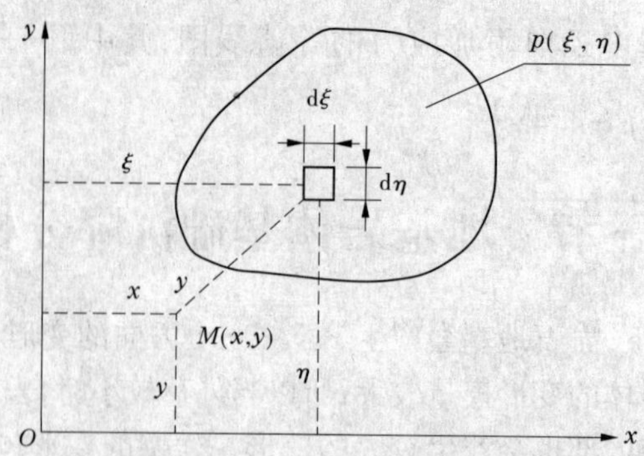


图 5-8　半无限体表面的荷载

## (一)圆形基础的沉降

1. 柔性圆形基础

如图 5-9 所示,当圆形基础为柔性时,假设基础上部作用有均布荷载 $p$,不考虑基础底面的摩擦,则基底反力 $\sigma_v$ 也是均匀分布并等于 $p$,过 $M$ 点作一割线 $mn$,再作一无限接近的另一割线 $mn_1$,取一微元体(如图 5-9 阴影部分),该微元体面积为 $dF = rd\varphi dr$,则微元体上的荷载为:

$$dp = prd\varphi dr \tag{5-10}$$

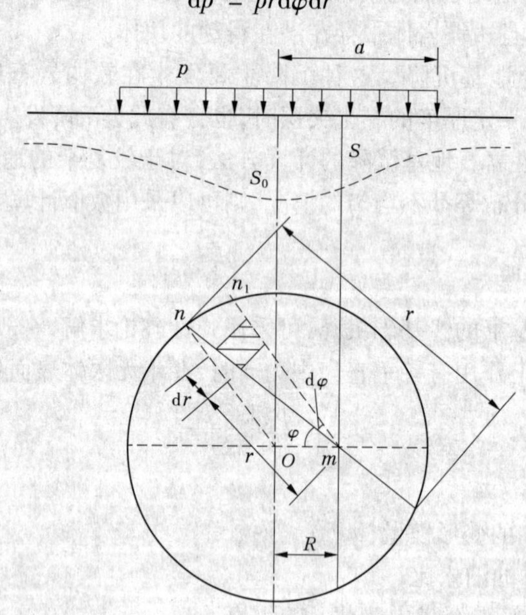


图 5-9　圆形基础沉降计算简图

代入式(5-8),可得微元体荷载 dp 引起的 $M$ 点的沉降:

$$dS = \frac{dp(1-\mu^2)}{\pi Er} = \frac{1-\mu^2}{\pi E}pd\varphi dr \tag{5-11}$$

总荷载引起 $M$ 点的总沉降量为:

$$S=\frac{1-\mu^2}{\pi E}p\int d\varphi\int dr=4p\frac{(1-\mu^2)}{\pi E}\int_0^{\frac{\pi}{2}}\sqrt{a^2-R^2\sin\varphi}\,d\varphi \tag{5-12}$$

当 $R=0$ 时　$$S_0=\frac{2(1-\mu^2)}{E}pa$$

当 $R=a$ 时　$$S_a=\frac{4(1-\mu^2)}{\pi E}pa$$

则有　$$\frac{S_0}{S_a}=\frac{\pi}{2}=1.57$$

由此可见,对于圆形柔性基础,当受均布荷载作用时,其中心沉降量为边缘沉降量的1.57倍。

2. 刚性圆形基础的沉降

对于刚性圆形基础,如图5-10所示,当作用集中力 $p$ 时,基底各点的沉降是一个常量,但基底接触压力不是一个常量,可用下式求解:

$$\frac{1-\mu^2}{\pi E}\iint\sigma_v d\varphi dr=\text{常数} \tag{5-13}$$

$$\sigma_v=\frac{p}{2\pi a\sqrt{a^2-R^2}}$$

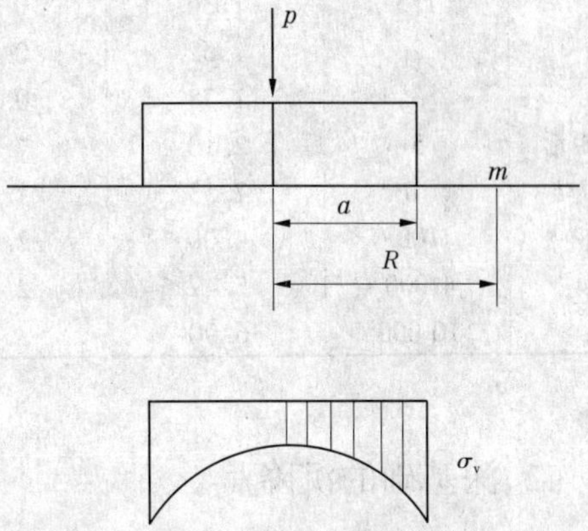

式中　$R$——计算点至基础中心的距离,m;

$a$——基础半径,m。



图5-10　刚性圆形基础基底压力分布

当 $R=0$ 时　$\sigma_v=\dfrac{P}{2\pi a}$

当 $R=a$ 时　$\sigma_v\to\infty$

这表明在基础边缘上的接触压力为无限大,由于假设基础是完全刚性体,使得基础中心下岩基变形大于边缘处,而边缘压力大于中间压力,造成了荷载集中在基础边缘处的岩层上。但实际上这种情况是不会出现的,因为基础的刚度是有限的,基底接触面的压力的分布还受许多因素的影响,因而在基础边缘的岩层处,岩层会产生塑性屈服,使边缘处的压力重新调整。因此,不会在边缘处形成无限大的接触压力。

在竖向集中力作用下,圆形刚性基础的沉降量可按下式计算:

$$S_0=\frac{p(1-\mu^2)}{2aE} \tag{5-14}$$

受荷面以外各点的垂直位移 $S_R$ 可按下式计算:

$$S_R=\frac{p(1-\mu^2)}{\pi aE}\arcsin\frac{a}{R} \tag{5-15}$$

**(二)矩形基础的沉降计算**

对于矩形刚性基础,当受中心荷载 $p$ 时,基础底面上各点都有相同的沉降量,但是基底压力不同;对于矩形柔性基础,当受均布荷载 $p$ 时,基础底面各点沉降量不同,但是基底压力相同。无论是刚性基础还是柔性基础,矩形基底的沉降量都可以按下式计算:

$$S = bp\frac{(1-\mu^2)}{E}\omega \tag{5-16}$$

式中　$b$——矩形基础的宽度，m；

$\omega$——沉降系数，可由表 5-2 查得。

**表 5-2　各种基础的沉降系数 $\omega$ 值**

| 形状 | | 中心点 | 角点 | 短边中心点 | 长边中心点 | 平均值 |
|---|---|---|---|---|---|---|
| 圆形 | | 1.00 | 0.64 | 0.64 | 0.64 | 0.85 |
| 刚性圆形 | | 0.79 | 0.79 | 0.79 | 0.79 | 0.79 |
| 方形 | | 1.12 | 0.56 | 0.76 | 0.76 | 0.95 |
| 刚性方形 | | 0.99 | 0.99 | 0.99 | 0.99 | 0.99 |
| 矩形 $l/b$ | 1.5 | 1.36 | 0.67 | 0.89 | 0.97 | 1.15 |
| | 2 | 1.52 | 0.76 | 0.98 | 1.12 | 1.30 |
| | 3 | 1.78 | 0.88 | 1.11 | 1.35 | 1.52 |
| | 5 | 2.10 | 1.05 | 1.27 | 1.68 | 1.83 |
| | 10 | 2.53 | 1.26 | 1.49 | 2.12 | 2.25 |
| | 100 | 4.00 | 2.00 | 2.20 | 3.60 | 3.70 |
| | 1 000 | 5.47 | 2.75 | 2.94 | 5.03 | 5.15 |
| | 10 000 | 6.90 | 3.50 | 3.70 | 6.50 | 6.60 |

## 二、深基础的沉降

如前所述，岩石桩基由于承载力高、沉降小，能同时具有抗压和抗拉性能等特点，因而在工业与民用建筑领域应用越来越广泛。下面以岩石桩基为例介绍深基础沉降计算方法。

如图 5-11 所示，岩石桩基沉降由三部分组成：①桩端沉降量 $W_b$；②桩体本身压缩量 $W_p$；③桩侧黏聚力传递荷载引起的修正值 $\Delta W$，因而桩基的总沉降量为：

$$S = W_b + W_p + \Delta W \tag{5-17}$$

$W_b$ 可由下式求得，

$$W_b = \frac{\pi}{2}\frac{p_e(1-\mu^2)a}{En} \tag{5-18}$$

式中　$p_e$——桩端应力，MPa；

$\mu, E$——岩石的泊松比和变形模量，MPa；

$a$——桩体半径，m；

$n$——埋深系数，取决于相对埋深和泊松比，其大小可参考表 5-3。

**表 5-3　埋深系数取值**

| $\mu$ | $l/a$ | | | | | |
|---|---|---|---|---|---|---|
| | 0 | 2 | 4 | 6 | 8 | 14 |
| 0 | 1 | 1.4 | 2.1 | 2.2 | 2.3 | 2.4 |
| 0.3 | 1 | 1.6 | 1.8 | 1.8 | 1.9 | 2.0 |
| 0.5 | 1 | 1.6 | 1.6 | 1.6 | 1.7 | 1.8 |

注：$l$ 为桩嵌入岩体的长度（m）。

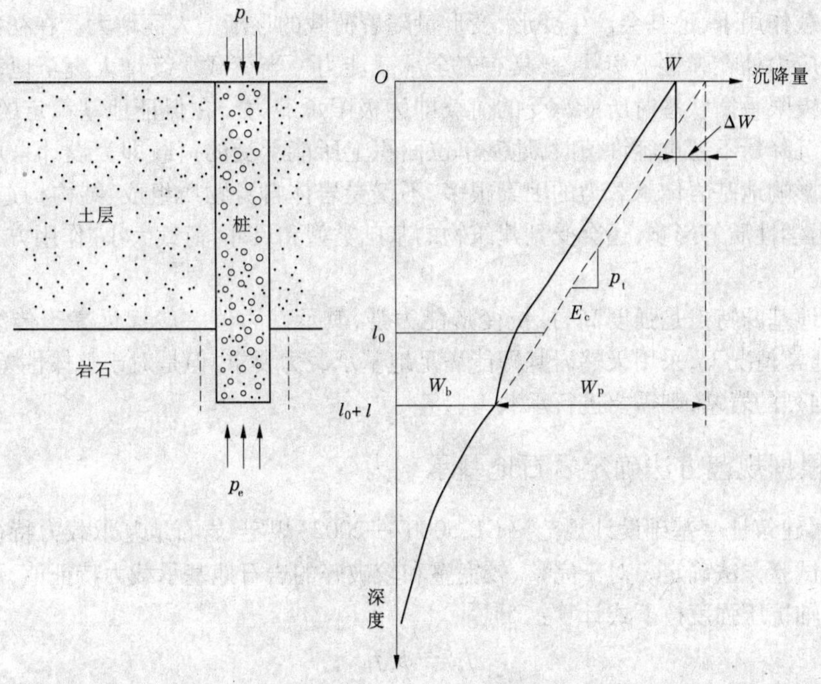


图 5-11　岩石桩基沉降计算简图

桩体本身的压缩量 $W_p$ 可按下式计算：

$$W_p = \frac{p_t(l_0 + l)}{E_p} \tag{5-19}$$

式中　$l_0 + l$——桩的总长度，m，如图 5-12 所示；

$E_p$——桩体变形模量。

修正值为：

$$\Delta W = \frac{1}{E_p}\int_{l_0}^{l_0+l}(p_t - \sigma_y)\mathrm{d}y \tag{5-20}$$

式中　$\sigma_y$——地表以下深度 $y$ 处桩身受到的压力，MPa，它可用下式计算求得：

$$\sigma_y = p_t e^{-\left\{\left[\frac{2\mu_p f}{1-\mu_p+(1+\mu)\frac{E_p}{E}}\right]\frac{y}{a}\right\}} \tag{5-21}$$

式中　$\mu_p, \mu$——桩和岩体的泊松比；

$E_p, E$——桩和岩体的变形模量，MPa；

$f$——桩和岩体的摩擦系数。

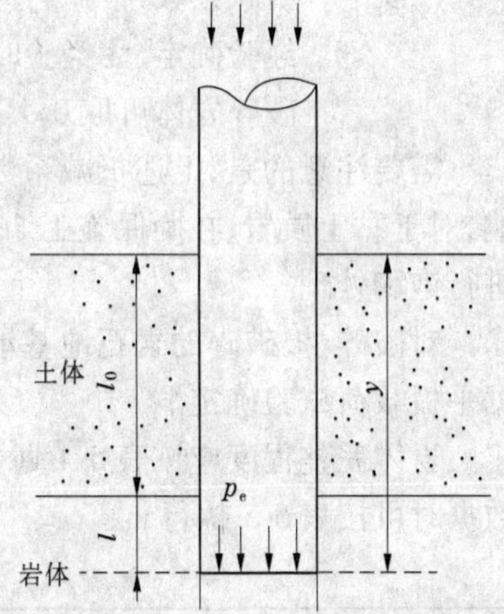


图 5-12　桩端沉降计算简图

由(5-21)式可以得到，当 $y=0$ 时，$\sigma_y = p_t$，$\sigma_y$ 为桩顶压力；当 $y = l_0 + l$ 时，$\sigma_y$ 为桩端压力。

## 第四节　地基岩体承载力

地基承载力是指地基单位面积上承受荷载的能力，一般分为极限承载力和容许承载力。在荷载作用下,地基会产生变形,变形量随着荷载的逐渐增大而增大。在初始阶段地基内岩体应力处在弹性平衡状态,具有安全承载能力。当荷载继续增大直至地基内岩体应力达到极限平衡状态时所能承受的荷载即为极限承载力。在保证地基稳定的条件下,建筑物的沉降量不超过容许值时,地基单位面积上所能承受的荷载即为设计采用的容许承载力。影响地基岩体承载力的因素很多,不仅受岩体自身物质组成、结构构造、风化程度、物理力学性质等影响,还会受到建筑物的基础类型和尺寸、荷载大小、作用方式等外界因素影响。

岩石地基的特点是强度高、抵抗变形能力强,其承载力值一般远远高于传统土质地基,因而通常情况下,采用天然岩基即能满足地基承载力要求,但是对于整体性差、裂隙发育、风化强烈的岩基,则需要进行承载力验算。

## 一、根据规范方法确定岩石地基承载力

根据《建筑地基基础设计规范》(GB 50007—2002)规定,岩石地基承载力特征值可按岩基载荷试验方法确定。对于完整、较完整和较破碎的岩石地基承载力特征值,可根据室内饱和单轴抗压强度按下式计算:

$$f_a = \phi_r f_{rk} \tag{5-22}$$

式中 $f_a$——岩石地基承载力特征值,kPa;

$f_{rk}$——岩石饱和单轴抗压强度标准值,kPa;

$\phi_r$——折减系数,根据岩体完整程度以及结构面的间距、宽度、产状和组合,由地区经验确定,无经验时,对完整岩体可取 0.5,对较完整岩体可取 0.2~0.5,对破碎岩体可取 0.1~0.2。

需要注意的是,上述折减系数值未考虑施工因素及建筑物使用后风化作用的继续影响,对于黏土质岩,在确保施工期及使用期不致遭水浸泡时,也可采用天然湿度的试样,不进行饱和处理。

对破碎、极破碎的岩石地基承载力特征值,可根据地区经验取值,无地区经验时,可根据平板载荷试验确定。

岩体完整程度应按表 5-4 划分为完整、较完整、较破碎、破碎和极破碎。当缺乏试验数据时可按表 5-5 执行。

**表 5-4　岩体完整程度划分**

| 完整程度等级 | 完整 | 较完整 | 较破碎 | 破碎 | 极破碎 |
|---|---|---|---|---|---|
| 完整性指数 | >0.75 | 0.75~0.55 | 0.55~0.35 | 0.35~0.15 | <0.15 |

**表 5-5　岩体完整程度划分(缺乏试验数据)**

| 名称 | 结构面组数 | 控制性结构面平均间距(m) | 代表性结构类型 |
|---|---|---|---|
| 完整 | 1~2 | >1.0 | 整状结构 |
| 较完整 | 2~3 | 0.4~1.0 | 块状结构 |

续表 5-5

| 名称 | 结构面组数 | 控制性结构面平均间距(m) | 代表性结构类型 |
|---|---|---|---|
| 较破碎 | >3 | 0.2~0.4 | 镶嵌状结构 |
| 破碎 | >3 | <0.2 | 碎裂状结构 |
| 极破碎 | 无序 | — | 散体状结构 |

## 二、由极限平衡理论确定地基岩体的承载力

对于均质弹性、各向同性的岩体,可由极限平衡理论来确定其极限承载力。

设半无限体上作用着宽度为 $b$ 的条形均布荷载 $q_1$,如图 5-13 所示,为便于计算,假设:

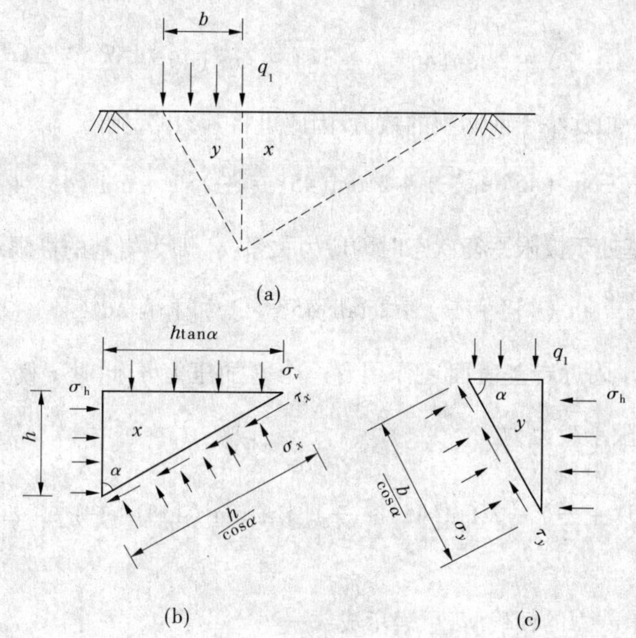


图 5-13　极限承载力的楔体分析

(1)地基破裂面形状呈微折线状,破坏面由两个相互正交的平面组成;

(2)荷载 $q_1$ 的作用范围很长,可以忽略两端面的阻力;

(3)荷载 $q_1$ 作用面上不存在剪力;

(4)对于每个破坏的楔体可采用平均的体积力。

将岩基分为两个楔体,即 $x$ 楔体和 $y$ 楔体。在 $x$ 楔体上,由于 $y$ 楔体受到破坏应力 $q_1$ 作用,会产生一水平正应力 $\sigma_h$ 作用于 $x$ 楔体,这是 $x$ 楔体的最大主应力。$\sigma_v$ 是由重力产生的作用在 $x$ 楔体上的体积应力,这是小主应力。假设与 $x$ 楔体最大主平面呈 $\alpha$(即 $45°+\frac{\varphi}{2}$)角的破坏面上有应力分量 $\sigma_x$ 和 $\tau_x$,岩体的黏聚力为 $c$ ,则有

$$\tau_x = c + \sigma_x \tan\varphi$$

$$\sigma_h = \sigma_v \tan^2(45° + \frac{\varphi}{2}) + 2c\tan(45° + \frac{\varphi}{2}) \tag{5-23}$$

式中 $\sigma_v$——岩体自重应力，MPa，其平均值等于 $\frac{\rho gh}{2}$。

对于 $y$ 楔体而言，水平应力 $\sigma_h$ 为最小主应力，最大主应力为：

$$q_1 + \frac{\rho gh}{2} = \sigma_h \tan^2(45° + \frac{\varphi}{2}) + 2c\tan(45° + \frac{\varphi}{2}) \tag{5-24}$$

将式(5-23)代入式(5-24)可得

$$q_1 + \frac{\rho gh}{2} = \sigma_v \tan^4(45° + \frac{\varphi}{2}) + 2c\tan(45° + \frac{\varphi}{2})[1 + \tan^2(45° + \frac{\varphi}{2})]$$

因为 $\sigma_v = \frac{\rho gh}{2}, h = b\tan(45° + \frac{\varphi}{2})$，则有

$$q_1 = \frac{\rho gb}{2}\tan^2(45° + \frac{\varphi}{2}) + 2c\tan(45° + \frac{\varphi}{2})[1 + \tan^2(45° + \frac{\varphi}{2})] - \frac{\rho gb}{2}\tan(45° + \frac{\varphi}{2})$$

上式中最后一项远小于前两项的数值，因此可将其忽略，则有

$$q_1 = \frac{\rho gb}{2}\tan^2(45° + \frac{\varphi}{2}) + 2c\tan(45° + \frac{\varphi}{2})[1 + \tan^2(45° + \frac{\varphi}{2})]$$

上式即为岩基处于极限平衡状态时的应力关系，$q_1$ 即为岩基的极限承载力 $q_f$，即

$$q_f = \frac{\rho gb}{2}\tan^2(45° + \frac{\varphi}{2}) + 2c\tan(45° + \frac{\varphi}{2})[1 + \tan^2(45° + \frac{\varphi}{2})] \tag{5-25}$$

如果在荷载 $q_1$ 附近岩基表面还作用有一个附加压力 $q$，此时 $x$ 楔体上作用的 $\sigma_v = q + \frac{\rho gh}{2}$，则岩基极限承载力为：

$$q_f = \frac{\rho gb}{2}\tan^2(45° + \frac{\varphi}{2}) + 2c\tan(45° + \frac{\varphi}{2})[1 + \tan^2(45° + \frac{\varphi}{2})] + q\tan^4(45° + \frac{\varphi}{2}) \tag{5-26}$$

这就是岩基极限承载力的精确解，可表示成：

$$q_f = \frac{\rho gb}{2}N_p + cN_c + qN_q \tag{5-27}$$

其中

$$\left.\begin{aligned} N_p &= \tan^2(45° + \frac{\varphi}{2}) \\ N_c &= 2\tan(45° + \frac{\varphi}{2})[1 + \tan^2(45° + \frac{\varphi}{2})] \\ N_q &= \tan^4(45° + \frac{\varphi}{2}) \end{aligned}\right\} \tag{5-28}$$

式中 $N_p, N_c, N_q$——承载力系数。

如果破坏面为曲面，在 $x$ 楔体和 $y$ 楔体之间的边界上及承载面上会产生剪应力，因而承载力系数将大于式(5-27)计算值，此时可按式(5-29)确定承载力系数：

$$\left.\begin{aligned} N_{\mathrm{p}} &= \tan^6\left(45° + \frac{\varphi}{2}\right) - 1 \\ N_{\mathrm{c}} &= 5\tan^4\left(45° + \frac{\varphi}{2}\right) \\ N_{\mathrm{q}} &= \tan^6\left(45° + \frac{\varphi}{2}\right) \end{aligned}\right\} \tag{5-29}$$

当 $\varphi=0\sim45°$时，式(5-29)计算出的系数值与精确解较为接近。

对于方形基础或圆形基础来说，承载力系数仅 $N_{\mathrm{c}}$ 有显著变化，此时

$$N_{\mathrm{c}} = 7\tan^4\left(45° + \frac{\varphi}{2}\right) \tag{5-30}$$

上述的承载力理论是基于均质、各向同性的岩体的，而对于非均质的或异性岩体，如岩石内有颗粒边界，或有微裂纹和岩体中经常出现的节理孔隙等，则此岩体就不符合该理论。因为岩体受荷后产生局部应力集中而引起局部先破坏，原来所假设的初始破坏面的应力不再是平均应力，从而使问题复杂化了。

## 三、由岩体强度确定地基岩体的极限承载力

如图5-14(a)所示一条形基础，在外荷载作用下，条形基础下岩基内的岩体被压碎并向两侧膨胀而产生裂隙。此时，条形基础下的岩体可以分为压碎区 $A$ 和原岩区 $B$。$A$ 区由于发生压碎而发生侧向膨胀变形，原岩区 $B$ 会对 $A$ 区岩体产生侧向约束力 $p_{\mathrm{h}}$，$p_{\mathrm{h}}$ 可取岩体的单轴抗压强度，其大小代表了与压碎岩体强度包络线相切的莫尔圆的最小主应力值，而莫尔圆的最大主应力 $q_{\mathrm{f}}$ 可由三轴强度得到。因此，可以得到如图5-14(b)所示的强度包线。

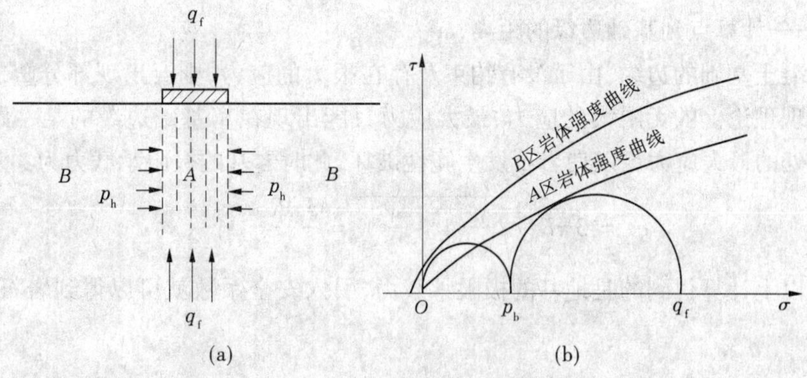


**图5-14　地基岩体极限承载力分析**

此时，岩体的极限承载力为：

$$q_{\mathrm{f}} = \sigma_1 = \sigma_3\tan^2\left(45° + \frac{\varphi}{2}\right) + 2c\tan\left(45° + \frac{\varphi}{2}\right) \tag{5-31}$$

而 $2c\tan\left(45° + \frac{\varphi}{2}\right) = R_{\mathrm{c}}$，$\sigma_3 = p_{\mathrm{h}} = R_{\mathrm{c}}$，则基岩极限承载力为：

$$q_f = R_c[1 + \tan^2(45° + \frac{\varphi}{2})] \tag{5-32}$$

式中 $R_c$——岩体的单轴抗压强度,MPa;

$\varphi$——岩体的内摩擦角;

$c$——岩体的黏聚力,MPa。

对于脆性岩石地基,由于岩石内存在颗粒边界或微裂纹,可用格里菲斯理论来求解其承载力 $q_f$,即

$$q_f = 24R_t \tag{5-33}$$

$$q_f = 3R_c \tag{5-34}$$

式中 $R_t$——岩石单轴抗拉强度;

$R_c$——岩石单轴抗压强度。

由式(5-34)可见,当地基与基础应力 $\sigma_v$ 等于岩体的单轴抗压强度的 3 倍时,地基达到了极限承载力状态。

## 四、软弱岩体地基的极限承载力计算

对于强度较低的岩基,如页岩、板岩、泥岩、煤层等,当刚性基础上荷载 $P$ 传递至这类岩层上时,基础边缘附近产生应力集中,设条形刚性基础宽度为 $b$,距离基础边缘为 $y$ 处的基底接触应力足以使岩基发生破坏时的平均承载力为:

$$q_f = \frac{p}{b} = \pi\sigma_v\left[\frac{1}{4} - \left(\frac{\frac{b}{2} - y}{b}\right)^2\right]^{\frac{1}{2}} = \frac{\pi\sigma_v}{b}\sqrt{y - y^2} \tag{5-35}$$

式中 $\sigma_v$——条形刚性基础基底接触压力,MPa;

$y$——计算点到基础边缘的距离,m。

在混凝土基础的边缘,由于没有约束及存在很大的应力,则会出现部分塑性变形,从而不会出现理论上的无限大的应力,最大应力只能出现在离基础边缘的某一距离 $y$ 处。若假定 $y$ 处的最大应力足以使岩石发生脆性破坏,此时岩基的极限承载力为:

$$q_f = 3\pi R_c\sqrt{\frac{y}{b}(1 - \frac{y}{b})} = \frac{3\pi R_c}{b}\sqrt{y - y^2} \tag{5-36}$$

通过以上计算得到的是地基的极限承载力,引入安全系数就可以得到岩石地基的容许承载力。

# 第五节 坝基岩体应力及稳定性分析

众所周知,地基是直接承受建筑物的荷载的那部分地质体,根据地质体的不同,我们可将地基分为地基土体和地基岩体。而在水利水电工程中,经常会遇到地基岩体稳定问题,例如,重力坝及拱坝等均直接构筑于基岩上,这类建筑物的岩基不仅受到竖向荷载的作用,还承受着库水形成的水平荷载的作用,所有的荷载最终都将传递于基岩上,从而引

起坝基岩体中地应力的重新分布。因此，如果在坝基岩体中产生过大的应力，就可能危及坝基安全，从而导致坝工事故。所以，我们必须意识到保证坝基安全的重要性，在大坝设计时，务必进行坝基岩体应力计算及稳定性分析。

## 一、坝基岩体中的附加应力分布

### （一）坝基岩体承受的荷载

坝基岩体承受的荷载大部分是由坝体直接传递来的，主要包括大坝自重力及其所承受的静水压力、动水压力和波浪作用力等。而所有作用在坝基上的外荷载都可以分解成垂直荷载 $V$ 及水平荷载 $H$，二者的合力 $R$ 显然是倾斜的，合力与竖向的夹角为 $\delta$，如图 5-15(a)所示。基于分析方便考虑，可对集中荷载作一定的简化处理，即假定坝体传递到坝基岩体上的合力 $R$ 为均布荷载，如图 5-15(b)所示。这种均布荷载又可以进一步分解为大小呈梯形分布的垂直荷载和水平荷载，如图 5-15(c)、(d)所示。总的说来，无论是梯形分布的垂直荷载，还是梯形分布的三角形荷载，都由三个三角形分布荷载所组成。因而，作用于坝基岩体上任何外荷载无论其作用方式如何，都可以分解为两种最基本的荷载类型，一种是垂直分布的三角形荷载，另一种是水平分布的三角形荷载。

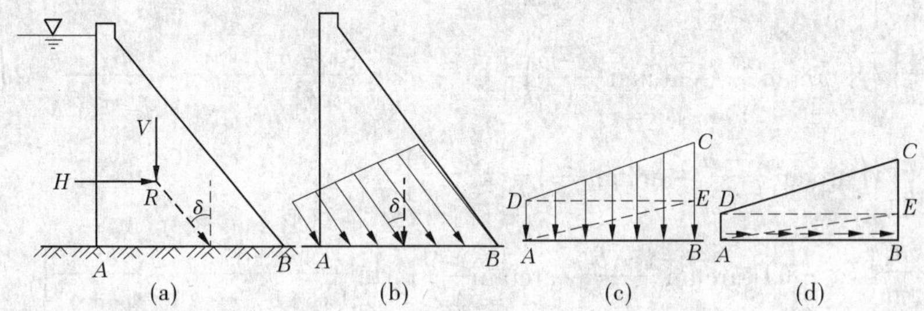


图 5-15　岩基上的荷载分解

### （二）三角形垂直分布荷载

如图 5-16 所示，当岩基上承受三角形垂直荷载时，在坝体岩基内任意一点 $(x,y)$ 处产生附加应力 $\sigma_x$、$\sigma_y$ 及 $\tau_{xy}$，可由弹性力学平面问题的解得：

$$\left.\begin{aligned}
\sigma_x &= \frac{p_v}{\pi b}\left[(x-b)\left(\arctan\frac{x-b}{y}-\arctan\frac{x}{y}\right)+y\ln\frac{x^2+y^2}{(x-b)^2+y^2}-\frac{bxy}{x^2+y^2}\right]\\
\sigma_y &= \frac{p_v}{\pi b}\left[(x-b)\left(\arctan\frac{x-b}{y}-\arctan\frac{x}{y}\right)+\frac{bxy}{x^2+y^2}\right]\\
\tau_{xy} &= \frac{p_v}{\pi b}\left[y\left(\arctan\frac{x}{y}-\arctan\frac{x-b}{y}\right)-\frac{by^2}{x^2+y^2}\right]
\end{aligned}\right\} \tag{5-37}$$

式中　$p_v$——三角形垂直荷载的最大荷载强度，MPa；

$b$——荷载分布宽度（坝体横断面底部的宽度），m。

**（三）三角形水平分布荷载**

如图 5-17 所示，当岩基上承受三角形垂直荷载时，同样可以利用弹性力学解得坝体岩基内任意一点$(x,y)$处产生的附加应力 $\sigma_x$、$\sigma_y$ 及 $\tau_{xy}$：

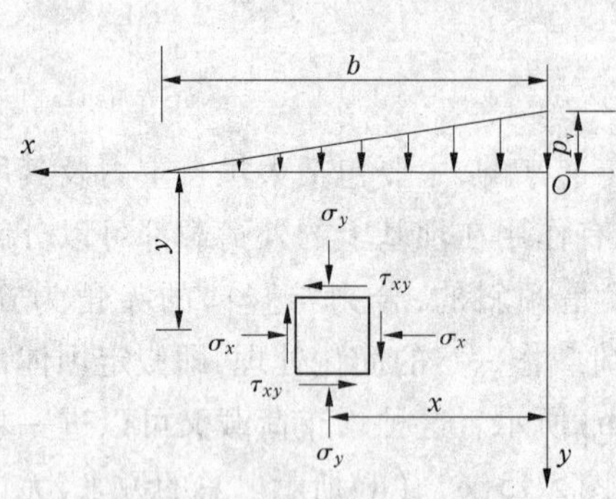


图 5-16　三角形垂直荷载作用下岩基中的应力计算简图

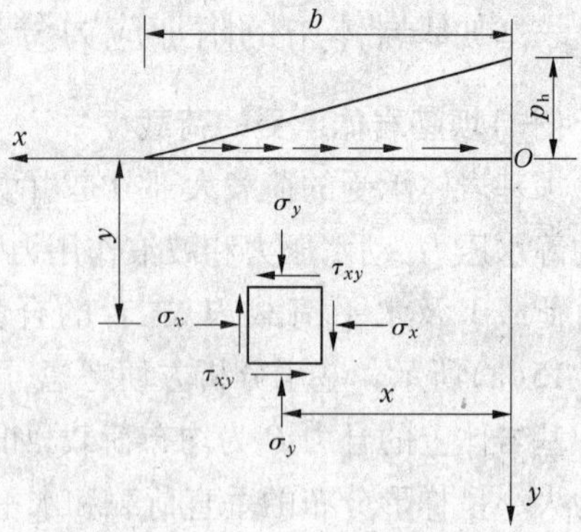

图 5-17　三角形水平荷载作用下岩基中的应力计算简图

$$
\left.\begin{aligned}
\sigma_x &= \frac{p_h}{\pi b}\left[3y\left(\arctan\frac{x}{y}-\arctan\frac{x-b}{y}\right)-(x-b)\ln\frac{(x-b)^2+y^2}{x^2+y^2}-\frac{by^2}{x^2+y^2}-2b\right]\\
\sigma_y &= \frac{p_h}{\pi b}\left[y\left(\arctan\frac{x-b}{y}-\arctan\frac{x}{y}\right)+\frac{by^2}{x^2+y^2}\right]\\
\tau_{xy} &= -\frac{p_h}{\pi b}\left[(x-b)\left(\arctan\frac{x-b}{y}-\arctan\frac{x}{y}\right)+y\ln\frac{x^2+y^2}{(x-b)^2+y^2}-\frac{bxy}{x^2+y^2}\right]
\end{aligned}\right\}\quad(5\text{-}38)
$$

式中　$p_h$——三角形水平荷载的最大荷载强度，MPa；

$b$——荷载分布宽度（坝体横断面底部的宽度），m。

**（四）附加应力系数曲线**

根据弹性力学知识可以求得三角形垂直荷载和水平荷载作用下坝基内任意一点的附加应力。观察式(5-37)和式(5-38)不难看出，无论是受三角形垂直荷载作用还是受三角形水平荷载作用，在坝基内任意一点产生的附加应力都是 $m$、$n$ 的函数，其中 $m=\frac{x}{b}$，$n=\frac{y}{b}$。为了计算方便，可根据式(5-37)和式(5-38)，分别假定三角形垂直荷载最大强度和水平荷载最大强度为 $p_v=1$ MPa、$p_h=1$ MPa，以 $m$、$n$ 为坐标轴绘制出附加应力系数曲线，如图 5-18、图 5-19 所示。

值得注意的是，由于附加应力曲线绘制时，应力值是按最大荷载强度 $p_v=1$ MPa、$p_h=1$ MPa 情况绘制的，所以由曲线查出相应的应力系数后还要乘以岩基上实际的最大荷载强度，才能得到真正的附加应力数值。另外，坐标轴原点取在三角形荷载强度最大点以下，且纵横坐标分别为 $m$ 和 $n$，所以为了计算所求点的应力分量，必须首先将所求点的坐

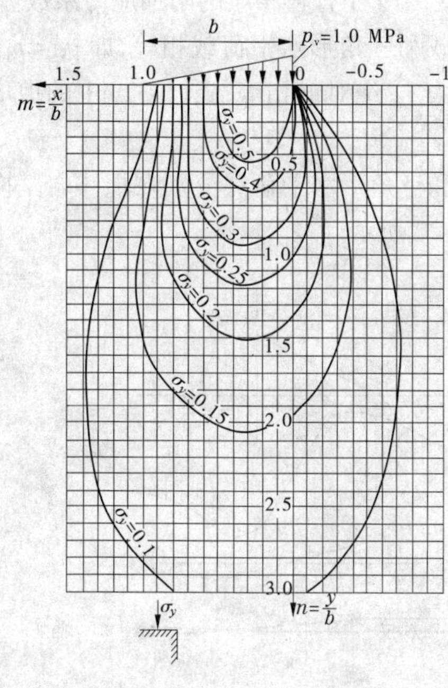


(a)三角形垂直荷载作用下的应力 $\sigma_y$

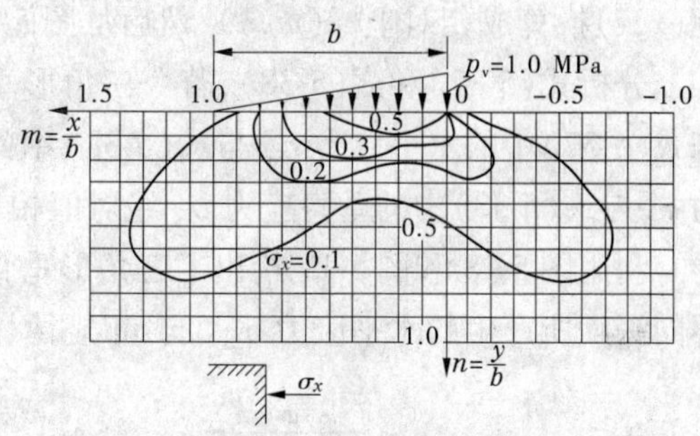


(b)三角形垂直荷载作用下的应力 $\sigma_x$

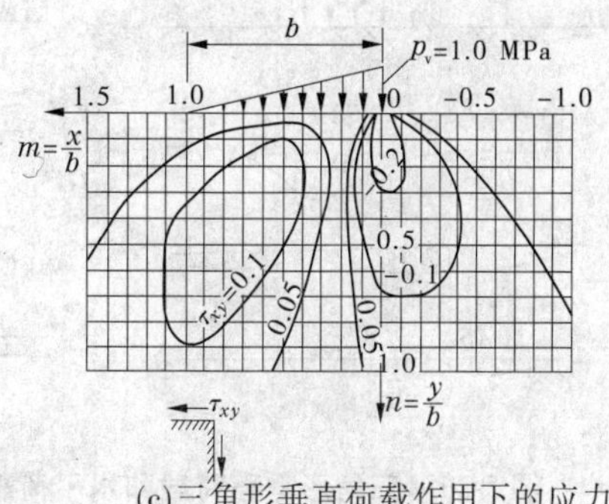


(c)三角形垂直荷载作用下的应力 $\tau_{xy}$

图 5-18　三角形垂直荷载作用下坝基内附加应力分布

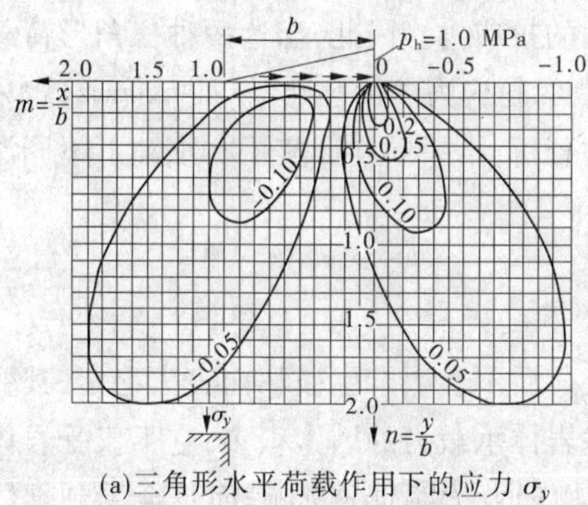


(a)三角形水平荷载作用下的应力 $\sigma_y$

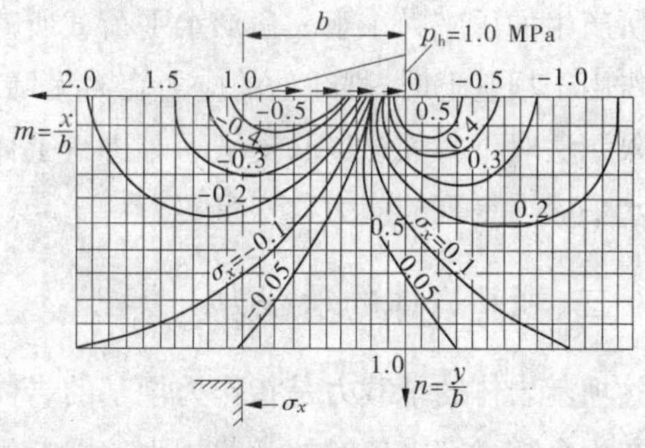


(b)三角形水平荷载作用下的应力 $\sigma_x$

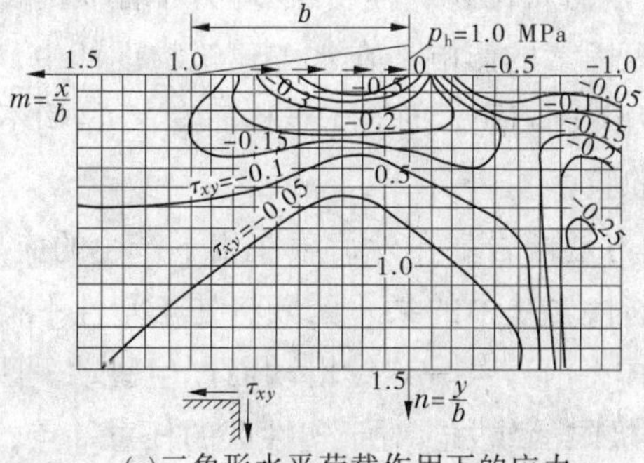


(c)三角形水平荷载作用下的应力 $\tau_{xy}$

图 5-19　三角形水平荷载作用下坝基内附加应力分布

标$(x,y)$换算成相对坐标$(m,n)$,然后从图 5-18 和图 5-19 中查得相应的附加应力系数。

分析式(5-37)和式(5-38),若令三角形垂直荷载和三角形水平荷载相等,即 $p_{\mathrm{v}}=p_{\mathrm{h}}$,则式(5-37)中的水平应力 $\sigma_x$ 与式(5-38)中的剪应力 $\tau_{xy}$ 绝对值相等;式(5-37)中的剪应力 $\tau_{xy}$ 与式(5-38)中的垂直应力 $\sigma_y$ 绝对值相等。

利用图 5-18 和图 5-19 给出了三角形垂直荷载和三角形水平荷载分别在坝体岩基内不同深度所产生的水平应力 $\sigma_x$ 的分布规律,如图 5-20 所示。

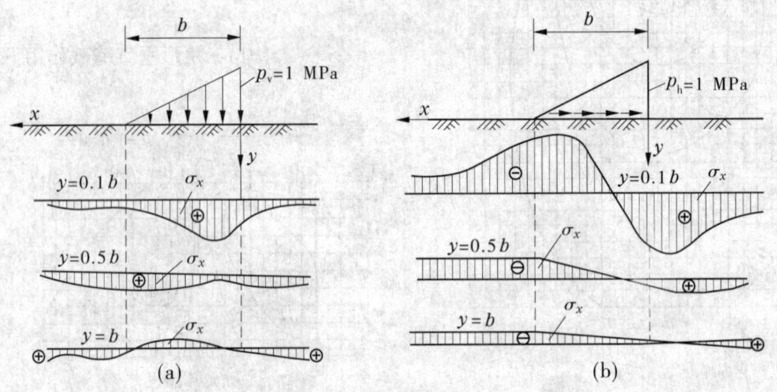


图 5-20　三角形垂直荷载和水平荷载作用下不同深度的 $\sigma_x$ 分布

通过图 5-20(a)和图 5-20(b)的对比可以看出,在坝踵下面相同深度处三角形垂直荷载所产生的压应力小于三角形水平荷载所产生的拉应力。因此,当这两种三角形荷载同时作用于坝基上时,坝踵处的应力合力无疑表现为拉应力。钦科维奇(Zienkiewiz)曾采用有限元法对重力坝、拱坝、支墩坝等进行了详细分析,结果同样证实了在坝踵下不同深度处水平应力呈现拉应力这一事实。

## 二、坝基岩体的承载力

坝基岩体的承载力是指作为坝基的岩体受荷后不会因产生破坏而丧失稳定,其变形量亦不会超过容许值时的承载能力。影响坝基岩体承载力的因素很多,它不仅受岩体自身物质组成、结构构造、岩体的风化破碎程度、物理力学性质的影响,而且会受到坝体形式、荷载大小与作用方式等因素的影响。在水工建筑物设计中,对于性质良好的坚硬岩体,一般认为岩基的承载力不成问题。而对于结构面发育、结构不均一、整体性差、较软弱的情况,必须进行承载力的验算。

坝基岩体的极限承载力是指岩基在外荷载作用下产生的应力达到极限平衡时的荷载。当岩基承受这种荷载时,岩基中的某一区域将处于塑性平衡状态,形成极限平衡区(即塑性区),此时坝基岩体将沿着某一连续滑动面产生滑动。因此,可以利用塑性力学的知识来计算坝基岩体的极限承载力。对于塑性区的任意一点,由于其处于塑性平衡状态,因此需同时满足塑性条件和平衡条件,即满足

塑性条件:

$$\sqrt{(\sigma_x - \sigma_y)^2 + 4\tau_{xy}^2} - (\sigma_x + \sigma_y)\sin\varphi = 2c\cos\varphi \tag{5-39}$$

平衡条件：

$$\left.\begin{aligned} \frac{\partial \sigma_x}{\partial x} + \frac{\partial \tau_{xy}}{\partial y} = 0 \\ \frac{\partial \tau_{xy}}{\partial x} + \frac{\partial \sigma_y}{\partial y} = \gamma \end{aligned}\right\} \tag{5-40}$$

式中　$x$ 和 $y$——横坐标和纵坐标；

$\sigma_x$、$\sigma_y$ 和 $\tau_{xy}$——水平法向应力、垂直法向应力和剪应力；

$\gamma$、$\varphi$ 和 $c$——岩体的容重、内摩擦角和黏聚力。

在实际工程中，根据式(5-39)和式(5-40)，结合坝基的边界条件，可求得坝基岩体任一点的附加应力，再验算坝基岩体的极限承载力。当然，在具体的工程设计中，必须将设计荷载控制在极限荷载以内，并保证有足够的安全系数。

**(一)倾斜荷载下岩基的承载力**

如前所述，作用在坝基岩体上的荷载很多情况下都是倾斜的，倾斜荷载可分成两种情况：一种是坝基水平，而荷载倾斜，如图 5-21(a)所示；另一种是坝基和荷载均倾斜，如图 5-21(b)所示。

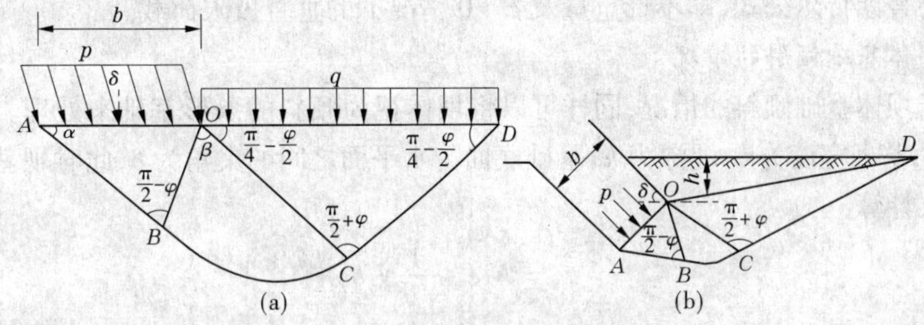


**图 5-21　倾斜荷载作用下的滑动面形状**

1. 坝体基础水平的情况

此时，可以将坝体视为基底光滑的条形基础，其滑动面的形状一般为一个较复杂的曲面。然而在实际工程中，由于坝基所承受的外荷载远远大于坝基中滑动岩体的重量，此时可以忽略滑动岩体的自重，从而将问题得以简化，最终得到一个较为简单的滑动曲面，如图 5-21(a)所示。整个塑性区由三部分组成：两个三角形 $ABO$、$CDO$ 和一个扇形区 $BCO$。

$$\alpha = \frac{\pi}{4} + \frac{\varphi}{2} - \frac{1}{2}\delta + \arcsin\frac{\sin\delta}{\sin\varphi} \tag{5-41}$$

$$\beta = \frac{\pi}{4} - \frac{\varphi}{2} + \alpha$$

式中　$\delta$——荷载与竖直方向的夹角。

有了边界条件，就可以代入式(5-39)和式(5-40)求得滑动面上各点的附加应力，再根据滑动体满足的极限平衡条件就能求得坝基岩体的极限承载力：

$$p = \frac{N_q q + N_c c}{N} \tag{5-42}$$

式中　$N = \frac{\cos\delta}{2}\left[1 - \frac{\cos(\varphi - \alpha)\cos(\delta + \alpha)}{\cos\varphi\cos\delta}\right]$；

$N_c = \frac{\sin\alpha}{2\cos\varphi}\left[\cos(\varphi - \alpha) + \sin\alpha e^{2\beta\tan\varphi} + \frac{\sin\alpha}{\sin\varphi}(e^{2\beta\tan\varphi} - 1)\right]$；

$N_q = \frac{\sin^2\alpha}{2(1 - \sin\varphi)}e^{2\beta\tan\varphi}$；

$q$——基础侧面的均布荷载，kPa；

$c$——黏聚力，kPa；

e——自然对数的底。

式(5-42)是坝体岩基极限荷载的普遍式，若对式中的参数做一些特殊的要求，可以得到某一特定条件下的极限荷载计算公式。令 $\delta = \varphi = 0$，则有：

$$N = \frac{1}{4}, \quad N_c = \frac{1}{4}(2 + \pi), \quad N_q = \frac{1}{4} \tag{5-43}$$

将式(5-43)代入式(5-42)得到：

$$p = q + (2 + \pi)c \tag{5-44}$$

此为普朗特尔公式，即不计重量及 $\varphi \approx 0$ 情况下的垂直极限荷载。

2. 坝体基础倾斜的情况

对于坝体基础倾斜的情况，同样可以将坝体视为倾斜的条形基础来处理。如图 5-21(b)所示，基础宽度为 $b$，埋深为 $h$，基础底面与水平面之间的夹角为 $\delta$，此时坝基的承载力可由下式计算：

$$p = N_c c + \frac{1}{2}N_\gamma b\gamma \tag{5-45}$$

式中　$N_c$、$N_\gamma$——承载力系数，可由图 5-22 查得。

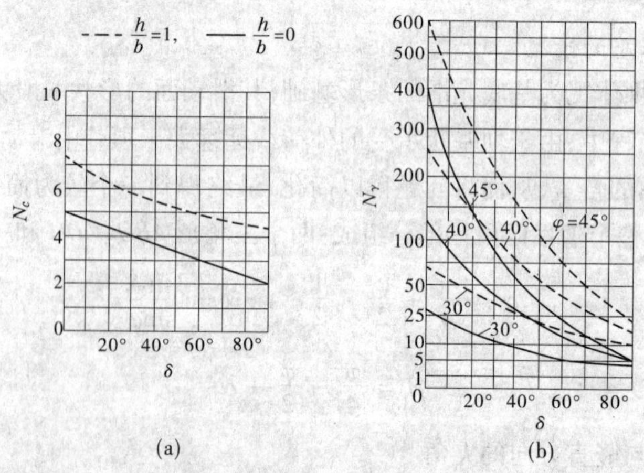


图 5-22　承载力系数关系曲线

式(5-45)还可以近似计算垂直荷载作用下倾斜坝基岩体的极限承载力(见图5-23)及拱坝坝肩的承载力(见图5-24)。

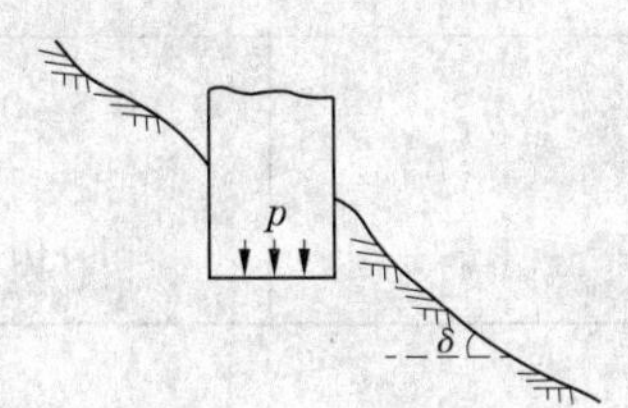


图5-23　垂直荷载作用下倾斜地基坝基承载力

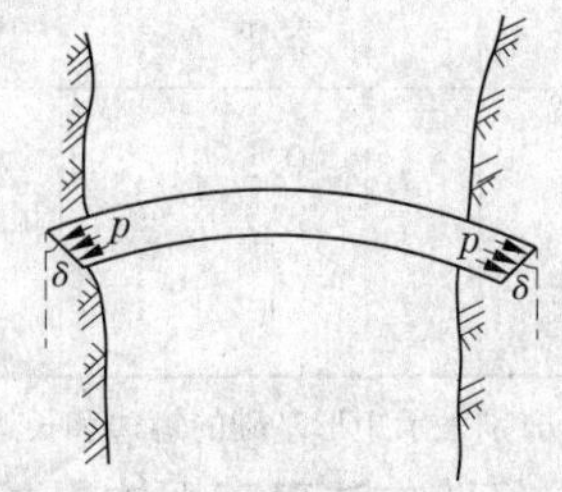


图5-24　垂直荷载作用下拱坝坝肩承载力

**(二)垂直荷载作用下岩基的承载力**

前面讨论了受倾斜荷载作用下条形基础不丧失稳定的最大承载力,即极限承载力的计算。当然,有时作用在坝基岩体上的荷载还可能是垂直的,此时仍然可以利用塑性平衡方程和边界条件求解出具体的应力解。下面给出的是垂直荷载作用下的许可承载力$[p]$计算公式,适用于各种形状基础(条形、正方形、圆形、矩形等):

$$[p]=\frac{1}{F_s}[\beta_1 N_\gamma b\gamma+\beta_2(2+\pi)c+N_q\gamma h]+\gamma h \tag{5-46}$$

式中　$F_s$——安全系数;

$N_\gamma$、$N_q$——承载力系数,可根据图5-25确定;

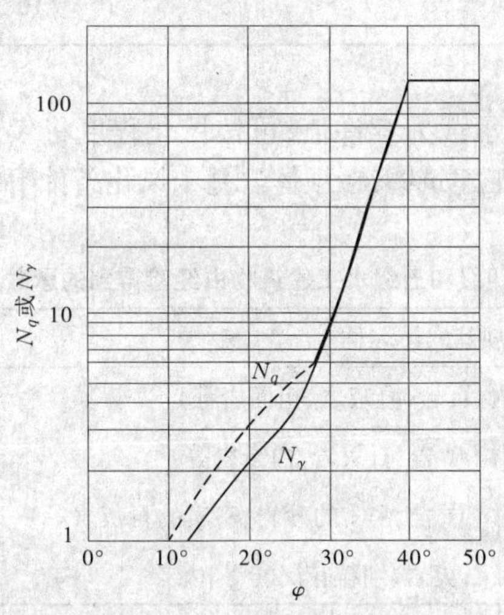


图5-25　承载力系数$N_\gamma$、$N_q$

$\beta_1$、$\beta_2$——基础形状系数,可由表5-6确定;

$b$——基础短边宽度(若为圆形基础,代表直径);

$h$——基础埋置深度;

$\gamma$——坝基岩体的容重;

$c$——坝基岩体的黏聚力。

表 5-6　基础形状系数

| 形状系数 | 基础形状 | | | |
|---|---|---|---|---|
| | 条形 | 正方形 | 圆形 | 矩形 |
| $\beta_1$ | 0.5 | 0.4 | 0.3 | $0.5-0.1\dfrac{b}{l}$ |
| $\beta_2$ | 1 | 1.3 | 1.3 | $1+0.3\dfrac{b}{l}$ |

**注**：$b$ 和 $l$ 分别表示矩形基础的短边和长边。

### (三)经验方法确定坝体岩基的承载力

在实际工程中，也可根据经验方法来确定坝基岩体的容许承载力。可根据岩体的节理发育情况及单轴饱和极限抗压强度来估算坝基岩体的容许承载力，具体见表 5-7。

表 5-7　坝基岩体容许承载力估算值

| 岩石名称 | 容许承载力 | | | |
|---|---|---|---|---|
| | 节理不发育(间距大于 1.0 m) | 节理较发育(间距 1.0～0.3 m) | 节理发育(间距 0.3～0.1 m) | 节理极发育(间距小于 0.1 m) |
| 坚硬和半坚硬岩石 $R_c>30$ MPa | $\dfrac{1}{7}R_w$ | $(\dfrac{1}{10}\sim\dfrac{1}{7})R_w$ | $(\dfrac{1}{16}\sim\dfrac{1}{10})R_w$ | $(\dfrac{1}{20}\sim\dfrac{1}{16})R_w$ |
| 软弱岩石 $R_c<30$ MPa | $\dfrac{1}{5}R_w$ | $(\dfrac{1}{7}\sim\dfrac{1}{5})R_w$ | $(\dfrac{1}{10}\sim\dfrac{1}{7})R_w$ | $(\dfrac{1}{15}\sim\dfrac{1}{10})R_w$ |

对于风化的坝体岩基承载力容许值，可按风化程度将表 5-7 中的数值降低 25%～50%。若为四级和五级水工建筑物，在坝体岩基未风化条件下，还可以采用表 5-8 所列的数值来确定容许承载力。

表 5-8　四级和五级水工建筑物由经验得到的承载力容许值

| 坝基岩体名称 | 容许承载力(MPa) |
|---|---|
| 松软岩体(泥岩、页岩、凝灰岩、粗面岩等) | 0.8～1.2 |
| 中等坚硬的岩体(砂岩、石灰岩、白云岩等) | 1～2 |
| 坚硬的岩体(片岩、片麻岩、花岗岩、密实的砂岩、密实的石灰岩等) | 2～4 |
| 极坚硬岩体(石英岩、细粒花岗岩等) | 4～6 |

## 三、坝基岩体抗滑稳定性分析

在水利水电工程中，坝基岩体抗滑稳定性计算是一项十分重要的工作。诸如重力坝、支墩坝等结构物的岩基受到水平荷载作用后，由于坝基岩体中存在节理、裂隙、软弱夹层等，从而增加了岩基滑动的可能性。因此，在分析坝基岩体抗滑稳定性之前，应首先通过工程地质勘察，查明坝基岩体中各种结构面及软弱夹层的物质组成与力学性质、存在位置与延伸情况、发育程度与组合关系，以及在坝基失稳滑移过程中可能所起的作用等。然后，根据坝基中应力分布规律，结合结构面的特征，合理确定出可能的滑动体，并且按照刚体极限平衡原理验算其稳定性。

**（一）表层滑动稳定性分析**

当坝基岩体强度远远超过坝体混凝土强度，并且岩体坚固完整而无软弱结构面时，此时大坝失稳往往沿着坝体与岩基的接触面产生，这种破坏形式称为表层滑动破坏。此外，若坝基岩体表层强度低于坝体混凝土与坝基接触面强度，将沿着坝基表层的软弱层发生滑动，这种情况也属于表层滑动。

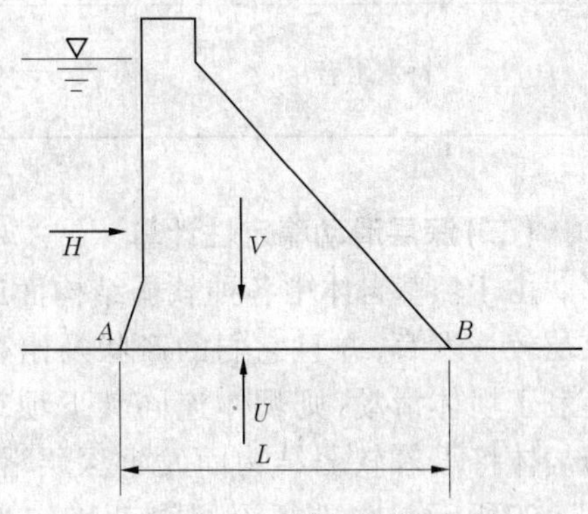

图 5-26　表层滑动的稳定性计算

对图 5-26 所示的坝体进行受力分析，根据刚体极限平衡原理求解安全系数 $F_s$，即

$$F_s = \frac{f(V-U)}{H} \tag{5-47}$$

式中　$V$——由坝体传至岩基上表面的各种竖向荷载的合力，MN；

$H$——坝体承受的各种水平荷载的合力，MN；

$U$——坝体扬压力，MN；

$f$——坝身与岩基接触面上的摩擦系数。

由于式(5-47)仅考虑了坝体和岩基接触面的摩擦力，没有考虑接触面上的黏聚力，因此设计时只要求安全系数稍大于 1 即可。按照《混凝土重力坝设计规范》(SL 319—2005)的规定，若不计接触面的黏聚力，坝体抗滑稳定安全系数不应小于表 5-9 所给出的数值。

表 5-9　抗滑稳定安全系数取值

| 荷载组合 | 坝的级别 | | |
|---|---|---|---|
| | 1 | 2 | 3 |
| 基本组合 | 1.10 | 1.05 | 1.05 |
| 特殊组合(1) | 1.05 | 1.00 | 1.00 |
| 特殊组合(2) | 1.00 | 1.00 | 1.00 |

注：基本组合指正常水位下的各种荷载组合；特殊组合(1)是在校核洪水位情况下的荷载组合；特殊组合(2)是包括地震荷载下的各种荷载组合。

若坝体与岩基表面的黏聚力为 $c$，考虑 $c$ 值影响，则 $F_s$ 可由下式确定：

$$F_s = \frac{f(V-U)+cA}{H} \tag{5-48}$$

式中　$c$——坝体与岩基接触面上的黏聚力，MPa；

$A$——接触面面积，$m^2$；

其他符号意义同前。

与不考虑 $c$ 值影响的 $F_s$ 不同，此时坝体安全系数不应小于表 5-10 所给出的数值。

表 5-10　坝基抗滑稳定安全系数 $F_s$

| 荷载组合 | | $F_s$ |
|---|---|---|
| 基本组合 | | 3.0 |
| 特殊组合 | (1) | 2.5 |
| | (2) | 2.3 |

### (二)深层滑动稳定性计算

由于坝基岩体中各种软弱结构面或软弱夹层较为发育,并且它们的产状及组合形式有利于坝体滑动,则坝体连同其下坝基的部分岩体将沿着软弱结构面发生深层滑动,如图 5-27所示。在进行深层滑动稳定性验算时,必须首先判断坝基岩体中可能滑动面的形状、位置和力学性质,确定岩基中可能的滑动块体,然后根据刚体极限平衡原理分析滑动体的受力情况,求出相应的抗滑安全系数。坝基岩体的潜在滑动面一般不止一个,所以必须选择若干个可能的滑动面进行计算,分别求出它们的抗滑安全系数,从中找出最小值,抗滑安全系数最小值对应的滑动面即为最危险滑动面。在计算深层抗滑稳定性系数时,由于可能滑动面的形状、产状、位置及组合等不同,所采用的分析方法也各不相同。

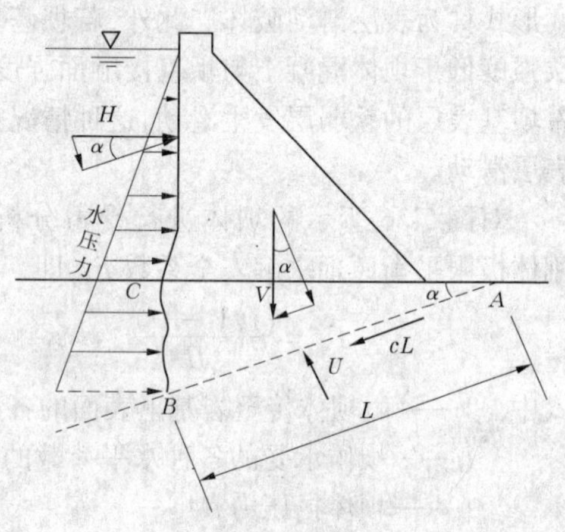


图 5-27　滑动面倾向上游

1. 滑动面倾向上游的情况

如图 5-27 所示,坝体岩基滑动面 $AB$ 倾向上游,其倾角为 $\alpha$。同时在坝踵还存在近似平行于坝轴线的结构面 $BC$(坝基存在滑动面并倾向上游,当沿着潜在滑动面滑动时容易在坝踵附近产生张性结构面)。在坝体水平推力 $H$ 的作用下,坝体连同坝基内的三角形块体 $ABC$ 有可能沿着滑动面 $AB$ 产生滑动。根据图 5-27 所示的受力情况,分别计算滑动面 $AB$ 上的下滑力和抗滑力,进而可以求得抗滑安全系数。在计算工程中,如果认为 $BC$ 面是由三角形块体沿 $BA$ 向上滑动时所产生的张裂面,那么由于岩体的抗拉强度很低,所以 $BC$ 面上的拉应力可以忽略不计。采用这种简化后,滑动面 $AB$ 上的抗滑力和下滑力分别是:

$$R = (H\sin\alpha + V\cos\alpha - U)\tan\varphi + cL$$

$$T = H\cos\alpha - V\sin\alpha$$

$$\text{抗滑安全系数 } F_s = \frac{\text{抗滑力}}{\text{下滑力}} = \frac{(H\sin\alpha + V\cos\alpha - U)\tan\varphi + cL}{H\cos\alpha - V\sin\alpha} \tag{5-49}$$

2. 滑动面倾向下游的情况

坝基岩体存在倾向下游的缓倾角软弱结构面与走向垂直或近乎垂直坝轴线方向的高角度破裂面,并在下游存在着切穿可能滑动面的自由面,此时可能产生滑动破坏。

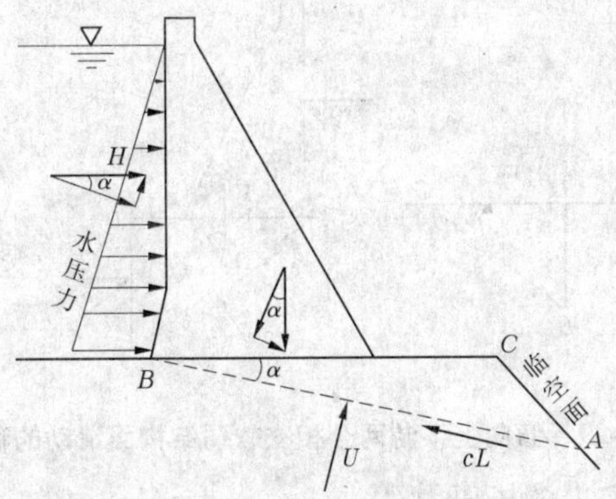


图 5-28　滑动面倾向下游

与滑动面倾向上游情况采用的方法一样，只是合力 $H$ 计算略有不同(静水压力仅考虑到上游坝踵处)，滑动面倾向下游深层滑动坝基的抗滑安全系数如下：

$$F_s = \frac{\text{抗滑力}}{\text{下滑力}} = \frac{(V\cos\alpha - H\sin\alpha - U)\tan\varphi + cL}{H\cos\alpha + V\sin\alpha} \tag{5-50}$$

显而易见，当其他条件相同时，与滑动面倾向上游的情况相比，滑动面倾向下游时的抗滑安全系数明显减小。

3. 倾向上下游两个相交软弱结构面滑动的稳定性计算

与单斜滑动面情况相比，当坝基岩体发育有倾向上游和倾向下游的两个软弱结构面时，其稳定性分析要复杂得多。在这种双斜滑动面形式下，计算抗滑稳定时可将双斜滑动面所构成的滑动体 $ABC$ 分成楔体 $ABD$ 和 $BCD$，楔体 $ABD$ 属于单斜滑动面倾向下游的模型，$BCD$ 属于单斜滑动面倾向上游的模型。由于在整个滑动过程中，在水平推力和重力的共同作用下，$ABD$ 具有向下游滑动的趋势，在此过程中 $BCD$ 必然会对楔体 $ABD$ 产生阻滑作用，因此可将楔体 $ABD$ 称为滑移体，楔体 $BCD$ 称为抗力体。显然，在滑移体和抗力体之间存在着相互作用力 $P$，假定 $P$ 与铅垂面 $BD$ 的法线成 $\varphi$ 角，其值对抗滑安全系数也有较大的影响。当 $\varphi=0$ 时，$P$ 垂直于铅垂面；当 $\varphi=\alpha$ 时，$P$ 平行于下滑面 $AB$；此外，$\varphi$ 还可以等于 $BD$ 面的内摩擦角。无论采用哪种假定，其计算方法是相同的。下面考虑第一种假定，分别介绍三种常用的稳定性分析方法。

1)非等 $F_s$ 法(抗力体极限平衡法)

所谓抗力体极限平衡法，就是首先对抗力体 $BCD$ 进行受力分析，利用极限平衡条件求得滑移体和抗力体之间的作用力 $P$，再根据滑移体的受力状态计算出滑动面 $AB$ 上的抗滑安全系数。具体计算步骤如下：

(1)根据抗力体的极限平衡计算相互作用力 $P$。

如图 5-29 所示，对抗力体 $BCD$ 进行受力分析，写出滑动面 $BC$ 上的抗滑力和下滑力。

$$\text{抗滑力} = f_2[P\sin(\alpha+\beta) + V_2\cos\beta - U_2] + c_2A_2$$

$$\text{下滑力} = P\cos(\alpha+\beta) - V_2\sin\beta$$

式中　$f_2$、$c_2$——滑动面 $BC$ 上的摩擦系数和黏聚力；

$V_2$——抗力体 $BCD$ 的重力；

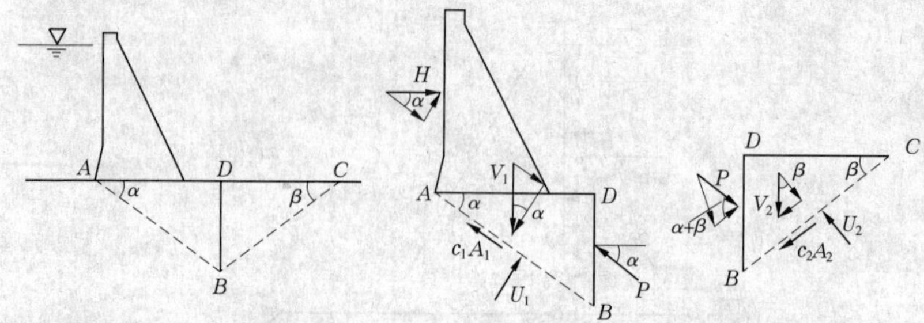


图 5-29　倾向上下游两个相交软弱结构面滑动的稳定性

$U_2$——滑动面 $BC$ 上的扬压力；

$\alpha$、$\beta$——滑动面 $AB$ 与滑动面 $BC$ 的倾角；

$A_2$——滑动面 $BC$ 的面积。

当抗力体 $BCD$ 处于极限平衡状态时，有抗滑力 = 下滑力，即

$$f_2[P\sin(\alpha+\beta)+V_2\cos\beta-U_2]+c_2A_2=P\cos(\alpha+\beta)-V_2\sin\beta$$

$$P=\frac{f_2(V_2\cos\beta-U_2)+V_2\sin\beta+c_2A_2}{\cos(\alpha+\beta)-f_2\sin(\alpha+\beta)} \tag{5-51}$$

(2)根据滑移体 $ABD$ 的受力情况计算出抗滑安全系数。

对滑移体的受力情况进行分析，作用在滑动面 $AB$ 上的抗滑力和下滑力分别是：

$$抗滑力=f_1(V_1\cos\alpha-H_1\sin\alpha-U_1)+c_1A_1+P$$

$$下滑力=H_1\cos\alpha+V_1\sin\alpha$$

式中　$f_1$、$c_1$——滑动面 $AB$ 上的摩擦系数和黏聚力；

$V_1$——滑移体 $ABD$ 的重力；

$U_1$——滑动面 $AB$ 上的扬压力；

$A_1$——滑动面 $AB$ 的面积。

有了抗滑力和下滑力，即可计算抗滑安全系数 $F_s$：

$$F_s=\frac{抗滑力}{下滑力}=\frac{f_1(V_1\cos\alpha-H\sin\alpha-U_1)+c_1A_1+P}{H_1\cos\alpha+V_1\sin\alpha} \tag{5-52}$$

2）等 $F_s$ 法

通过上面非等 $F_s$ 法（抗力体极限平衡法）的分析可以看出，抗力体极限平衡法的核心思想是抗力体的极限平衡状态，由此计算出力 $P$，进而代入滑移体受力状态，从而求得抗滑安全系数。显然，在整个计算过程中，抗力体和滑移体具有不同的稳定系数，抗力体的稳定系数定值为 1，滑移体稳定系数为 $F_s$，故而称为非等 $F_s$ 法。等 $F_s$ 法则与之不同，其认为在坝基丧失稳定的过程中，滑移体和抗力体具有相同的抗滑安全系数 $F_s$，具体求解步骤如下：

(1)对滑移体 $ABD$ 进行受力分析，滑动面 $AB$ 上的抗滑力和下滑力分别为：

$$抗滑力=f_1(V_1\cos\alpha-H_1\sin\alpha-U_1)+c_1A_1+P$$

$$下滑力=H_1\cos\alpha+V_1\sin\alpha$$

则

$$F_s = \frac{抗滑力}{下滑力} = \frac{f_1(V_1\cos\alpha - H\sin\alpha - U_1) + c_1A_1 + P}{H_1\cos\alpha + V_1\sin\alpha} \tag{5-53}$$

(2)根据抗力体 $BCD$ 的受力状态,求出滑动面 $BC$ 上的抗滑力和下滑力:

$$抗滑力 = f_2[P\sin(\alpha+\beta) + V_2\cos\beta - U_2] + c_2A_2$$

$$下滑力 = P\cos(\alpha+\beta) - V_2\sin\beta$$

则

$$F_s = \frac{抗滑力}{下滑力} = \frac{f_2[P\sin(\alpha+\beta) + V_2\cos\beta - U_2] + c_2A_2}{P\cos(\alpha+\beta) - V_2\sin\beta} \tag{5-54}$$

由此推出 $P$

$$P = \frac{F_sV_2\sin\beta + f_2(V_2\cos\beta - U_2) + c_2A_2}{F_s\cos(\alpha+\beta) - f_2\sin(\alpha+\beta)} \tag{5-55}$$

联立式(5-53)和式(5-54)可以求得 $P$ 和 $F_s$。而在实际计算中,通常采用迭代法。即首先假定某一抗滑安全系数 $F_s$,将其代入式(5-55)计算出 $P$,再将计算出的 $P$ 值代入式(5-53)从而计算出相应的 $F_s$。将计算出的 $F_s$ 和最初假定的 $F_s$ 对比,如果二者的差值过大,则将新计算得到的 $F_s$ 作为新的假定值继续代入式(5-55)计算 $P$ 值,再将 $P$ 值代入式(5-53)计算出相应的 $F_s$。如此反复迭代,直至假定的 $F_s$ 值与计算出的 $F_s$ 值相当接近。为了加快迭代的收敛速度,可以将本次迭代的假定值与计算值进行平均,将此平均值作为下次迭代的假定值,反复迭代,直到 $F_s$ 收敛于给定的容许误差值以内。

3)不平衡推力法

与抗力体极限平衡法不同,这种方法认为滑移体 $ABD$ 具有向下滑动的趋势,滑动面 $AB$ 并没有处于极限平衡状态,其抗滑安全系数小于1,这样势必会对抗力体 $BCD$ 产生一个下滑力 $P$,该力称为“不平衡推力”。既然力是“不平衡”的,$P$ 显然等于下滑力与抗滑力之差,即

$$P = (V_1\sin\alpha + H_1\cos\alpha) - [f_1(V_1\cos\alpha - H_1\sin\alpha - U_1) + c_1A_1]$$

然后根据抗力体 $BCD$ 的受力分析,可以得到 $BC$ 面的抗滑安全系数 $F_s$:

$$F_s = \frac{抗滑力}{下滑力} = \frac{f_2[P\sin(\alpha+\beta) + V_2\cos\beta - U_2] + c_2A_2}{P\cos(\alpha+\beta) - V_2\sin\beta} \tag{5-56}$$

**【例题5-1】** 如图5-29所示,坝基岩体发育有倾向上游和倾向下游的两个软弱结构面,滑动面 $AB$ 与滑动面 $BC$ 的倾角分别为 $\alpha=20°$、$\beta=30°$,滑动面面积分别为 $A_1=45\ m^2$、$A_2=30\ m^2$,内摩擦系数分别为 $f_1=0.4$,$f_2=0.6$,忽略黏聚力。水平推力 $H_1=300$ kN,$V_1=600$ kN,$V_2=150$ kN,作用在滑动面 $AB$ 和滑动面 $BC$ 上的扬压力分别为:$U_1=90$ kN,$U_2=30$ kN。试用抗力体极限平衡法计算坝基的抗滑安全系数。

**解:**首先由式(5-51)计算推力 $P$

$$P = \frac{(V_2\cos\beta - U_2)f_2 + V_2\sin\beta + c_2A_2}{\cos(\alpha+\beta) - f_2\sin(\alpha+\beta)}$$

$$= \frac{(150\times\cos30° - 30)\times0.6 + 150\times\sin30°}{\cos50° - 0.6\times\sin50°} = 736.74\ (\text{kN})$$

再代入式(5-52)计算抗滑安全系数

$$F_s = \frac{f_1(V_1\cos\alpha - H\sin\alpha - U_1) + c_1A_1 + P}{H_1\cos\alpha + V_1\sin\alpha}$$

$$= \frac{0.4\times(600\times\cos20° - 300\times\sin20° - 90) + 736.74}{300\times\cos20° + 600\times\sin20°} = 1.817$$

【例题 5-2】 利用例题 5-1 的数据,试用等 $F_s$ 法计算抗滑安全系数。

**解**:根据式(5-53)和式(5-55),分别写出 $F_s$ 和 $P$ 的表达式:

$$F_s = \frac{f_1(V_1\cos\alpha - H\sin\alpha - U_1) + c_1A_1 + P}{H_1\cos\alpha + V_1\sin\alpha} = \frac{75F_s + 99.9}{0.643F_s - 0.4596}$$

$$P = \frac{F_sV_2\sin\beta + f_2(V_2\cos\beta - U_2) + c_2A_2}{F_s\cos(\alpha+\beta) - f_2\sin(\alpha+\beta)} = \frac{148.488 + P}{487.11}$$

采用迭代法,令初始 $F_s = 1.1$,迭代过程中,采用平均值迭代法以加快迭代收敛的速度,具体计算见表 5-11。

表 5-11

| 迭代次数 | 假定的 $F_s$ | 计算出的 $P$ | 计算出的 $F_s$ |
|---|---|---|---|
| 1 | 1.1 | 736.374 6 | 1.816 6 |
| 2 | 1.458 3 | 437.729 | 1.203 5 |
| 3 | 1.344 4 | 495.814 2 | 1.322 7 |
| 4 | 1.333 6 | 502.431 7 | 1.334 95 |
| 5 | 1.334 3 | 501.995 8 | 1.335 |
| 6 | 1.334 8 | 501.685 1 | 1.334 76 |

## 四、坝肩岩体抗滑稳定性分析

众所周知,重力坝和土石坝等类似于悬臂梁,各种外荷载及坝体自重力直接传递到坝基岩体中,所以重力坝、土石坝的稳定性问题可以归纳为坝基岩体的强度及抗滑稳定两个方面。而拱坝却与之有明显的区别,拱坝通常修建在比较狭窄的峡谷中,坝体在平面上为弧形,两端嵌入坝肩岩体借助拱的作用把大部分水平推力传递给坝肩岩体,因此坝肩承受的荷载一般较大。加之,这种坝对坝肩岩体的大变形和不均匀变形比较敏感,于是通常要求坝肩岩体具有完整、均质、坚固等良好性能。分析以往一些拱坝事故产生的原因,绝大多数是由坝肩岩体失稳或变形过大所导致的,因此对于拱坝来说,最主要的问题应该是坝肩岩体的抗滑稳定性分析。

### (一)坝肩岩体稳定性分析方法

在实际工程中,拱坝坝肩岩体稳定性分析比较复杂,首先应查明坝址附近岩体的主要软弱结构面产状,分析坝肩岩体失稳时最可能的滑裂面和滑动方向,合理确定滑裂面上的抗剪强度指标,正确选择稳定性计算方法,最后进行抗滑稳定性计算,找出最危险的滑动面和滑动面上对应的抗滑安全系数。

目前,国内外评价拱坝坝肩的稳定性分析方法主要可以分为两大类:一是计算分析法,二是模型试验法。计算分析法又可分为两类:①将岩体作为刚体考虑的刚体极限平衡法;②将坝和地基作为弹性体或弹塑性体的有限元法。模型试验法也可以分为两类:线弹性结构应力试验和地质力学模型试验。《混凝土拱坝设计规范》(SL 282—2003)规定,拱坝的稳定分析以刚体极限平衡法为主,对于大型工程或复杂地质情况可辅以有限元法和地质力学模型试验进行分析论证。以下主要介绍刚体极限平衡法。

**(二)刚体极限平衡法**

1.基本假定

刚体极限平衡法是拱坝坝肩稳定性分析中目前最常用的方法,其基本假定是:

(1)将滑移的各岩体视为刚体,不考虑岩体各部分间的相对位移。

(2)只考虑滑移体上的力平衡,不考虑力矩平衡,认为后者可通过力的分布自行调整达到平衡,也因此不考虑坝端弯矩对滑移体的影响。

(3)忽略拱坝的内力重分布作用,认为坝端作用在岩体上的力系为定值。

(4)达到极限平衡状态时,滑裂面上的剪力方向与将要滑移的方向平行,指向相反,数值达到极限值。

2.平面分层稳定分析

拱坝坝肩的稳定性分析原则上是一个空间问题,严格意义上,应该按照空间问题进行分析才能更接近实际情况。但是,为了计算方便,以往很多中小工程都采用了平面分层计算来代替空间问题分析。该方法的思路是沿着坝高方向截取若干高度为1的水平拱圈,将其相应的坝肩岩体一起作为研究对象,并且不考虑拱圈之间的相互作用。平面分层稳定分析法适用于中小型工程的技施设计或大型工程的初步设计,也可用来判断各高程坝肩岩体的稳定程度。

如图5-30(a)所示,选取高度为1 m的水平拱圈及相应的坝肩岩体为研究对象,设$ad$是通过上游拱端的一条竖向侧裂面,与拱端径向面的夹角为$\alpha$,岸坡与铅直线的夹角为$\varphi$,上下游长$l$。当坝基岩体失稳时,假定是沿$ad$方向向下水平滑动,将梁端和梁底力系在水平面内分解滑动方向(即垂向和平行于$ad$线)的两个分力:

$$\left.\begin{aligned} N &= H_a\cos\alpha - (V_a + V_b\tan\varphi)\sin\alpha \\ Q &= H_a\sin\alpha + (V_a + V_b\tan\varphi)\cos\alpha \end{aligned}\right\} \tag{5-57}$$

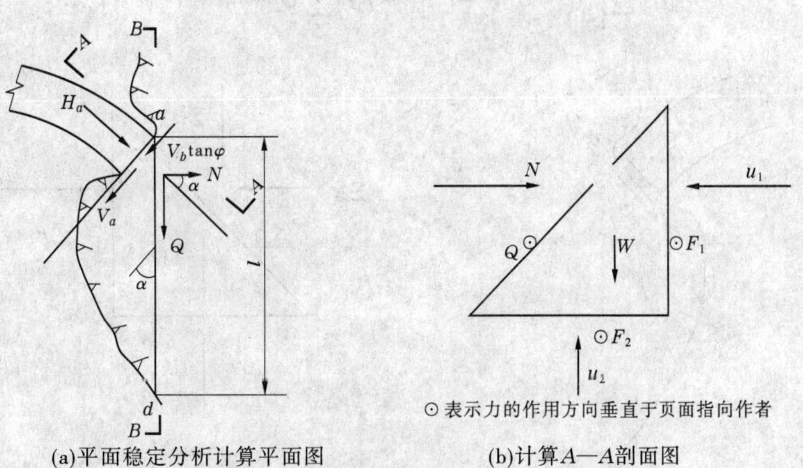


(a)平面稳定分析计算平面图　(b)计算A—A剖面图

图5-30　坝肩滑动体受力分析简图

式中　$H_a$——单位高水平拱圈的推力；

$V_a$——单位高水平拱圈的径向剪力；

$V_b$——拱端悬臂梁单位宽度的径向剪力。

侧裂面的长度为 $l$（滑动面面积即为 $l \times 1 = l$），作用的渗透压力为 $U_1$，滑动面上的摩擦系数为 $f_1$，黏聚力为 $c_1$，在不计梁底铅垂压力和滑动体自重的情况下，最大抗滑力为：

$$F = f_1(N - U_1) + c_1 l \tag{5-58}$$

如果计入梁底铅垂压力和滑移体自重，水平滑动面面积为 $A$，其上扬压力为 $U_2$，摩擦系数为 $f_2$，黏聚力为 $c_2$，则最大抗滑力为：

$$F = f_1(N - U_1) + c_1 l + f_2(G + W - U_2) + c_2 A \tag{5-59}$$

抗滑安全系数为：

$$F_s = \frac{f_1(N - U_1) + c_1 l + f_2(G + W - U_2) + c_2 A}{Q} \tag{5-60}$$

$$U_2 = \frac{ahl}{2} \tag{5-61}$$

式中　$h$——滑动面高程的上游水头；

$a$——渗透系数，取 0.2～0.4；

$U_2$——滑动岩体上下面的扬压力之差，取 $U_2 = \frac{Aa}{2}$。

3. 空间整体稳定分析

如图 5-31 所示，选取一典型滑动面，坝肩岩体被铅直的侧裂面 $F_1$（侧裂面与拱座径向面夹角为 $\alpha$）、水平的底裂面 $F_2$、铅直的上游拉裂面 $F_3$ 和临空面切割成一个滑移体，从岸坡顶部到水平的底裂面 $F_2$ 高程之间坝肩岩体在拱座推力作用下可能发生整体滑动。在进行稳定分析时，可将底裂面 $F_2$ 以上，沿着高程分成 $n$ 个单位高度水平拱圈，然后按照平面稳定分析方法计算每条拱圈上的 $N_i$、$Q_i$ 和 $G_i$，最后从坝顶到水平的底裂面 $F_2$ 将各单位高度的 $N_i$、$Q_i$ 和 $G_i$ 求和，则最大抗滑力为：

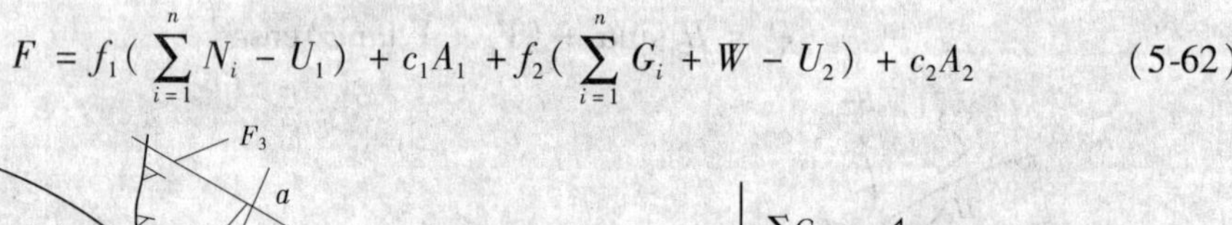

$$F = f_1\left(\sum_{i=1}^{n} N_i - U_1\right) + c_1 A_1 + f_2\left(\sum_{i=1}^{n} G_i + W - U_2\right) + c_2 A_2 \tag{5-62}$$

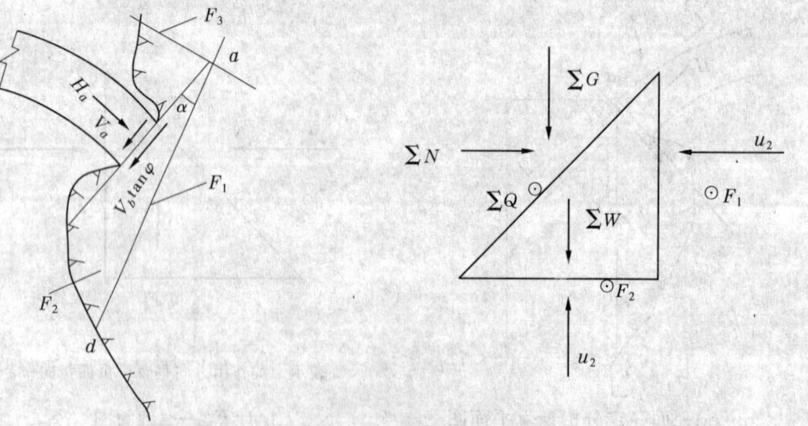


图 5-31　空间稳定分析计算简图

则空间整体稳定抗滑安全系数为：

$$F_s = \frac{f_1\left(\sum_{i=1}^{n} N_i - U_1\right) + c_1 A_1 + f_2\left(\sum_{i=1}^{n} G_i + W - U_2\right) + c_2 A_2}{\sum_{i=1}^{n} Q} \tag{5-63}$$

式中　$A_1$——侧裂面的面积；

$A_2$——底裂面的面积；

$W$——滑移体的自重。

**（三）抗滑稳定的计算基本公式及抗滑安全系数要求**

以上平面稳定分析和整体稳定分析的方法介绍所选取的例子都是较简单的情况，显然，滑裂面的产状、规模和性质不同，滑移体稳定计算时的计算公式也不尽相同。但是，采用刚体极限平衡法对滑移体进行稳定分析时，最终都可采用以下两类基本计算公式：

$$F_{s1} = \frac{\sum (N f_1 + c_1 A)}{\sum Q} \tag{5-64}$$

$$F_{s2} = \frac{\sum N f_2}{\sum Q} \tag{5-65}$$

式中　$F_{s1}$、$F_{s2}$——抗滑安全系数；

$\sum N$——垂直于滑动方向的法向力；

$\sum Q$——沿滑动方向的下滑力；

$A$——滑裂面的面积；

$f_1$、$c_1$、$f_2$——计算滑裂面的抗剪强度指标。

$f_1$、$c_1$、$f_2$ 一般需通过试验测定。其中，$f_1$、$c_1$ 应采用材料的峰值强度，$f_2$ 对脆性材料采用比例极限，对塑性材料或脆塑性材料采用屈服强度，对已经剪切错断过的材料采用残余强度。

拱坝坝肩岩体抗滑安全系数应满足表 5-12 的要求。

表 5-12　抗滑稳定安全系数

| 荷载组合情况 | | 拱坝级别 | | |
|---|---|---|---|---|
| | | 1 | 2 | 3 |
| 按式(5-64) | 基本 | 3.50 | 3.25 | 3.00 |
| | 特殊(非地震) | 3.00 | 2.75 | 2.50 |
| 按式(5-65) | 基本 | — | — | 1.30 |
| | 特殊(非地震) | — | — | 1.10 |

# 思考题

1. 研究地基岩体的应力分布特征有何意义？

2. 地基岩体承载力确定方法有哪些?

3. 简要描述常见的坝基岩体滑动破坏形式及其主要特征。

4. 对于重力坝或支墩坝,当坝基下具有缓倾角软弱夹层时,是否是倾向上游比倾向下游稳定?

5. 重力坝在进行坝基稳定分析时,应主要考虑哪些影响因素?

6. 怎样分析拱坝坝肩的岩体稳定条件?

# 习　题

5-1　某岩基上有一矩形基础,基础上作用有 $F=1\ 000$ kN/m 的荷载,基础埋深为 1 m,基础宽度 $b=1$ m,基础长度 $l=4$ m。岩基的变形模量为 $E=400$ MPa,泊松比为 $\mu=0.2$,试求基础中心点的沉降。

5-2　某岩基岩体各项指标如下:$\gamma=25$ kN/m$^3$,$c=30$ kPa,$\varphi=30°$,若荷载为条形荷载,宽度为 1 m,求该岩基的极限承载力。

5-3　有一位于岩基上的条形基础,基础宽 $b=6$ m,基础埋深为 $h=2$ m,基础底面与水平之间的夹角 $\delta=20°$,若岩石 $\gamma=26$ kN/m$^3$,$c=1$ MPa,$\varphi=30°$,试计算岩基的极限承载力。

5-4　某一混凝土重力坝横断面如图 5-27 所示,库水位为 100 m,混凝土坝重 70 000 kN(单位宽度),坝基岩体的容重为 $\gamma=21.3$ kN/m$^3$。坝基内存在一倾向上游的软弱结构面 $AB$,该面与水平面夹角 $\alpha=15°$,结构面的强度指标为:黏聚力 $c=0.4$ MPa,$\varphi=23°$,$BC$ 为长 20 m 垂直的张裂隙,试分析坝基的稳定性。

# 第六章　地下洞室围岩中的应力

## 第一节　概　述

地下工程是开挖在岩体内作为各种用途的构筑物。应用岩体力学方法来分析地下洞室围岩的稳定性,就是预测和评价在外荷载作用下围岩的力学性态。这在本质上与由大坝重力、水压力等外荷载作用于坝基岩体上所引起的力学效应一样,只不过地下开挖后作用于围岩上的外荷载不是建筑物的重力,而是岩体本身所固有的天然应力而已。因此,岩体中的天然应力是引起围岩里分布应力的力源。

开挖在岩体中的洞室,由于开挖破坏了岩体的相对应力平衡状态,而发生复杂的物理力学作用。这些作用可归纳为:

(1)地下开挖后,破坏了岩体天然应力的相对平衡状态,引起围岩应力的重分布。

(2)地下开挖在岩体中形成了一个自由空间,开挖周围的岩体在重分布应力作用下向洞内发生变形和破坏。

(3)围岩变形破坏给施工和正常使用造成危害,因而要对围岩进行支护衬砌。变形破坏的围岩将给支护衬砌一定的荷载,作用在支护衬砌上的荷载就是围岩压力(或称山岩压力、地层压力、山体压力等)。同时,各种支护衬砌对围岩的约束或支护作用又称为支护抗力。两者大小相等,方向相反。

(4)在有压隧洞中存在很高的内水压力。这种内水压力作用在隧洞衬砌上,使衬砌向围岩方向发生形变并把压力传递给围岩,而围岩将产生一种反力,称为围岩抗力。

由此可知,地下工程开挖前,地下岩层处于天然平衡状态,地下工程的开挖破坏了原有的应力平衡状态,引起围岩应力重分布,出现应力状态改变和高应力集中,产生向开挖空间的位移甚至破裂,并在围岩与支护结构的接触过程中,形成对支护的荷载作用。所以,确定岩石地下工程结构的荷载是一个复杂的问题,它不仅涉及地下岩石条件,包括地应力的确定问题、开挖影响问题,甚至还受到支护结构本身的刚度等性质的影响,这和作用在地面结构上的外荷载是不同的。地下洞室围岩稳定性分析,实质上就是研究地下开挖后出现的上述物理力学作用机制及其评价计算方法。因此,要正确地评价洞室围岩稳定性,首先是根据工程所在岩体的天然应力状态确定围岩重分布应力的大小和分布特点,进而研究围岩应力与围岩变形、围岩应力与围岩强度之间的矛盾关系,确定围岩压力和围岩抗力的大小及其性态变化情况,以作为地下洞室设计和施工的依据。为此,本章主要研究围岩应力、围岩变形、围岩压力和围岩抗力的岩体力学计算问题。

地下工程工作期限内,安全和所需最小断面得以保证,称为稳定。工程中常用的稳定条件是:

$$\sigma_{max} < [\sigma],\quad U_{max} < [U]$$

同时满足。

式中　$\sigma_{max}$、$U_{max}$——地下工程岩体或支护体中危险点的应力和位移；

$[\sigma]$、$[U]$——岩体或支护材料的强度极限和位移极限。

地下工程稳定性可分为两类：不需要支护围岩自身能保持长期稳定的为自稳，需要支护才能保持围岩稳定的为人工稳定。

岩石地下工程无论最终是平衡还是破坏，也不管是否有施筑人工稳定的承载或围护结构，岩石内部的应力重分布行为都会发生。这一应力重分布行为是地下岩石自行组织稳定的过程，因此充分发挥岩石的自稳能力是实现岩石地下工程稳定最经济、最可靠的方法。实际上，地下岩石工程的稳定，同时包含了人工施筑的结构物的稳定及围岩自身的稳定，两者往往是共存的。围岩稳定对于地下岩石工程的稳定是非常重要的，有时甚至是地下岩石工程稳定好坏的决定性因素。在地下工程实践过程中充分发挥岩石的自稳能力已经为广大岩石力学工程界的科技工作者所接受，并成为指导工程实践的重要思想。

## 第二节　地下洞室围岩中的应力状态

前节知识告诉我们，地下洞室围岩应力状态分析问题可归纳为：①开挖前岩体天然应力状态（或称一次应力状态、初始应力状态等）的确定；②开挖后围岩重分布应力状态（或称二次应力状态、诱发应力状态等）的计算；③支护衬砌后围岩应力状态的改善。本节仅讨论重分布应力计算问题。大量工程实践和理论研究表明，围岩内重分布应力状态与岩体的力学属性、天然应力及洞室断面形状等因素密切相关。

如果不知道工程所在岩体的天然应力状态，就无法计算围岩重分布应力。因此，在计算围岩重分布应力之前，岩体的天然应力状态应已知。

计算围岩重分布应力是一个复杂而困难的课题。只有一些规则洞形，在理想化条件下才有分析解。而对于复杂洞形和多变岩体力学属性，往往由于遇到复杂的数学力学问题而无法求解。这类问题常需要用一些数值计算方法求解。有限单元法是目前应用最广泛的一种数值计算方法。有关有限单元法的基本原理和具体方法将在第九章中讨论。下面仅讨论均质、各向同性、连续岩体中，开挖规则洞形，考虑平面应变条件下的围岩重分布应力的理论计算。

### 一、无压深埋洞室围岩应力重分布计算

#### （一）弹性岩体中水平洞室围岩应力重分布

根据岩石地下工程埋入的深浅可以把它分为深埋和浅埋两种类型。浅埋地下工程的工程影响范围可达到地表，因而在力学处理上要考虑地表界面的影响。深埋地下工程可处理为无限体问题，即在远离岩石地下工程的无穷远处仍为原岩体。从理论分析可知，在岩体的自重应力场中，水平圆形洞室围岩应力重分布影响范围是 3 倍洞室的直径。当洞室埋置深度 $H$ 大于洞室高度的 3 倍时，该洞室即为深埋。在实际工程中，浅埋隧道和深埋隧道的区别就是 2～2.5 倍的隧道跨度（或高度），软弱围岩取大值，好围岩取小值。

当地应力低于岩体弹性极限，也即应力不超过岩体抗压强度一半，并且岩体中节理或

其他结构面间距较宽而又紧密愈合时,则可以近似认为这种岩体为弹性岩体,能够满足工程精度要求。在这种岩体中开挖洞室,可以假定岩体是均质、连续、各向同性的线弹性材料。此外,由于洞室断面尺寸远小于其延伸长度,可按平面应变问题进行分析。当然,岩体事实并非理想的均质、连续、各向同性的线弹性材料,所以应用弹性力学理论计算围岩应力时将引起一定的误差,故此在洞室稳定性分析中需要采用较大的安全系数。

当洞室符合深埋条件,并且埋深 $Z$ 大于或等于 20 倍的巷道半径 $R_0$(或其宽、高),即有

$$Z \geqslant 20R_0 \tag{6-1}$$

研究表明,当埋深 $Z \geqslant 20R_0$ 时,忽略洞室影响范围($(3\sim5)R_0$)内的岩石自重(见图 6-1),与原问题的误差不超过 10%。于是,水平原岩应力可以简化为均布的地下洞室横断面为圆形与结构都是轴对称的平面应变圆孔问题(见图 6-2)。

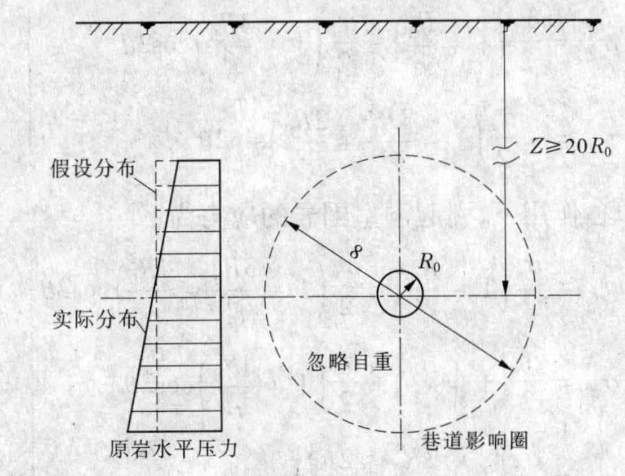


图 6-1　深埋洞室的力学特点

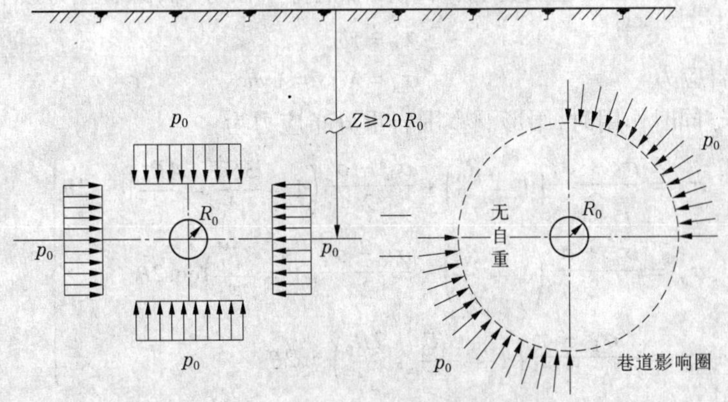


图 6-2　轴对称圆形洞室的条件

1. 圆形洞室

1) 圆形洞室重分布应力计算理论

采取上述的简化假定后,在计算洞室围岩的应力时,可概化为两侧受均布压力的薄板中心小圆孔周边应力分布的计算问题,可以把它看成是弹性力学中两个柯西课题的叠加,如图 6-3 所示。

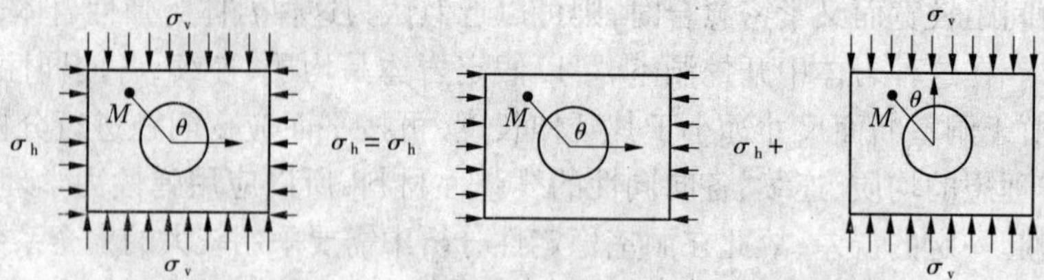


**图 6-3　叠加的柯西课题分析示意图**

在水平应力 $\sigma_h$ 单独作用下，引起洞室围岩的应力为：

$$\left.\begin{aligned}\sigma_r &= \frac{\sigma_h}{2}\left(1-\frac{R_0^2}{r^2}\right)+\frac{\sigma_h}{2}\left(1+\frac{3R_0^4}{r^4}-\frac{4R_0^2}{r^2}\right)\cos 2\theta\\ \sigma_\theta &= \frac{\sigma_h}{2}\left(1+\frac{R_0^2}{r^2}\right)-\frac{\sigma_h}{2}\left(1+\frac{3R_0^4}{r^4}\right)\cos 2\theta\\ \tau_{r\theta} &= -\frac{\sigma_h}{2}\left(1-\frac{3R_0^4}{r^4}+\frac{2R_0^2}{r^2}\right)\sin 2\theta\end{aligned}\right\}\tag{6-2}$$

在垂直应力 $\sigma_v$ 单独作用下，引起洞室围岩的应力为：

$$\left.\begin{aligned}\sigma_r &= \frac{\sigma_v}{2}\left(1-\frac{R_0^2}{r^2}\right)-\frac{\sigma_v}{2}\left(1+\frac{3R_0^4}{r^4}-\frac{4R_0^2}{r^2}\right)\cos 2\theta\\ \sigma_\theta &= \frac{\sigma_v}{2}\left(1+\frac{R_0^2}{r^2}\right)+\frac{\sigma_v}{2}\left(1+\frac{3R_0^4}{r^4}\right)\cos 2\theta\\ \tau_{r\theta} &= \frac{\sigma_v}{2}\left(1-\frac{3R_0^4}{r^4}+\frac{2R_0^2}{r^2}\right)\sin 2\theta\end{aligned}\right\}\tag{6-3}$$

图 6-4 为圆形洞室围岩应力计算简图，图中洞室半径为 $R_0$，原岩应力按下式计算：

竖向原岩应力　　$\sigma_v = \gamma h$

水平向原岩应力　　$\sigma_h = \lambda\sigma_v = \lambda\gamma h$

当 $\sigma_h$ 和 $\sigma_v$ 同时作用时，圆形洞室围岩重分布应力为：

$$\left.\begin{aligned}\sigma_r &= \frac{\sigma_h+\sigma_v}{2}\left(1-\frac{R_0^2}{r^2}\right)+\frac{\sigma_h-\sigma_v}{2}\left(1+\frac{3R_0^4}{r^4}-\frac{4R_0^2}{r^2}\right)\cos 2\theta\\ \sigma_\theta &= \frac{\sigma_h+\sigma_v}{2}\left(1+\frac{R_0^2}{r^2}\right)-\frac{\sigma_h-\sigma_v}{2}\left(1+\frac{3R_0^4}{r^4}\right)\cos 2\theta\\ \tau_{r\theta} &= -\frac{\sigma_h-\sigma_v}{2}\left(1-\frac{3R_0^4}{r^4}+\frac{2R_0^2}{r^2}\right)\sin 2\theta\end{aligned}\right\}\tag{6-4}$$

式中　$\sigma_r$—— 围岩体中任一点 $M$ 的径向应力；

$\sigma_\theta$—— 围岩体中任一点 $M$ 的切向应力；

$\tau_{r\theta}$—— 围岩体中任一点 $M$ 的剪切应力；

$\sigma_v$—— 作用在岩体上的原岩垂直应力；

$\sigma_h$—— 作用在岩体上的原岩水平应力；

$R_0$—— 圆形水平洞室的半径。

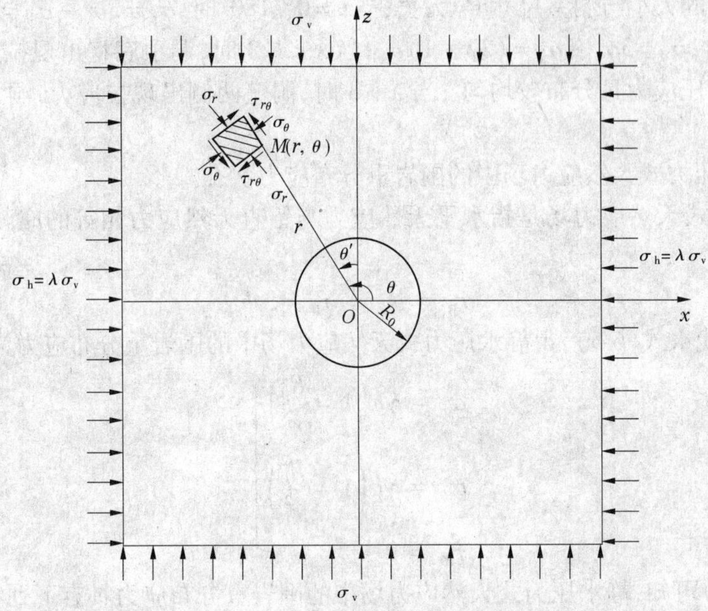


图 6-4　圆形洞室围岩应力计算简图

引入天然应力比值系数 $\lambda$，$\sigma_h$ 和 $\sigma_v$ 同时作用时圆形洞室围岩重分布应力可表示为：

$$\left.\begin{aligned}\sigma_r &= \sigma_v\left[\frac{1+\lambda}{2}\left(1-\frac{R_0^2}{r^2}\right)-\frac{1-\lambda}{2}\left(1+\frac{3R_0^4}{r^4}-\frac{4R_0^2}{r^2}\right)\cos2\theta\right]\\ \sigma_\theta &= \sigma_v\left[\frac{1+\lambda}{2}\left(1+\frac{R_0^2}{r^2}\right)+\frac{1-\lambda}{2}\left(1+\frac{3R_0^4}{r^4}\right)\cos2\theta\right]\\ \tau_{r\theta} &= \sigma_v\left(\frac{1-\lambda}{2}\right)\left(1-\frac{3R_0^4}{r^4}+\frac{2R_0^2}{r^2}\right)\sin2\theta\end{aligned}\right\}\tag{6-5}$$

从式(6-5)可以看出，围岩中的应力与岩石的弹性常数($E$、$\mu$)无关，而且与洞室的尺寸无关(因为公式中包含着洞室半径 $R_0$ 与矢径长度 $r$ 的比值。因此，应力的大小与此比值直接有关)。同时，从切向应力的表达式可以看出，洞壁处有较大的切向应力，由此可知在洞室边界附近产生应力集中现象。

另外，值得说明的是，式(6-5)不仅可以计算水平圆形洞室的围岩应力，还可以用于计算竖井围岩重应力分布。

2)圆形洞室重分布应力的特征

(1)洞壁上的重分布应力。

为考察洞壁上的重分布应力的特点，把 $r=R_0$ 代入式(6-5)，得洞壁上的重分布应力为：

$$\left.\begin{aligned}\sigma_r &= 0\\ \sigma_\theta &= \sigma_v[1+\lambda+2(1-\lambda)\cos2\theta]\\ \tau_{r\theta} &= 0\end{aligned}\right\}\tag{6-6}$$

由式(6-6)可知，洞壁上的重分布应力具有下列特点：洞壁上的 $\tau_{r\theta}=0$，$\sigma_r=0$，为单向应力状态；$\sigma_\theta$ 的大小与洞室尺寸 $R_0$ 无关；当 $\theta=0°$、$180°$时，$\sigma_\theta=3\sigma_v-\sigma_h=(3-\lambda)\sigma_v$；当 $\theta=90°$、$270°$时，$\sigma_\theta=3\sigma_h-\sigma_v=(3\lambda-1)\sigma_v$；当 $\lambda<1/3$ 时，洞顶底将出现拉应力；当$1/3<\lambda<3$ 时，$\sigma_\theta$ 为压应力且分布较均匀；当 $\lambda>3$ 时，洞壁两侧出现拉应力，洞顶底出现较高的压应力集中。

(2)静水压力式天然应力场中的围岩重分布应力状态。

静水压力式天然应力场是指水平天然应力与铅直天然应力相等的应力场，即 $\lambda=1$。这时

$$\sigma_h=\sigma_v=\sigma_0=\gamma h \tag{6-7}$$

把 $\lambda=1$ 代入式(6-5)，得静水压力式天然应力场中的围岩重分布应力为：

$$\left.\begin{aligned}\sigma_r&=\gamma h\left(1-\frac{R_0^2}{r^2}\right)\\ \sigma_\theta&=\gamma h\left(1+\frac{R_0^2}{r^2}\right)\\ \tau_{r\theta}&=0\end{aligned}\right\} \tag{6-8}$$

由式(6-8)可知，静水压力式天然应力场中的围岩重分布应力具有下列特点：

围岩内重分布应力与 $\theta$ 角无关，仅与 $R_0$ 和 $\sigma_0$ 有关。由于 $\tau_{r\theta}=0$，则 $\sigma_r$、$\sigma_\theta$ 均为主应力，且 $\sigma_\theta$ 恒为最大主应力，$\sigma_r$ 恒为最小主应力。当 $r=R_0$(洞壁)时，$\sigma_r=0$，$\sigma_\theta=2\sigma_0$，可知洞壁上的应力差最大，且处于单向受力状态，说明洞壁最易发生破坏。在围岩内部，随着 $r$ 逐渐增大，围岩应力 $\sigma_r$ 逐渐增大，$\sigma_\theta$却逐渐减小，最终都渐趋于 $\sigma_0$ 值。

在理论上，$\sigma_r$、$\sigma_\theta$ 要在 $r\to\infty$ 处才达到 $\sigma_0$ 值，但实际上 $\sigma_r$、$\sigma_\theta$ 趋近于 $\sigma_0$ 的速度很快，当 $r=6R_0$ 时，这时的应力为：

$$\sigma_r=(1-0.028)\gamma h\cong\gamma h$$
$$\sigma_\theta=(1+0.028)\gamma h\cong\gamma h$$

$\sigma_r$ 和 $\sigma_\theta$ 与 $\sigma_0$ 接近，如图 6-5 所示，这就从理论上证实了开挖洞室的影响范围是 3 倍洞直径。

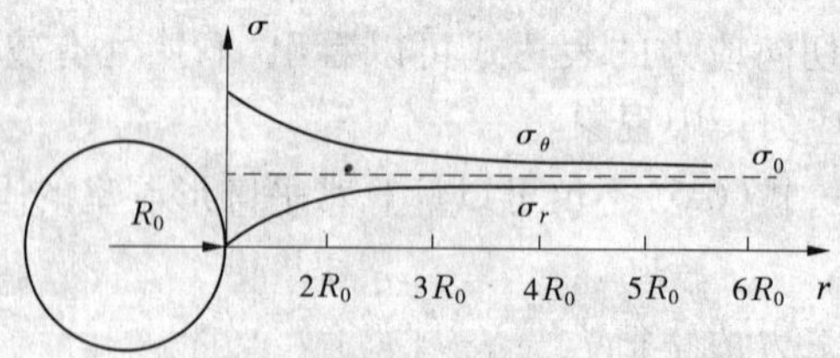


**图 6-5　地下洞室开挖引起的围岩分布应力范围**

3)弹性位移计算

在坚硬的岩体中开挖洞室，在天然应力不大的情况下，围岩处于弹性状态。这时洞室围岩的位移可用弹性理论进行计算。分两种情况：①由重分布应力引起的位移；②由重分布应力与天然应力之差引起的位移。

(1)由重分布应力引起的位移(平面应变条件)。

根据弹性理论，平面应变与位移间的关系为：

$$\left.\begin{aligned} \varepsilon_r &= \frac{\partial u}{\partial r} \\ \varepsilon_\theta &= \frac{u}{r} + \frac{1}{r}\frac{\partial v}{\partial \theta} \\ \gamma_{r\theta} &= \frac{1}{r}\frac{\partial u}{\partial \theta} + \frac{\partial v}{\partial r} - \frac{v}{r} \end{aligned}\right\} \tag{6-9}$$

平面应变—应力的物理方程为：

$$\left.\begin{aligned} \varepsilon_r &= \frac{1}{E_{me}}[(1-\mu_m^2)\sigma_r - \mu_m(1+\mu_m)\sigma_\theta] \\ \varepsilon_\theta &= \frac{1}{E_{me}}[(1-\mu_m^2)\sigma_\theta - \mu_m(1+\mu_m)\sigma_r] \\ \gamma_{r\theta} &= \frac{2}{E_{me}}(1+\mu_m)\tau_{r\theta} \end{aligned}\right\} \tag{6-10}$$

由式(6-9)和式(6-10)得：

$$\left.\begin{aligned} \varepsilon_r &= \frac{\partial u}{\partial r} = \frac{1}{E_{me}}[(1-\mu_m^2)\sigma_r - \mu_m(1+\mu_m)\sigma_\theta] \\ \varepsilon_\theta &= \frac{u}{r} + \frac{1}{r}\frac{\partial v}{\partial \theta} = \frac{1}{E_{me}}[(1-\mu_m^2)\sigma_\theta - \mu_m(1+\mu_m)\sigma_r] \\ \gamma_{r\theta} &= \frac{1}{r}\frac{\partial u}{\partial \theta} + \frac{\partial v}{\partial r} - \frac{v}{r} = \frac{2}{E_{me}}(1+\mu_m)\tau_{r\theta} \end{aligned}\right\} \tag{6-11}$$

将式(6-4)的围岩重分布应力($\sigma_r,\sigma_\theta$)代入式(6-11)，并进行积分运算可得平面应变条件下的围岩位移为：

$$\left.\begin{aligned} u &= \frac{(1-\mu_m^2)}{E_{me}}\left[\frac{\sigma_h+\sigma_v}{2}\left(r+\frac{R_0^2}{r}\right) + \frac{\sigma_h-\sigma_v}{2}\left(r-\frac{R_0^4}{r^3}+\frac{4R_0^2}{r}\right)\cos 2\theta\right] - \\ &\quad \frac{\mu_m(1+\mu_m)}{E_{me}}\left[\frac{\sigma_h+\sigma_v}{2}\left(r-\frac{R_0^2}{r^2}\right) - \frac{\sigma_h-\sigma_v}{2}\left(r-\frac{R_0^4}{r^3}\right)\cos 2\theta\right] \\ v &= -\frac{(1-\mu_m^2)}{E_{me}}\left[\frac{\sigma_h-\sigma_v}{2}\left(r+\frac{R_0^4}{r^3}+\frac{2R_0^2}{r}\right)\sin 2\theta\right] - \\ &\quad \frac{\mu_m(1+\mu_m)}{E_{me}}\left[\frac{\sigma_h-\sigma_v}{2}\left(r+\frac{R_0^4}{r^3}-\frac{2R_0^2}{r}\right)\sin 2\theta\right] \end{aligned}\right\} \tag{6-12}$$

式中　$u$、$v$——围岩内任一点的径向位移和环向位移；

$E_{me}$、$\mu_m$——岩体的弹性模量、泊松比；

其他符号意义同前。

由式(6-12)可知，洞壁的弹性位移，即 $r=R_0$，同时 $\sigma_h=\lambda\sigma_v$：

$$\left.\begin{aligned} u &= \frac{(1-\mu_m)\sigma_v}{2E_{me}}R_0\{(1+\lambda)-(1-\lambda)\cos 2\theta\} \\ v &= \frac{2(1-\mu_m)\sigma_v}{E_{me}}R_0(1-\lambda)\sin 2\theta \end{aligned}\right\} \tag{6-13}$$

静水压力式天然应力时，$\sigma_h=\sigma_v=\sigma_0$，式(6-13)可简化为：

$$u = \frac{2(1-\mu_m^2)}{E_{me}}\sigma_0 R_0 \tag{6-14}$$

式(6-14)说明，在 $\sigma_h=\sigma_v=\sigma_0$ 的天然应力状态中，洞壁仅产生径向位移，而无环向位移。

(2)由重分布应力与天然应力之差引起的位移。

天然应力引起的位移在洞室开挖前就已经完成了，开挖后洞壁的位移仅是重分布应力与天然应力的应力差引起的。

假设岩体中天然应力为 $\sigma_h=\sigma_v=\sigma_0$，开挖前洞壁应力为 $\sigma_{r1}=\sigma_{\theta 1}=\sigma_0$，开挖后重分布应力为 $\sigma_{r2}=0$，$\sigma_{\theta 2}=2\sigma_0$，两者的应力差为：

$$\left.\begin{aligned}\Delta\sigma_r &= \sigma_{r1}-\sigma_{r2}=\sigma_0\\ \Delta\sigma_\theta &= \sigma_{\theta 1}-\sigma_{\theta 2}=-\sigma_0\end{aligned}\right\} \tag{6-15}$$

将 $\Delta\sigma_r$、$\Delta\sigma_\theta$ 代入式(6-11)的第一个式子有：

$$\varepsilon_r = \frac{\partial u}{\partial r} = \frac{(1-\mu_m^2)}{E_{me}}\left[\Delta\sigma_r - \frac{\mu_m}{1-\mu_m}\Delta\sigma_\theta\right] = \frac{1+\mu_m}{E_{me}}\sigma_0 \tag{6-16}$$

两边积分后，洞壁围岩的径向位移为：

$$u = \int_0^{R_0}\varepsilon_r \mathrm{d}r = \int_0^{R_0}\frac{1+\mu_m}{E_{me}}\sigma_0 \mathrm{d}r = \frac{1+\mu_m}{E_{me}}\sigma_0 R_0 \tag{6-17}$$

比较式(6-14)和式(6-17)可知，是否考虑天然应力对位移的影响，计算出的洞壁位移是不同的。

开挖后若有支护力为 $p_i$，洞壁的径向位移为：

$$u = \frac{1+\mu_m}{E_{me}}(\sigma_0 - p_i)R_0 \tag{6-18}$$

2. 其他形状洞室重分布应力的特征

1)应力集中系数的概念

为了最有效和经济地利用地下空间，地下建筑的断面常需根据实际需要，开挖成非圆形的各种形状。但非圆形洞室的围岩应力很难用解析解表示。由圆形洞室围岩重分布应力分析可知，重分布应力的最大值在洞壁上，且仅有 $\sigma_\theta$，因此只要洞壁围岩在重分布应力 $\sigma_\theta$ 的作用下不发生破坏，那么洞室内部围岩也是稳定的。为了研究各种洞形洞壁上的重分布应力及其变化情况，引进应力集中系数的概念。应力集中系数是指地下洞室开挖后洞壁上一点的应力与开挖前洞壁处该点天然应力的比值。该系数反映了洞壁各点开挖前后应力的变化情况。如果洞壁重分布后的应力满足围岩稳定性的要求，那么围岩内各个部位也都稳定。因此，研究洞壁的应力集中系数值对围岩稳定性评价意义最大。

根据弹性理论、光弹试验和有限元分析可知，围岩应力集中系数与天然应力比值系数、洞形、高跨比等因素有关。应力集中系数一般用 $\alpha$、$\beta$ 表示，其大小仅与点的位置有关。

对于圆形洞室，由式(6-6)可知：

$$\sigma_\theta = \sigma_h(1-2\cos 2\theta) + \sigma_v(1+2\cos 2\theta) \tag{6-19}$$

可改写为：

$$\sigma_\theta = \alpha\sigma_h + \beta\sigma_v \tag{6-20}$$

所以,圆形洞室应力集中系数 $\alpha = 1 - 2\cos 2\theta, \beta = 1 + 2\cos 2\theta$。

类似地,对于其他形状洞室也可以用式(6-19)来表达洞壁上的重分布应力,不同的只是,不同洞形,$\alpha$、$\beta$ 也不同而已。

2)椭圆形洞室重分布应力的特征

椭圆巷道使用不多,但通过对椭圆巷道周边弹性应力的分析,对于如何维护好巷道很有启发意义。如图6-6所示,深埋于各向同性、均质、连续弹性岩体中的椭圆形水平隧洞洞壁上的重分布应力,按弹性理论导得的计算公式如下:

$$\left.\begin{aligned} \sigma_r &= 0 \\ \sigma_\theta &= \frac{(Hm)^2\cos^2\theta - 1}{(Hm)^2\sin^2\theta - m^2}\sigma_v + \frac{(1+m)^2\sin^2\theta - m^2}{\sin^2\theta + m^2\cos^2\theta}\sigma_h \\ \tau_{r\theta} &= 0 \end{aligned}\right\} \tag{6-21}$$

式中　$m$——椭圆的高和跨度比,即轴比 $m = H/L$;

$\theta$——水平起始轴 $Ox$ 与计算点的向径夹角,逆时针方向为正。

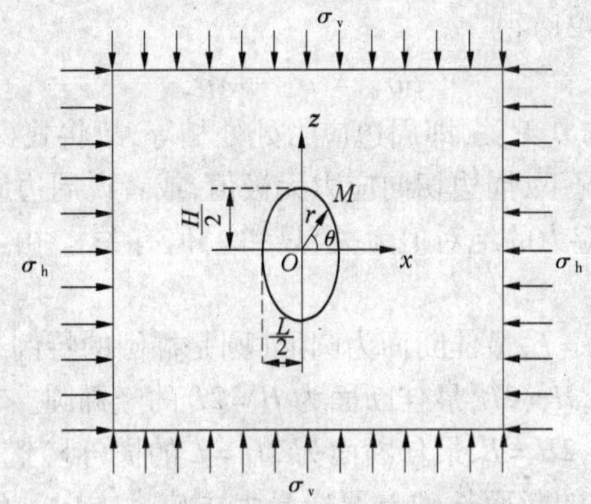


**图6-6　椭圆形洞室洞壁上的重分布应力计算**

由式(6-21)可以看出,椭圆形水平隧洞洞壁上的重分布应力呈单向应力状态,径向应力和剪应力均为零,即 $\sigma_r = \tau_{r\theta} = 0$。切向应力 $\sigma_\theta$ 除与初始地应力有关外,还取决于任意点与 $x$ 轴的夹角 $\theta$ 和轴比 $m$ 的大小。表6-1列出了几种特殊条件组合情况下的结果。由表6-1可知,当 $\lambda = 0$ 时为最不利条件,侧壁的 $\sigma_\theta$ 为最大压应力,其值为$\frac{2+m}{m}\sigma_v$,而洞顶为最大拉应力,其值为 $-\sigma_v$;当 $\lambda < \frac{1}{1+2m}$时,洞顶将出现拉应力。这是在工程中应予以极为重视的问题。

实践和理论都证明,当洞室周边应力是均匀相等的压应力时,地下工程的稳定是最有利的。此时使巷道周边应力均匀分布时的椭圆长短轴之比称为最优(佳)轴比(又称等应力轴比)。该轴比可通过求式(6-21)的极值而得到。

由

$$\frac{d\sigma_\theta}{d\theta} = 0$$

表 6-1　切向应力 $\sigma_\theta$ 变化特征

| 项目 | $\lambda=0$ | $\lambda=1$ | $\lambda$ |
| --- | --- | --- | --- |
| $\theta=0°$ | $\frac{2+m}{m}$ | $\frac{2}{m}$ | $\frac{2+m(1-\lambda)}{m}$ |
| $\theta=45°$ | $\frac{(m^2+2m-1)}{1+m^2}$ | $\frac{4m}{1+m^2}$ | $\frac{m^2+2m-1+\lambda(1+2m+m^2)}{1+m^2}$ |
| $\theta=90°$ | $-1$ | $2m$ | $\lambda(1+2m)-1$ |

得

$$m=\frac{\sigma_v}{\sigma_h}=\frac{1}{\lambda} \tag{6-22}$$

将此 $m$ 值代入式(6-21)得

$$\sigma_\theta=\sigma_v+\lambda\sigma_v \tag{6-23}$$

在式(6-23)中,$\sigma_\theta$ 与 $\theta$ 无关,即周边应力处处相等,故将式(6-22)确定的轴比称为等应力轴比。在该轴比情况下,周边切向应力无极值,或者说周边应力是均匀相等的。

等应力轴比与原岩应力的绝对值无关,只和 $\lambda$ 值有关 。由 $\lambda$ 值即可确定最佳轴比。例如:

当 $\lambda=1$ 时,$m=1$,$H=L$,最佳断面为圆形(圆是椭圆的特例);

当 $\lambda=1/2$ 时,$m=2$,$H=2L$,最佳断面为 $H=2L$ 的竖椭圆。

当 $\lambda=2$ 时,$m=1/2$,$2H=L$,最佳断面为 $2H=L$ 的横(卧)椭圆。

可见,当椭圆形洞室的断面长轴与原岩最大主应力方向一致时,围岩应力分布较合理,这时等应力轴比最佳。

3)矩形和其他形状巷道周边弹性应力重分布应力特点

地下工程中经常遇到一些非圆形巷道。因此,掌握巷道形状对围岩应力状态影响是非常重要的。常见的非圆形巷主要有梯形、拱顶直墙、椭圆、拱顶直墙反拱等。

(1)基本解题方法。

原则上,地下工程比较常用的单孔非圆形巷道围岩的平面问题弹性应力分布都可用弹性力学的复变函数方法解决。

(2)一般结论。

矩形和其他形状一样,在弹性应力条件下,巷道断面围岩中的最大的应力是周边的切向应力,且周边应力大小和 $E$、$\mu$ 弹性参数无关,与断面的绝对尺寸无关。同样,它和原岩应力场分布(大小)、巷道的形状(竖向与横向轴比)很有关系。另外,断面在有拐角的地方往往有较大的应力集中,而在直长边则容易出现拉应力。表 6-2 列出了常见的几种形状洞室洞壁的应力集中系数 $\alpha$、$\beta$ 值。这些系数是依据光弹试验或弹性力学方法求得的。应用这些系数,可以由已知的岩体天然应力来确定洞壁围岩重分布应力。由表 6-2 可以看出,各种不同形状洞室洞壁上的重分布应力有如下特点:

**表 6-2　各种洞室洞壁上的应力集中系数**

| 编号 | 洞室形状 | 计算公式 | 各点应力系数 | | | 说明 |
|---|---|---|---|---|---|---|
| 1 | 圆形 | $\sigma_\theta=\alpha\sigma_h+\beta\sigma_v$ | $A$ | 3 | −1 | |
| | | | $B$ | −1 | 3 | |
| | | | $m$ | $1-2\cos\theta$ | $1+2\cos\theta$ | |
| 2 | 椭圆形 | $\sigma_\theta=\alpha\sigma_h+\beta\sigma_v$ | $A$ | $2\frac{a}{b}+1$ | −1 | |
| | | | $B$ | −1 | $2\frac{a}{b}+1$ | |
| 3 | 正方形 | $\sigma_\theta=\alpha\sigma_h+\beta\sigma_v$ | $A$ | 1.616 | −0.87 | 萨文,《孔口应力集中》 |
| | | | $B$ | −0.87 | 1.616 | |
| | | | $C$ | 0.265 | 4.230 | |
| | | | $D$ | 4.230 | 0.265 | |
| 4 | 矩形 $\frac{b}{a}=3.2$ | $\sigma_\theta=\alpha\sigma_h+\beta\sigma_v$ | $A$ | 1.4 | −1.00 | |
| | | | $B$ | −0.80 | 2.20 | |
| 5 | 矩形 $\frac{b}{a}=5$ | $\sigma_\theta=\alpha\sigma_h+\beta\sigma_v$ | $A$ | 1.2 | −0.95 | |
| | | | $B$ | −0.80 | 2.40 | |
| 6 | 地下厂房 $\frac{h}{b}=0.38$, $\frac{H}{h}=1.43$ | $\sigma_\theta=\alpha\sigma_h+\beta\sigma_v$ | $A$ | 2.66 | −0.38 | 云南昆明水利勘测设计院 |
| | | | $B$ | −0.38 | 0.77 | |
| | | | $C$ | 1.14 | 1.54 | |
| | | | $D$ | 1.90 | 1.54 | |

①无论洞室断面形状如何,周边附近应力集中系数最大,远离周边,应力集中程度逐渐减小,在距洞室中心为 3 ~5 倍洞室半径处,围岩应力趋近于与原岩应力相等。

②洞室的形状影响围岩应力分布的均匀性。通常平直边容易出现拉应力,转角处产生较大剪应力集中,都不利于洞室的稳定。如长方形短边中点应力集中大于长边中点,而角点处应力集中最大,围岩最易失稳;椭圆形洞室长轴两端点应力集中最大,易引起压碎破坏,短轴两端易拉应力集中,不利于围岩稳定等。

③洞室围岩应力受侧应力系数 $\lambda$、洞室断面轴比的影响。一般来说,当洞室断面长轴平行于原岩最大主应力方向时,能获得较好的围岩应力分布;当洞室断面长轴与短轴之比等于长轴方向原岩最大主应力与短轴方向原岩应力之比时,洞室围岩应力分布最理想。这时在巷道顶底板中点和两帮中点处切向应力相等,并且不出现拉应力。当岩体中天然应力 $\sigma_h$ 和 $\sigma_v$ 相差不大时,以圆形洞室围岩应力分布最均匀,围岩稳定性最好。当岩体中

天然应力 $\sigma_h$ 和 $\sigma_v$ 相差较大时，则应尽量使洞室长轴平行于最大天然应力的作用方向。

④在天然应力很大的岩体中，洞室断面应尽量采用曲线形，以避免角点上过大的应力集中。

3. 洞壁的稳定性评价

掌握了岩石的单轴抗压强度值，则洞壁的稳定性可以用下式进行评价：

$$\sigma_{\theta\max} < [\sigma_c] \tag{6-24}$$

式中 $\sigma_{\theta\max}$——洞壁的切向应力最大值；

$[\sigma_c]$——岩石的允许单轴抗压强度。

当洞壁的切向应力 $\sigma_{\theta\max}$ 满足式(6-24)时，则洞壁的岩体是稳定的。根据洞壁的应力分布可知，当 $r = R_0$、$\lambda = 1$ 时，$\sigma_{\theta\max} = 2\sigma_0$，$\sigma_r = 0$。显然，洞壁岩体的应力可看成单向压缩状态(对于平面问题而言)。因此，可用以上判据，简单明了地评价岩体的稳定性。

**(二)塑性岩体中水平洞室围岩应力重分布**

大多数岩体往往受结构面切割使其整体性丧失，强度降低，在重分布应力作用下，很容易发生塑性变形而改变其原有的物性状态。由弹性围岩重分布应力特点可知，地下开挖后洞壁的应力集中最大。当洞壁重分布应力超过围岩屈服极限时，洞壁围岩就由弹性状态转化为塑性状态，并在围岩中形成一个塑性松动圈。但是，这种塑性圈不会无限扩大。这是由于随着距洞壁距离增大，径向应力 $\sigma_r$ 由零逐渐增大，应力状态由洞壁的单向应力状态逐渐转化为双向应力状态。莫尔应力圆由与强度包络线相切的状态逐渐内移，变为与强度包络线不相切，围岩的强度条件得到改善。围岩也就由塑性状态逐渐转化为弹性状态。这样，将在围岩中出现塑性圈和弹性圈。

塑性圈岩体的基本特点是裂隙增多，黏聚力、内摩擦角和变形模量值降低。而弹性圈围岩仍保持原岩强度，其应力、应变关系仍服从虎克定律。

塑性松动圈的出现，使圈内一定范围内应力因释放而明显降低，而最大应力集中由原来的洞壁移至塑、弹性圈交界处，使弹性区的应力明显升高。弹性区以外则是应力基本未产生变化的天然应力区(或称为原岩应力区)。各圈(区)的应力变化如图 6-7 所示。在这种情况下，围岩重分布应力就不能用弹性理论计算了，而应采用弹塑性理论求解。

多年来，许多岩石力学工作者以弹塑性理论为基础研究了围岩的应力和稳定情况。从理论上讲，弹塑性理论比前面的理论要严密些，但是弹塑性理论的数学运算较复杂，公式也较繁。此外，在进行公式推导时，也必须附加一些假设，否则也不能得出所需求的解答。为了简化计算和分析，目前总是对圆形洞室进行分析，因为圆形洞室在特定的条件下是应力轴对称的，轴对称问题在数学上容易解决。当遇到矩形或直墙拱顶、马蹄形等洞室时，可将它们看做相当的圆形进行近似计算。

本小节着重介绍 $\lambda = 1$ 条件下圆形洞室的应力状态，由于这是个轴对称问题，且应力与 $\theta$ 角无关，使得弹、塑性区都成为一个圆环状，应力随着 $r$ 的变化而变化。由于塑性区域的存在，其他条件(包括 $\lambda \neq 1$ 以及各种洞截面形状)的应力分析计算公式比较复杂，在此不作进一步讨论。

1. 塑性圈内的重分布应力

为了求解塑性圈内的重分布应力，假设在均质、各向同性、连续的岩体中开挖一半径

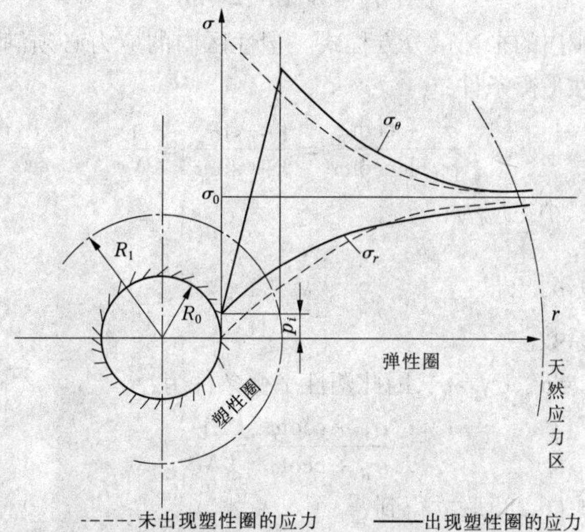


图 6-7　围岩中出现塑性圈时的应力重分布示意图

为 $r_0$ 的水平圆形洞室；开挖后形成的塑性松动圈的半径为 $R$，岩体中的天然应力为 $\sigma_h = \sigma_v = \sigma_0 = \gamma h_0$，圈内岩体强度服从莫尔－库仑直线强度条件。塑性圈以外围岩体仍处于弹性状态。

如图 6-8 所示，设圆形洞室的半径为 $r_0$，在 $r = R$ 的可变范围内出现了塑性区。在塑性区内割取一个单元体 $ABCD$，这个单元体的径向平面互成 $\mathrm{d}\theta$ 角，两个圆柱面相距 $\mathrm{d}r$。

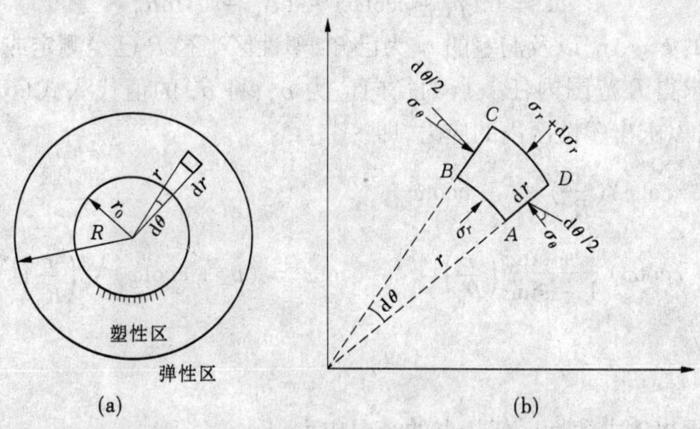


图 6-8　圆形洞室围岩内的微分单元

由于轴对称，塑性区内的应力只是 $r$ 的函数，而与 $\theta$ 无关。考虑到应力随 $r$ 的变化，如果 $AB$ 面上的径向应力是 $\sigma_r$，那么 $DC$ 面上的应力应当是 $\sigma_r + \mathrm{d}\sigma_r$。$AD$ 面和 $BC$ 面上的切向应力均为 $\sigma_\theta$。

根据平衡条件，沿着单元体径向轴上的所有力之和为零，即 $\sum F_r = 0$，则

$$\sigma_r r\mathrm{d}\theta + 2\sigma_\theta \mathrm{d}r\sin\frac{\mathrm{d}\theta}{2} - (\sigma_r + \mathrm{d}\sigma_r)(r + \mathrm{d}r)\mathrm{d}\theta = 0 \tag{6-25}$$

当 $\mathrm{d}\theta$ 很小时，$\sin\frac{\mathrm{d}\theta}{2} \approx \frac{\mathrm{d}\theta}{2}$。将式(6-25)展开略去高阶微量，整理得下列微分方程式：

$$(\sigma_\theta - \sigma_r)\mathrm{d}r = r\mathrm{d}\sigma \tag{6-26}$$

这就是塑性区域内的平衡微分方程式。塑性区内的应力必须满足这个方程式，此外还必须满足下列塑性平衡条件：

$$\frac{\sigma_3 + c\cot\varphi}{\sigma_1 + c\cot\varphi} = \frac{1 - \sin\varphi}{1 + \sin\varphi} = \frac{1}{N_\varphi} \tag{6-27}$$

式中 $\sigma_1$、$\sigma_3$——大、小主应力；

$c$——黏聚力；

$\varphi$——内摩擦角；

$N_\varphi$——塑性系数。

在本情况中，$\sigma_1 = \sigma_\theta$，$\sigma_3 = \sigma_r$，因此塑性平衡条件为：

$$\frac{\sigma_r + c\cot\varphi}{\sigma_\theta + c\cot\varphi} = \frac{1}{N_\varphi} \tag{6-28}$$

将式(6-26)和式(6-28)联立得到：

$$\frac{\mathrm{d}(\sigma_r + c\cot\varphi)}{\sigma_r + c\cot\varphi} = \frac{\mathrm{d}r}{r}(N_\varphi - 1) \tag{6-29}$$

对式(6-29)两边积分得：

$$\ln(\sigma_r + c\cot\varphi) = (N_\varphi - 1)\ln r + A \tag{6-30}$$

考虑到在洞壁处 $r = R_0$，当无支护时，$\sigma_r = 0$；当有支护时，$\sigma_r = p_i$。

用这个条件解微分方程式(6-30)，得到：

$$A = \ln(p_i + c\cot\varphi) - (N_\varphi - 1)\ln R_0 \tag{6-31}$$

如果岩石的 $c$、$\varphi$、$\sigma_0$ 以及洞室的 $r_0$ 为已知，塑性区半径 $R$ 已经测定或者指定，则利用式(6-30)可以求得 $R$ 范围内任一点的径向应力 $\sigma_r$，将 $\sigma_r$ 的值代入式(6-28)，即可求出 $\sigma_\theta$，也就是说可以求出塑性区内的应力，即

$$\left.\begin{aligned}
\sigma_r &= (p_i + c\cot\varphi)\left(\frac{r}{R_0}\right)^{N_\varphi - 1} - c\cot\varphi \\
\sigma_\theta &= (p_i + c\cot\varphi)\frac{1 + \sin\varphi}{1 - \sin\varphi}\left(\frac{r}{R_0}\right)^{N_\varphi - 1} - c\cot\varphi = (p_i + c\cot\varphi)N_\varphi\left(\frac{r}{R_0}\right)^{N_\varphi - 1} - c\cot\varphi \\
\tau_{r\theta} &= 0
\end{aligned}\right\} \tag{6-32}$$

式中 $\sigma_r$——围岩体中塑性区任一点的径向应力；

$\sigma_\theta$——围岩体中塑性区任一点的切向应力；

$\tau_{r\theta}$——围岩体中塑性区任一点的剪切应力；

$p_i$——作用在洞室洞壁上的支护力；

$c$——围岩体的黏聚力；

$\varphi$——围岩体的内摩擦角；

$R$——圆形水平洞室塑性区的半径。

由式(6-32)可知：

(1)塑性圈内围岩重分布应力与岩体天然应力($\sigma_0$)无关，而取决于支护力($p_i$)和岩

体强度($c$、$\varphi$)值。

(2)洞壁上($r=R_0$)

$$\left.\begin{aligned}\sigma_r &= p_i\\ \sigma_\theta &= p_i\frac{1+\sin\varphi}{1-\sin\varphi}+\frac{2c\cot\varphi}{1-\sin\varphi}=p_iN_\varphi+\frac{2c\cot\varphi}{1-\sin\varphi}\\ \tau_{r\theta} &= 0\end{aligned}\right\}\tag{6-33}$$

若 $p_i=0$,则

$$\left.\begin{aligned}\sigma_r &= 0\\ \sigma_\theta &= \frac{2c\cot\varphi}{1-\sin\varphi}\\ \tau_{r\theta} &= 0\end{aligned}\right\}\tag{6-34}$$

(3)塑性圈与弹性圈交界面($r=R$)上的应力重分布。

弹性圈内($r>R$)的应力等于 $\sigma_0$ 引起的应力叠加上塑性圈作用于弹性圈的径向应力 $\sigma_R$ 引起的附加应力之和。

由 $\sigma_0$ 引起的应力为:

$$\left.\begin{aligned}\sigma_{re1} &= \sigma_0\left(1-\frac{R^2}{r^2}\right)\\ \sigma_{\theta e1} &= \sigma_0\left(1+\frac{R^2}{r^2}\right)\end{aligned}\right\}\tag{6-35}$$

由 $\sigma_R$ 引起的附加应力(见厚壁圆筒理论)为:

$$\left.\begin{aligned}\sigma_{re2} &= \sigma_R\frac{R^2}{r^2}\\ \sigma_{\theta e2} &= -\sigma_R\frac{R^2}{r^2}\end{aligned}\right\}\tag{6-36}$$

弹性圈内的重分布应力为式(6-35)与式(6-36)之和:

$$\left.\begin{aligned}\sigma_{re} &= \sigma_0\left(1-\frac{R^2}{r^2}\right)+\sigma_R\frac{R^2}{r^2}\\ \sigma_{\theta e} &= \sigma_0\left(1+\frac{R^2}{r^2}\right)-\sigma_R\frac{R^2}{r^2}\end{aligned}\right\}\tag{6-37}$$

把 $r=R$ 代入式(6-37),得:

$$\left.\begin{aligned}\sigma_{re} &= \sigma_R\\ \sigma_{\theta e} &= 2\sigma_0-\sigma_R\end{aligned}\right\}\tag{6-38}$$

该处应力还应满足塑性平衡条件式(6-28),再利用该面上弹性应力和塑性应力相等的条件,联立式(6-38)、式(6-28)可得:

$$\left.\begin{aligned}\sigma_{rpe} &= \sigma_0(1-\sin\varphi)-c\cos\varphi\\ \sigma_{\theta pe} &= \sigma_0(1+\sin\varphi)+c\cos\varphi\\ \tau_{r\theta pe} &= 0\end{aligned}\right\}\tag{6-39}$$

式中　$\sigma_{rpe}$—— 围岩体中弹塑圈交界面上的径向应力;

$\sigma_{\theta pe}$—— 围岩体中弹塑圈交界面上的切向应力；

$\tau_{r\theta pe}$—— 围岩体中弹塑圈交界面上的剪切应力。

分析式(6-39)可知，塑、弹性圈交界面上的重分布应力取决于 $\sigma_0$ 和岩体强度($c$、$\varphi$)，而与 $p_i$ 无关。这说明支护力不能改变交界面上的应力大小，只能控制塑性松动圈半径 $R$ 的大小，见式(6-42)。

2. 塑性松动圈厚度的确定

在裂隙岩体中开挖地下洞室时，将在围岩中出现一个半径为 $R$ 的塑性松动圈。若想得到围岩的破坏圈厚度($R-R_0$)，关键是确定塑性松动圈的半径 $R$。

设岩体中的天然应力为 $\sigma_h=\sigma_v=\sigma_0$，由式(6-37)可知弹性圈内的应力分布情况。而在弹、塑性圈交界面上($r=R$)的弹性应力大小可由式(6-38)获得。交界面上的塑性应力分布情况见式(6-32)。

利用弹、塑性圈交界面上径向的弹性应力与塑性应力应相等的关系可知：

$$\sigma_R = (p_i + c\cot\varphi)\left(\frac{R}{R_0}\right)^{N_\varphi - 1} - c\cot\varphi \tag{6-40}$$

$$(p_i + c\cot\varphi)\frac{1+\sin\varphi}{1-\sin\varphi}\left(\frac{R}{R_0}\right)^{N_\varphi - 1} - c\cot\varphi = 2\sigma_0 - \sigma_R \tag{6-41}$$

将上两式相加后消去 $\sigma_R$，并解出 $R$，得到

$$R = R_0\left[\frac{(\sigma_0 + c\cot\varphi)(1-\sin\varphi)}{p_i + c\cot\varphi}\right]^{\frac{1-\sin\varphi}{2\sin\varphi}} \tag{6-42}$$

地下洞室开挖后，围岩塑性圈半径 $R$ 随天然应力 $\sigma_0$ 的增加而增大，随支护力 $p_i$、岩体强度的增加而减小。

令式(6-42)中 $p_i=0$，就可求出洞室围岩塑性区的最大半径 $R_{max}$，即

$$R_{max} = R_0\left[\frac{(\sigma_0 + c\cot\varphi)(1-\sin\varphi)}{c\cot\varphi}\right]^{\frac{1-\sin\varphi}{2\sin\varphi}} \tag{6-43}$$

或者

$$\frac{R_{max}}{R_0} = \left[\frac{(\sigma_0 + c\cot\varphi)(1-\sin\varphi)}{c\cot\varphi}\right]^{\frac{1-\sin\varphi}{2\sin\varphi}} \tag{6-44}$$

3. 塑性位移计算

塑性位移计算采用弹塑性理论分析，基本思路是先求出弹、塑性圈交界面上的径向位移，然后根据塑性圈体积不变的条件，求出洞壁的径向位移，见图 6-9。

弹性圈内($r>R$)的应力等于 $\sigma_0$ 引起的应力叠加上塑性圈作用于弹性圈的径向应力 $\sigma_R$ 引起的附加应力之和，即得式(6-37)。

开挖卸荷形成塑性圈后，弹、塑性圈交界

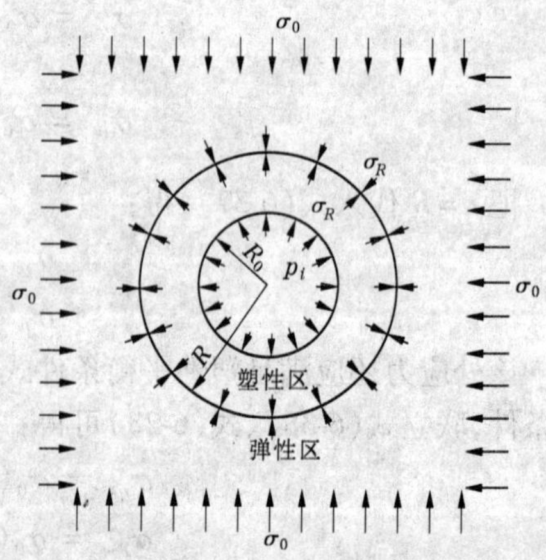


图 6-9　洞壁径向位移示意图

面上的径向应力增量$(\Delta\sigma_r)_{r=R}$和环向应力增量$(\Delta\sigma_\theta)_{r=R}$为：

$$\left.\begin{aligned}(\Delta\sigma_r)_{r=R} &= \sigma_0\left(1-\frac{R^2}{r^2}\right)+\sigma_R\frac{R^2}{r^2}-\sigma_0=(\sigma_R-\sigma_0)\frac{R^2}{r^2}\\(\Delta\sigma_\theta)_{r=R} &= \sigma_0\left(1+\frac{R^2}{r^2}\right)+\sigma_R\frac{R^2}{r^2}-\sigma_0=(\sigma_0-\sigma_R)\frac{R^2}{r^2}\end{aligned}\right\}\tag{6-45}$$

弹、塑性圈交界面上的径向应变$\varepsilon_R$为：

$$\begin{aligned}\varepsilon_R &= \frac{\partial u_R}{\partial r}=\frac{(1-\mu^2)}{E_e}\left[(\Delta\sigma_r)_{r=R}-\frac{\mu}{1-\mu}(\Delta\sigma_\theta)_{r=R}\right]\\&=\frac{1+\mu}{E_e}(\sigma_R-\sigma_0)\frac{R^2}{r^2}=\frac{1}{2G}(\sigma_R-\sigma_0)\frac{R^2}{r^2}\end{aligned}\tag{6-46}$$

两边积分得弹、塑性圈交界面的径向位移$u_R$为：

$$u_R=\frac{R}{2G}(\sigma_R-\sigma_0)=\frac{(1+\mu)(\sigma_R-\sigma_0)}{E}R\tag{6-47}$$

由式(6-39)可知，塑性圈作用于弹性圈的径向应力为：

$$\sigma_{rpe}=\sigma_0(1-\sin\varphi)-c\cos\varphi\tag{6-48}$$

把式(6-48)代入式(6-47)，得：

$$u_R=\frac{R\sin\varphi(\sigma_0+c\cot\varphi)}{2G}\tag{6-49}$$

利用塑性圈变形前后体积不变这一假设，可得：

$$\pi(R^2-R_0^2)=\pi[(R-u_R)^2-(R_0-u_{R_0})^2]\tag{6-50}$$

略去高阶微量后，可得洞壁的径向位移：

$$u_{R_0}=\frac{R}{R_0}u_R=\frac{R^2\sin\varphi(\sigma_0+c\cot\varphi)}{2GR_0}\tag{6-51}$$

## 二、有压洞室围岩重分布应力计算

在水利水电建设中经常遇到一些洞室工程问题，其中最常遇到的作为引水建筑物之一的是水工隧洞。水工隧洞可分为无压隧洞及有压隧洞两大类。无压隧洞的断面大部分做成马蹄形或其他形状，有压隧洞则多做成圆形。无压隧洞衬砌所承受的荷载主要是山岩压力、外水压力。有压隧洞除承受这些压力外，特别重要的是承受内水压力。这种内水压力有时是很大的，不仅衬砌受到压力，围岩也要承受部分内水压力。围岩受到这种压力之后必然要引起一些力学现象和变形、稳定等问题。

### (一)有压隧洞围岩内的附加应力

有压隧洞围岩应力的变化过程是比较复杂的：起初，由于地下开挖，引起了围岩应力的重新分布；以后，隧洞充水，内水压力又使围岩产生一个应力，这个应力是附加应力，附加应力叠加到重分布应力上去，就使围岩总的应力发生改变；以后，检修或其他原因可能将隧洞内的水放空，附加应力又没有了，剩下的只是重分布应力；以后再充水，附加应力再度产生。因此，有压隧洞围岩的应力是不断变化的。

有压洞室围岩的附加应力可用弹性厚壁圆筒理论来计算。如图 6-10 所示，在一内半

径为 $a$、外半径为 $b$ 的厚壁圆筒，内壁上作用有均布内水压力 $p_a$，外壁上作用有均匀压力 $p_b$。在内水压力作用下，内壁向外均匀膨胀，其膨胀位移随距离的增大而减小，最后到距内壁一定距离时达到零。附加径向和环向应力也是近洞壁大，远离洞壁小。由弹性理论

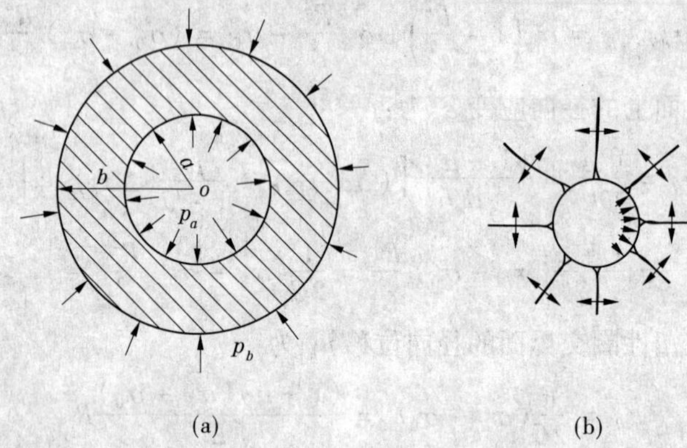


**图 6-10　厚壁圆筒受力图**（有内水压力隧洞的围岩应力计算）

可推得，在内水压力作用下，厚壁圆筒内的应力计算公式为：

$$\left.\begin{aligned}\sigma_r &= \frac{a^2(b^2-r^2)}{r^2(b^2-a^2)}p_a - \frac{b^2(a^2-r^2)}{r^2(b^2-a^2)}p_b \\ \sigma_\theta &= -\frac{a^2(b^2+r^2)}{r^2(b^2-a^2)}p_a + \frac{b^2(a^2+r^2)}{r^2(b^2-a^2)}p_b\end{aligned}\right\} \tag{6-52}$$

厚壁圆筒内任一点的径向位移 $u$ 为：

$$u = \frac{1+\mu}{E}\left[\frac{(1-2\mu)r^2+b^2}{r(t^2-1)}p_a - \frac{b^2+(1-2\mu)t^2r^2}{r(t^2-1)}p_b\right] \tag{6-53}$$

式中　$t=\dfrac{b}{a}$；

$E$、$\mu$——厚壁圆筒的弹性模量、泊松比；

其余符号意义同前。

若使 $b\to\infty$（即 $b\gg a$），$p_a=\sigma_0$，则 $\dfrac{b^2}{b^2-a^2}\approx 1$，$\dfrac{a^2}{b^2+a^2}\approx 0$，代入式(6-52)得：

$$\left.\begin{aligned}\sigma_r &= \sigma_0\left(1-\frac{a^2}{r^2}\right)+p_a\frac{a^2}{r^2} \\ \sigma_\theta &= \sigma_0\left(1-\frac{a^2}{r^2}\right)-p_a\frac{a^2}{r^2}\end{aligned}\right\} \tag{6-54}$$

由式(6-54)可知，有压洞室围岩重分布应力 $\sigma_r$ 和 $\sigma_\theta$ 由开挖以后围岩重分布应力和内水压力引起的附加应力两项组成。前项为重分布应力值，后项为内水压力引起的附加应力值，即

$$\left.\begin{aligned}\sigma_r &= p_a\frac{a^2}{r^2} \\ \sigma_\theta &= -p_a\frac{a^2}{r^2}\end{aligned}\right\} \tag{6-55}$$

由式(6-55)可知,内水压力在围岩中所产生的径向附加应力 $\sigma_r$ 为压缩应力,切向附加应力 $\sigma_\theta$ 为拉伸应力。它们都随着半径 $r$ 的增大而按平方关系降低。在 $r=2a$ 处,它们只有洞壁应力的25%左右了。大致在3倍洞径处,即 $6a$ 处,附加应力甚小,可以略去不计。值得注意的是,较大的拉应力 $\sigma_\theta$ 常常抵消了围岩原来的压应力,并超过岩体抗拉强度,导致洞室壁面附近的围岩开裂。在有些有压隧洞中常见到新形成的、平行于洞轴线且呈放射状的裂缝,就是由于这个原因而造成的(见图6-10)。

### (二)有压隧洞围岩和衬砌的应力计算

1. 围岩无裂隙

若洞室有衬砌,其内半径为 $a$,外半径为 $b$(见图6-11)。当围岩无裂隙时,在内水压力 $p$ 的作用下通过衬砌传给洞壁围岩的压力为:

$$p_b = \lambda p \tag{6-56}$$

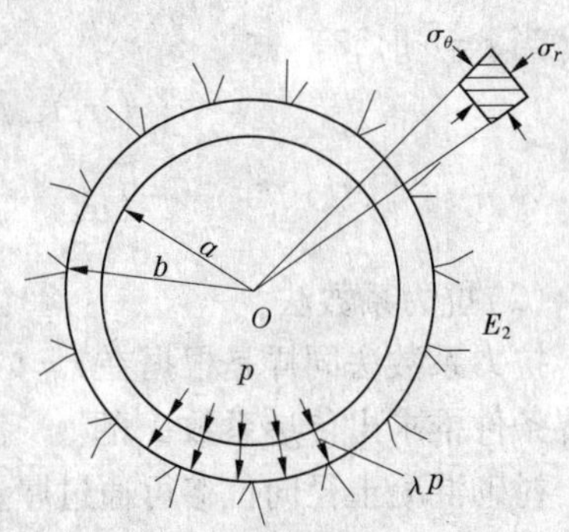

图6-11　附加应力计算

由式(6-56)可以看出,$\lambda$ 值的大小反映了内水压力 $p$ 通过衬砌的传递情况。$\lambda$ 值大,说明传递到围岩上的压力大,即衬砌传递内水压力 $p$ 的过程中所起的削减作用小,故可把 $\lambda$ 值称为内水压力的传递系数。这样,在围岩中($b<r<\infty$)所产生的附加应力可按下式计算:

$$\left.\begin{aligned}\sigma_r &= \lambda p \frac{b^2}{r^2}\\ \sigma_\theta &= -\lambda p \frac{b^2}{r^2}\end{aligned}\right\} \tag{6-57}$$

关于 $\lambda$ 系数的求法目前使用比较广泛的有两种:一种称为内压力分配法,另一种称为抗力系数法。

(1)内压力分配法。

内压力分配法假设混凝土与岩石之间紧密接触,没有缝隙(见图6-11)。利用了当 $r=\infty$ 时,附加应力 $\sigma_r=-\sigma_\theta=0$。同时,在 $r=b$ 处,根据位移相容条件,混凝土径向位移与岩石的径向位移相等边界条件,结合厚壁圆筒弹性理论求出 $\lambda$ 系数:

$$\lambda = \frac{p_b}{p} = \frac{2a^2(m_1+1)(m_1-2)m_2^2E_2}{m_1^2E_1(m_2+1)(m_2-2)(b^2-a^2)+m_2^2E_2(m_1+1)(m_1-2)(b^2+a^2)} \tag{6-58}$$

式中　$E$——厚壁圆筒材料的弹性模量;

$m$——泊松数,它是泊松比 $\mu$ 的倒数,即 $m=\frac{1}{\mu}$,下角"1"表示衬砌混凝土,下角"2"表示属于岩石的。

由式(6-58)可知,$\lambda$ 值与岩石的性质和衬砌混凝土的性质有关,同时与隧洞衬砌的尺寸 $a$、$b$ 有关。

此外,如果要求衬砌内任何点($a<r<b$)的应力 $\sigma_r$、$\sigma_\theta$,则可根据厚壁圆筒的公式计算:

$$\left.\begin{aligned}\sigma_r &= \frac{a^2(b^2-r^2)}{r^2(b^2-a^2)}p_a - \frac{b^2(a^2-r^2)}{r^2(b^2-a^2)}p_b \\ \sigma_\theta &= -\frac{a^2(b^2+r^2)}{r^2(b^2-a^2)}p_a + \frac{b^2(a^2+r^2)}{r^2(b^2-a^2)}p_b\end{aligned}\right\} \tag{6-59}$$

在衬砌的周界上,当 $r=a$ 时,有

$$\left.\begin{aligned}(\sigma_r)_{r=a} &= p \\ (\sigma_\theta)_{r=a} &= -\frac{b^2+a^2-2\lambda b^2}{b^2-a^2}p\end{aligned}\right\} \tag{6-60}$$

当 $r=b$ 时,有

$$\left.\begin{aligned}(\sigma_r)_{r=b} &= \lambda p \\ (\sigma_\theta)_{r=b} &= -\frac{2a^2-\lambda(b^2+a^2)}{b^2-a^2}p\end{aligned}\right\} \tag{6-61}$$

(2)抗力系数法。

抗力系数法同样是根据在 $r=b$ 处,衬砌混凝土径向位移与岩石的径向位移相等这一边界条件推求出传递系数 $\lambda$ 的。

衬砌混凝土径向位移可通过厚壁圆筒的式(6-52)计算。岩石的径向位移可通过弹性抗力系数 $k$ 的物理定义 $(u)_{r=b}=\frac{p_b}{k}$ 求得。两者应该相等,利用这个等式关系即可推求出传递系数 $\lambda$。

$$\begin{aligned}\lambda = \frac{p_b}{p} &= \frac{2(1+\mu_1)(1-\mu_1)kb}{E_1(t^2-1)+kb(1+\mu_1)[t^2(1-2\mu_1)+1]} \\ &= \frac{2N(1-\mu_1)}{(t^2-1)+N[t^2(1-2\mu_1)+1]}\end{aligned} \tag{6-62}$$

其中

$$N = \frac{kb(1+\mu_1)}{E_1}$$

式中　$E_1$、$\mu_1$——混凝土衬砌的弹性模量和泊松比;

$k$——岩石的弹性抗力系数。

求出 $p_b$ 后,便可代入厚壁圆筒受压公式中导得用弹性抗力系数 $k$ 表示的应力公式:

$$\left.\begin{aligned}\sigma_r &= \left\{\frac{r^2-b^2}{r^2(t^2-1)} - \frac{t^2r^2-b^2}{(t^2-1)r^2}\frac{2N(1-\mu_1)}{(t^2-1)+N[t^2(1-2\mu_1)+1]}\right\}p \\ &= \frac{1-N-\frac{b^2}{r^2}[1+N(1-2\mu_1)]}{N[t^2(1-2\mu_1)+1]+(t^2-1)}p \\ \sigma_\theta &= \left\{\frac{r^2+b^2}{r^2(t^2-1)} - \frac{t^2r^2+b^2}{(t^2-1)r^2}\frac{2N(1-\mu_1)}{(t^2-1)+N[t^2(1-2\mu_1)+1]}\right\}p \\ &= \frac{1-N+\frac{b^2}{r^2}[1+N(1-2\mu_1)]}{N[t^2(1-2\mu_1)+1]+(t^2-1)}p\end{aligned}\right\} \tag{6-63}$$

由于这里属于平面变形问题，因此还有一个纵向应力 $\sigma_z$：

$$\sigma_z = \mu_1(\sigma_r + \sigma_\theta) = \frac{2(1-N)\mu_1}{t^2 - 1 + N[t^2(1-2\mu_1)+1]} \quad (\text{拉应力}) \tag{6-64}$$

2. 有裂隙混凝土衬砌

如果混凝土衬砌在半径方向有均匀的裂隙，那么传到岩石上的压力可假定与衬砌内半径成正比，与外半径成反比，即

$$p_b = \frac{a}{b}p \tag{6-65}$$

在岩石表面处的应力为：

$$\left.\begin{aligned} \sigma_r &= \frac{a}{b}p \\ \sigma_\theta &= -\frac{a}{b}p \end{aligned}\right\} \tag{6-66}$$

3. 有裂隙围岩

设径向裂隙的深度为 $d$（距离圆心的距离），如图 6-12 所示，沿着岩石表面的径向压力可假定为：

$$p_b = \frac{a}{b}p$$

$$\left.\begin{aligned} (\sigma_\theta)_{r=b} &= 0 \\ (\sigma_\theta)_{r=b} &= p_b = \frac{a}{b}p \end{aligned}\right\} \tag{6-67}$$

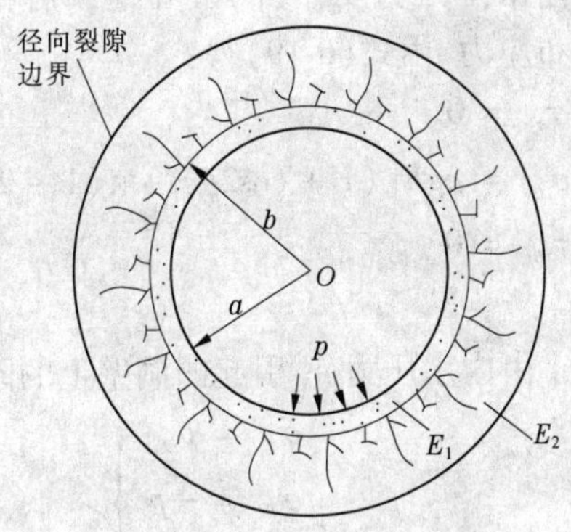

图 6-12　有裂隙围岩

在裂隙岩体内任何深度处，即当 $r < d$ 时，有：

$$\left.\begin{aligned} \sigma_\theta &= 0 \\ \sigma_r &= \frac{a}{r}p \end{aligned}\right\} \tag{6-68}$$

在裂隙岩石的边界处，即当 $r = d$ 时，压力为：

$$p_d = \frac{a}{d}p \tag{6-69}$$

在围岩内，任何点（$d < r < \infty$）的应力为：

$$\left.\begin{aligned} \sigma_r &= p\frac{a}{d}\frac{d^2}{r^2} = \frac{ad}{r^2}p \\ \sigma_\theta &= -\frac{ad}{r^2}p \end{aligned}\right\} \tag{6-70}$$

**（三）围岩极限承载力的确定**

围岩极限承载力是指围岩承担内水压力的能力。大量的事实表明，在有压洞室中，围岩承担了绝大部分的内水压力。例如，我国云南某水电站的高压钢管埋设在下二叠统玄武岩体中，上覆岩体仅 32 m 厚，原担心在内水压力作用下围岩会不稳定，但通过天然应力测量发现，该地区的水平应力远大于铅直应力，两者的比值为 0.91～1.87。设计中采用了让天然应力承担部分内水压力的方案。建成运营后，围岩稳定性良好，根据洞径变化和

钢板变形等实测数据计算,得知围岩承担了 11.5 ~ 12 MPa 的内水压力,为设计内水压力的 83% ~86%。

有压洞室开挖以后,在天然应力作用下应力重新分布,围岩处于重分布应力状态中。洞室建成使用后,洞壁受到高压水流的作用,在很高的内水压力作用下,围岩内又产生一个附加应力,使围岩内的应力再次分布,产生新的重分布应力。如果两者叠加后的围岩应力大于或等于围岩的强度,则围岩就要发生破坏,否则围岩不破坏。围岩极限承载力就是根据这个原理确定的。下面分别讨论在自重应力和天然应力作用下,围岩极限承载力的确定方法。

1. 自重应力作用下的围岩极限承载力

设有一半径为 $R_0$ 的圆形有压隧洞(见图 6-13),开挖在仅有自重应力($\sigma_v = \rho gh, \sigma_h = \lambda\rho gh$)作用的岩体中;洞顶埋深为 $h$,洞内壁作用的内水压力为 $p_a$。那么,开挖以后,洞壁上的重分布应力,由式(6-19)得:

$$\left.\begin{aligned} \sigma_{r1} &= 0 \\ \sigma_{\theta1} &= \rho gh[(1+\cos2\theta)+\lambda(1-2\cos2\theta)] \\ \tau_{r\theta1} &= 0 \end{aligned}\right\} \tag{6-71}$$

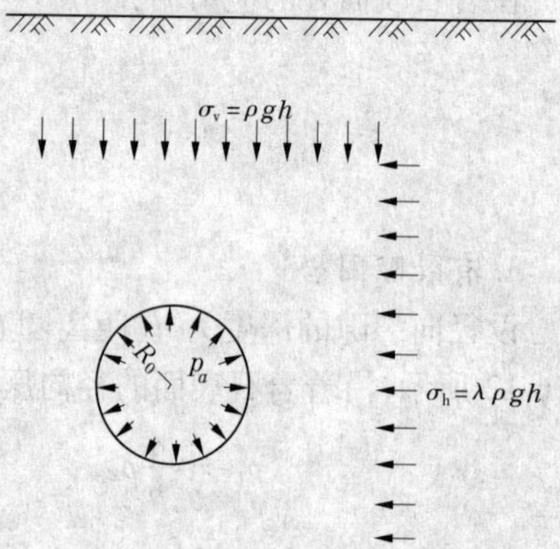

图 6-13　围岩极限承载力计算示意图

由内水压力 $p_a$ 引起的洞壁上的附加应力为:

$$\left.\begin{aligned} \sigma_{r2} &= p_a \\ \sigma_{\theta2} &= -p_a \\ \tau_{r\theta2} &= 0 \end{aligned}\right\} \tag{6-72}$$

有压隧洞洞壁围岩重分布应力状态为:

$$\left.\begin{aligned} \sigma_r &= \sigma_{r1} + \sigma_{r2} = p_a \\ \sigma_\theta &= \sigma_{\theta1} + \sigma_{\theta2} = \rho gh[(1+\cos2\theta)+\lambda(1-2\cos2\theta)] - p_a \\ \tau_{r\theta} &= \tau_{r\theta1} + \tau_{r\theta2} = 0 \end{aligned}\right\} \tag{6-73}$$

因为 $\sigma_r$ 和 $\sigma_\theta$ 均为主应力,且有压洞室洞壁处 $\sigma_r > \sigma_\theta$,故 $\sigma_r$ 为 $\sigma_1$,而 $\sigma_\theta$ 为 $\sigma_3$,将它们代入莫尔强度理论:

$$\frac{\sigma_r - \sigma_\theta}{\sigma_r + \sigma_\theta + 2c\cot\varphi} = \sin\varphi \tag{6-74}$$

即可求得自重应力条件下,围岩极限承载力的计算公式为:

$$p_a = \frac{1}{2}\rho\gamma h[(1+2\cos2\theta)+\lambda(1-2\cos2\theta)](1+\sin\varphi)+c\cos\varphi \tag{6-75}$$

由式(6-75)可得上覆岩层的极限厚度为:

$$h_{cr} = \frac{2(p_a - c\cos\varphi)}{\rho\gamma[(1+2\cos2\theta)+\lambda(1-2\cos2\theta)](1+\sin\varphi)} \tag{6-76}$$

如果考虑洞顶一点,即 $\theta = 90°$,则由式(6-76)得:

$$h_{cr} = \frac{2(p_a - c\cos\varphi)}{\rho\gamma(3\lambda - 1)(1 + \sin\varphi)} \tag{6-77}$$

式(6-77)即为没有考虑安全系数时的上覆岩层最小厚度的计算公式。

2. 天然应力作用下的围岩极限承载力

由第四章可知,大部分岩体中的天然应力不符合自重应力分布规律。因此,按自重应力计算的极限承载力必然与实际情况有较大的偏差。

为了得到天然应力作用下围岩极限承载力的计算公式,只要把铅直天然应力 $\sigma_v$ 和水平天然应力 $\sigma_h$ 代入洞壁重分布应力计算公式中,经与式(6-75)同样的推导步骤,就可以得到围岩极限承载力 $p_a$ 的计算公式:

$$p_a = \frac{1}{2}[(\sigma_h + \sigma_v) + 2(\sigma_v - \sigma_h)\cos 2\theta](1 + \sin\varphi) + c\cos\varphi \tag{6-78}$$

由式(6-78)可知,围岩的极限承载力是由岩体天然应力和黏聚力两部分组成的。因此,当岩体的 $c$、$\varphi$ 一定时,围岩的极限承载力取决于天然应力的大小。这就是为什么在许多工程中,即使有很高的内水压力作用,在围岩的覆盖层厚度也并不大的情况下,采用较薄的衬砌时仍能维持稳定的原因。

# 第三节　地下洞室围岩的变形破坏

地下开挖后,岩体中形成一个自由变形空间,使原来处于挤压状态的围岩,由于失去了支撑而发生向洞内松胀变形,如果这种变形超过了围岩本身所能承受的能力,则围岩就要发生破坏,并从母岩中脱落形成坍塌、滑动或岩爆,前者称为变形,后者称为破坏。

研究表明,围岩变形破坏形式取决于围岩应力状态、岩体结构及洞室断面形状等因素。如图 6-14 所示,不同的岩体结构及洞室断面形状,围岩变形破坏形式不同。通常可划分为如表 6-3 所列的类型。

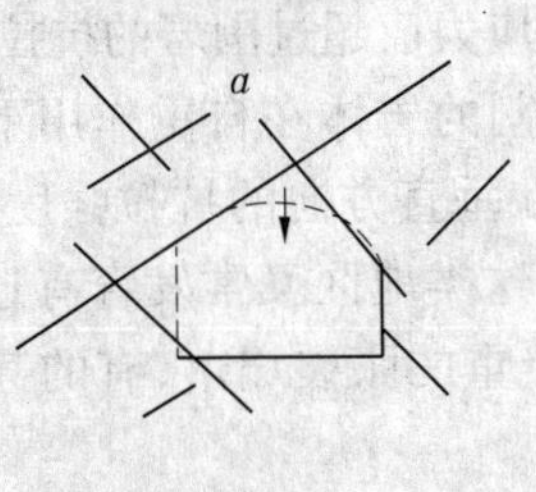


(a)块状岩体的块体滑落

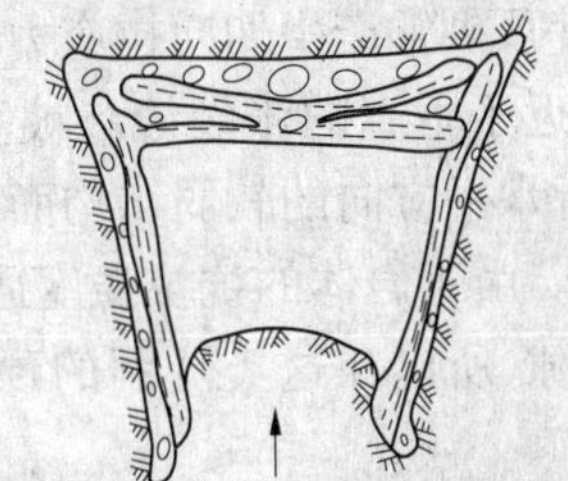

(b)薄层状围岩的弯折内鼓破坏

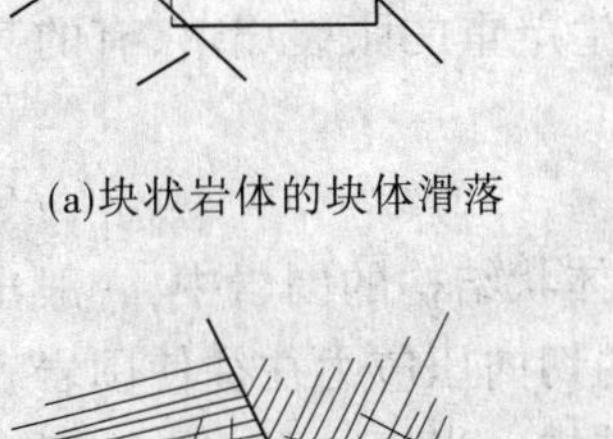

(c)围岩塑性挤出

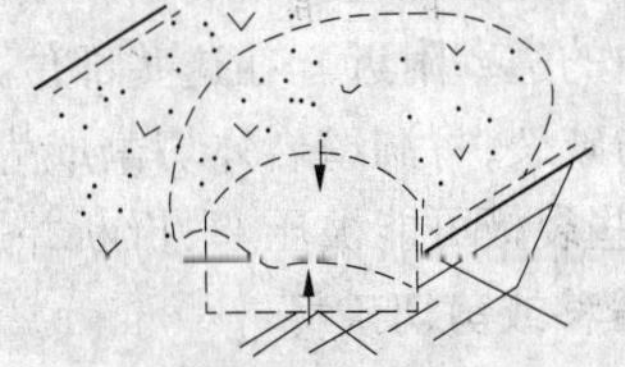

(d)松散岩体的重力坍塌

图 6-14　几种典型的围岩变形破坏形式

表 6-3 围岩的变形破坏形式及其产生机制

| 岩性 | 岩体结构 | 变形、破坏形式 | 产生机制 |
| --- | --- | --- | --- |
| 脆性围岩 | 块体状结构及厚层状结构 | 张裂塌落 | 拉应力集中造成的张裂破坏 |
| | | 劈裂剥落 | 压应力集中造成的压致拉裂 |
| | | 剪切滑移及剪切破裂 | 压应力集中造成的剪切破裂及滑移拉裂 |
| | | 岩爆 | 压应力高度集中造成的突然而猛烈的脆性破坏 |
| | 中薄层状结构 | 弯折内鼓 | 卸荷回弹或压应力集中造成的弯曲拉裂 |
| | 碎裂结构 | 碎裂松动 | 压应力集中造成的剪切松动 |
| 塑性围岩 | 层状结构 | 塑性挤出 | 压应力集中作用下的塑性流动 |
| | | 膨胀内鼓 | 水压重分布造成的吸水膨胀 |
| | 散体结构 | 塑性挤出 | 压应力作用下的塑流 |
| | | 塑流涌出 | 松散饱水岩体的悬浮塑流 |
| | | 重力坍塌 | 重力作用下的坍塌 |

## 一、脆性围岩的变形破坏

脆性围岩变形破坏的形式和特点除与由岩体初始应力状态及洞形所决定的围岩应力状态有关外，主要取决于围岩的结构。脆性围岩的变形破坏有不同的类型，简要分述如下。

### （一）张裂塌落

当天然应力比值系数 $\lambda<1/3$，在具有厚层状或块状结构的岩体中开挖宽高比较大的地下洞室时，在其顶拱常产生切向拉应力。如果此拉应力值超过围岩的抗拉强度，在顶拱围岩内就会产生近于垂直的张裂缝。被垂直裂缝切割的岩体在自重作用下变得很不稳定，特别是当有近水平方向的软弱结构面发育，岩体在垂直方向的抗拉强度很低时，往往造成顶拱的塌落。由于岩体的抗拉强度通常较低，且这类地区又常发育有近于垂直的以及其他方向的裂隙，所以在这类隧洞的顶拱常发生严重的张裂塌落，有的甚至一直塌到地表。

### （二）劈裂

这类破坏多发生在地应力较高的厚层状或块体状结构的围岩中，一般出现在有较大切向压应力集中的边壁附近。在这些部位，过大的切向压应力往往使围岩表部发生一系列平行于洞壁的破裂，将洞壁岩体切割成为板状结构。当切向压应力大于劈裂岩板的抗弯折强度时，这些裂板可能被压弯、折断并造成塌方。

### （三）剪切滑移或剪切破坏

在厚层状或块体状结构的岩体中开挖地下洞室时，在切向压应力集中较高，且有斜向断裂发育的洞顶或洞壁部位往往发生剪切滑动类型的破坏，这是因为在这些部位沿断裂面作用的剪应力一般比较高，而正应力却比较小，故沿断裂面作用的剪应力往往会超过其抗剪强度，引起沿断裂面的剪切滑移，如图 6-15 所示。

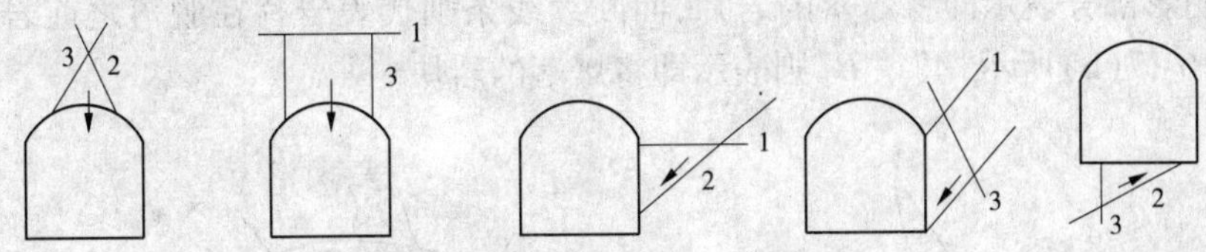

1—层面；2—断裂面；3—裂隙

**图 6-15　坚硬块状岩体中的块体滑移形式示意图**

**（四）弯折内鼓**

在层状特别是在薄层状岩石中开挖地下洞室时，围岩常呈软硬岩层相间的互层形式。结构面以层理面为主，并有层间错动及泥化夹层等软弱结构面发育。变形破坏主要受岩层产状及岩层组合等控制，破坏形式主要有沿层面张裂、折断塌落、弯曲内鼓等，如图 6-16 所示。变形破坏常可用弹性梁、弹性板或材料力学中的压杆平衡理论来分析。

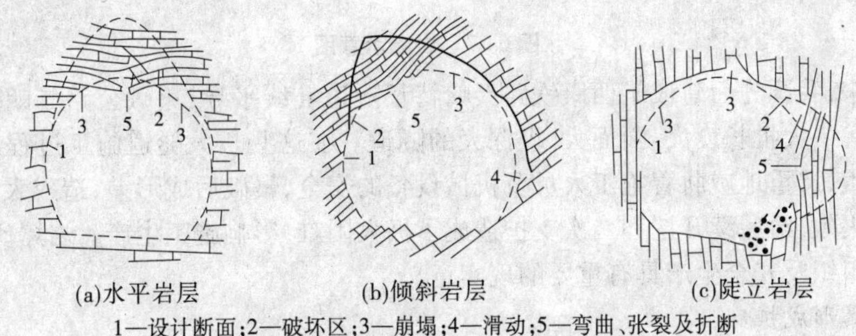

(a)水平岩层　(b)倾斜岩层　(c)陡立岩层

1—设计断面；2—破坏区；3—崩塌；4—滑动；5—弯曲、张裂及折断

**图 6-16　走向平行于洞轴的薄层状围岩的弯折内鼓破坏**

在水平层状围岩中，洞顶岩层可视为两端固定的板梁，在顶板压力下，将产生下沉弯曲、开裂。如果层面间的结合比较弱，特别是当有软弱夹层发育时，抗拉强度就会大为削弱，在这种条件下，洞室的跨度越大，在自重作用下越易于发生向洞内的弯折变形。在倾斜层状围岩中，沿倾斜方向一侧岩层弯曲塌落，另一侧边墙岩块滑移，形成不对称的塌落拱。在直立层状围岩中，当天然应力比值系数 $\lambda < 1/3$ 时，洞顶发生沿层面纵向拉裂，被拉断塌落。侧墙因压力平行于层面，发生纵向弯折内鼓，危及洞顶安全。

从力学机制来看，这类变形破坏主要是卸荷回弹和应力集中使洞壁处的切向压应力超过薄层状岩层的抗弯折强度所造成的。但在水平产状岩层中开挖大跨度的洞室时，顶拱处的弯折内鼓变形也可能只是重力作用的结果。

**（五）岩爆**

岩爆是地下工程在施工过程中常见的动力破坏现象，是岩石工程中围岩体的一种剧烈的脆性破坏，常以“爆炸”的形式出现。岩爆发生时能抛出大小不等的岩块，小者几厘米厚，大者可达数吨重。小者形状常呈中间厚、周边薄、不规则的鱼鳞片状脱落，脱落面多与岩壁平行。大者常伴有强烈的震动、气浪和巨响，对地下开挖和地下采掘事业造成很大的危害。

岩爆多发生在整体、干燥和质地坚硬的岩层中。产生岩爆的时间一般在开挖后几小时内,但也有的是在较长时间后发生。隧道中常遇见的岩爆以顶部和腰部为多,如图 6-17(a)所示阴影部分表示即将爆落的岩片,而断续线条则代表岩片在脱落之前岩体产生的裂缝。图 6-17(b)所示"A"、"B"则表示即将爆落的岩块。

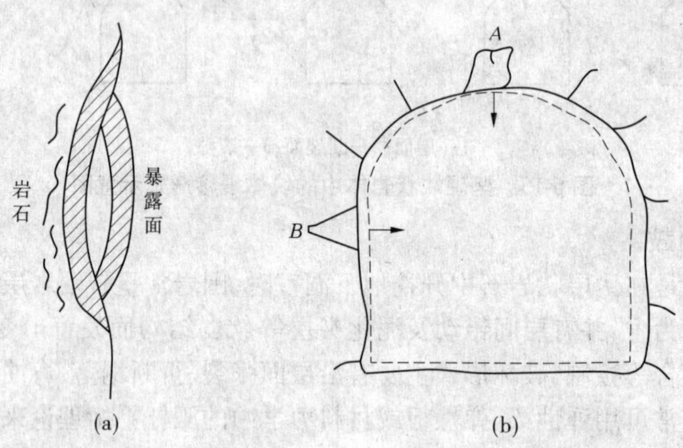


图 6-17　岩爆示意图

近年来,我国先后建成了西康铁路秦岭特长隧道Ⅱ线平导、川藏公路二朗山隧道、乌梢岭隧道等一大批长度大、断面大、埋深大的隧道。在这些长大隧道施工过程中,岩爆灾害时常发生,严重地威胁着施工人员及机械设备的安全,爆破后成形差,造成大面积超挖、初期支护失效,给后续开挖和二次支护造成了极大困难,影响施工生产。岩爆研究对于隧道的施工组织及安全生产具有重要的现实意义。

1. 岩爆形成机制

岩爆的产生需要具备两方面的条件:高储能体的存在,且其应力接近于岩体强度是岩爆产生的内因;某附加荷载的触发则是其产生的外因。

当岩体中聚积的高弹性应变能大于岩石破坏所消耗的能量时,破坏了岩体结构的平衡,多余的能量导致岩石爆裂,使岩石碎片从岩体中剥离、崩出,并伴随着岩体中应变能的突然释放,它是一种岩石破裂过程失稳现象。在脆性岩体中,弹性变形一般占破坏前总变形值的 50% ~80%。所以,这类岩体具有积累高应变能的能力。因此,可以用弹性变形能系数 $\omega$ 来判断岩爆的岩性条件。$\omega$ 是指加载到 $0.7\sigma_c$($\sigma_c$ 为岩石单轴抗压强度)再卸载至 $0.05\sigma_c$ 时,卸载释放的弹性变形能与加载吸收的变形能之比的百分数,即

$$\omega = \frac{F_{CAB}}{F_{OAB}} \times 100\% \tag{6-79}$$

式中　$F$——面积,如图 6-18 所示。

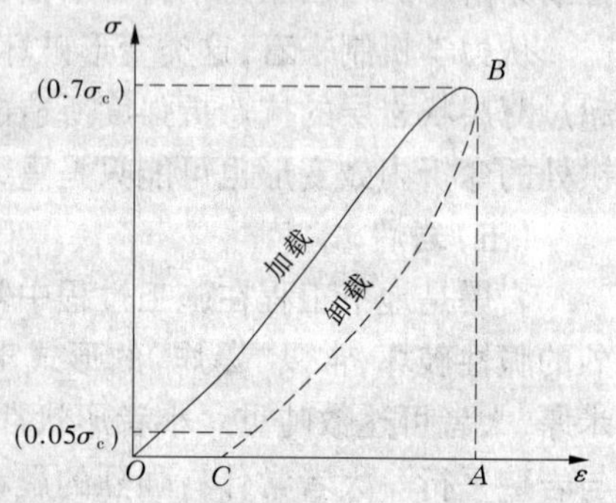


图 6-18　应变能系数 $\omega$ 概念示意图

当 $\omega$ >70% 时,会产生岩爆,$\omega$ 越大,发生岩爆的可能性越大。

此外,岩石单向压缩时,如图 6-19 所示,峰前积累于岩石内的应变能与峰后消耗于岩石破坏的应变能之比为:

$$n = \frac{F_{OAB}}{F_{BAC}} \tag{6-80}$$

当 $n<1$ 时,不会发生岩爆,如图 6-19(a)所示;当 $n>1$ 时,在高应力下可能发生岩爆,如图 6-19(b)所示。

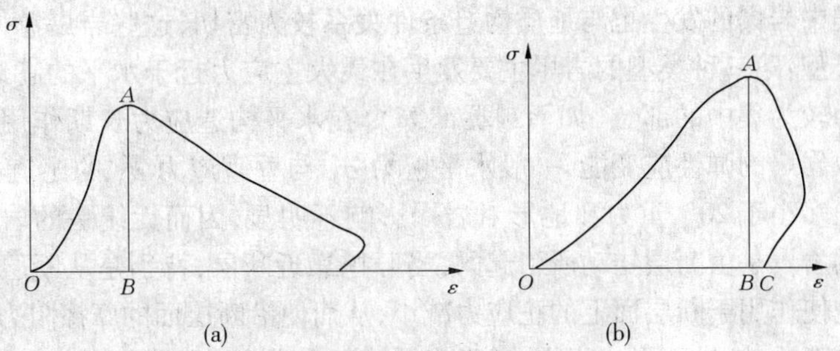


图 6-19　岩石全应力—应变曲线

高储能体的存在,且其应力接近于岩体强度是岩爆产生的内因。由此可见,高地应力和具有储能能力的高强度、块体状或厚层状的脆性岩体是岩爆发生的基本条件。

从岩爆产生的外因方面来看,主要有两个方面:一是机械开挖、爆破以及围岩局部破裂所造成的弹性振荡;二是开挖的迅速推进或累进性破坏所引起的应力突然向某些部位的集中。在完整硬岩隧道开挖时,为加快施工进度,一般采用大进尺、大药量、直眼掏槽光面爆破,不同炮层的起爆顺序以及周边眼起爆后开挖轮廓面承受荷载的瞬时大幅变化所产生的各类动力干扰会在微观尺度上引起围岩的累积性损伤加剧与局部应力环境的逐步恶化,并最终导致裂纹的大规模瞬时动力扩展,伴随岩体中晶间、粒间瞬态应变能的高速释放,围岩便会以岩爆的形式破坏。所以,岩爆发生的地点多在新开挖的掌子面及距离掌子面 1 ~3 倍洞径范围内,个别的也有距新开挖工作面较远。

2. 岩爆的影响因素分析

一般认为,有五大内在因素影响岩爆的发生,具体如下。

1)初始地应力

地下工程实践中,通常将大于 20 MPa 的硬质岩体内的初始地应力称为高地应力。高地应力是岩爆发生的必要条件。初始地应力高,可能是构造应力造成的,也可能是洞室埋藏深度较大所致,因而岩爆现象可以发生在浅部,也可以发生在深部地下工程洞室围岩中。例如,川藏公路二郎山隧道东段实测最大水平主应力达 35. 3 MPa,岩爆均发生在临界深度 410 m 以上的洞段;太平驿水电站交通隧道围岩实测最大水平主应力达 31. 3 MPa,岩爆区埋深为 260 ~600 m;而秦岭隧道则在埋深约 70 m 处就有较为严重的岩爆现象发生(注:该处实测最大水平主应力达 27. 3 MPa)。因此,岩爆发生与否与地下工程洞室埋深状况并不存在着密切的对应关系。国内外工程实践表明,岩爆发生部位主要集中在与岩体初始地应力场中最大主应力方向线与隧洞外轮廓相切处,或是相垂直的洞室主应力作用面上、下角隅处附近。

高地应力区隧道等地下工程洞室开挖后,其周边围岩二次应力场是产生切向应力和径向应力的原因之一。目前,国内外学者多将洞室洞壁最大切向应力 $\sigma_{\theta\max}$ 和岩石单轴抗

压强度 $\sigma_c$ 之比值 $\sigma_{\theta max}/\sigma_c$ 作为岩爆的重要判据。根据现场测试结果进行综合分析可知，无岩爆活动洞段，$\sigma_{\theta max}/\sigma_c<0.3$；轻微岩爆活动洞段，$\sigma_{\theta max}/\sigma_c$ 为 0.3 ~ 0.5；中等岩爆活动洞段，$\sigma_{\theta max}/\sigma_c$ 为 0.5 ~ 0.7；发生强烈岩爆活动洞段，$\sigma_{\theta max}/\sigma_c$ 则大于 0.7。

2）地质构造

地下工程中岩爆的发生也与地质构造条件关系较为密切，这些岩爆总体上可以划分为以下三种类型：第一种类型的岩爆主要发生在最大主应力近于水平的高地应力区和地壳中构造应力较为集中的部位（如褶皱翼部等），在水平构造应力长期作用下，岩体内储存了足以导致岩爆的弹性应变能，一般水平应力 $\sigma_h$ 与垂直应力 $\sigma_v$ 的比值 $\sigma_h/\sigma_v>1.2$，与水平面夹角多小于 20°，重力和地形对岩爆影响不明显，因而无统一的岩爆临界深度；第二种类型的岩爆是由断层错动所引起的，当开挖靠近断层，特别是从断层底下通过时，地下工程开挖使作用于断层面上的正应力减小，从而使沿断层面的摩擦阻力降低，引起断层局部突然重新活动，进而形成岩爆，这类岩爆一般多发生在构造活动区埋深较大的地下工程中，破坏性很大；第三类岩爆主要发生在距断裂构造（带）一定距离范围的局部构造应力增高区洞段，它是由于断裂构造活动导致局部岩体发生松弛现象，从而造成了局部应力降低带，其应力则向断裂构造（带）两侧一定范围的围岩中转移，从而造成了引发该类岩爆活动的局部构造应力增高区。

3）岩体结构及其性能条件

岩体结构及其性能条件是岩爆发生与否的物质基础。按照我国《工程岩体分级标准》（GB 50218—94）中的围岩分类，岩爆主要发生在Ⅳ、Ⅴ类围岩中，它不发生在非常完整的围岩中，也不发生在节理裂隙很发育的Ⅱ、Ⅲ类围岩中，具有明显的岩体结构效应。发生岩爆的岩石通常为高弹性储能的硬脆性岩浆岩（如花岗岩、花岗闪长岩、闪长岩等）和灰岩、白云岩、砂岩等沉积岩以及混合花岗岩、花岗片麻岩、片麻岩、石英岩、大理岩等变质岩。

4）地形地貌及水文地质条件

一般情况下，在高山峡谷地区，谷地为应力高度集中区。依据地质理论，在地壳运动的活动区有较高的地应力，在地区上升剧烈、河谷深切、剥蚀作用很强的地区，自重应力也较大。发生岩爆的地下工程由于地处高地应力区，因而岩体嵌合较为紧密，围岩表面比较干燥，地下水不发育，一般有地下水活动的湿润地段，围岩中地应力较易释放，故不易发生岩爆活动。

5）洞室的形状及其施工方法

岩爆的发生与岩体的物理性质、应力状态有关，与爆破方法也有很大的关系。产生岩爆灾害的很重要的条件之一就是围岩体中存在应力集中。应力集中不仅与岩体开挖前的地应力有关，而且与开挖洞室的形状及其施工方法等工程因素有关。通过分析发现，圆形洞室周边部位应力集中程度相对来说不大，而非圆形洞室周边部位应力集中程度不一，拐角点处的应力集中程度相当高，爆破产生的巨大弹性波迅速传播，使得处于临界状态的岩体受到扰动而发生突然失稳破坏，从而会导致岩爆的发生。

一般来说，轻微岩爆对施工的危害不大且比较容易控制，而中等岩爆和严重岩爆则对施工人员和设备的危害极大且不易控制，稍有不慎易酿成灾难性后果。

3. 岩爆防治措施

通过对岩爆的影响因素分析和岩爆形成机制的探讨,我们知道岩爆的发生主要取决于围岩的应力状态及围岩的岩性条件,人为地控制和改变这两个因素可以降低岩爆发生的概率及等级。对于围岩的应力状态,可以考虑采取改变岩石受力状态、降低或卸除地应力、使用合理的施工方式、加固围岩和设计最佳洞口断面形状等措施;对于岩石的岩性条件,可以考虑采取改善岩石的物理性质的措施。具体措施包括以下几个方面。

1)做好预测和监测工作

(1)在施工前,要针对已有勘测资料,首先进行概念模型建模及数学模型建模工作,通过三维有限元数值运算、反演分析以及对隧道不同开挖工序的模拟,初步确定施工区域地应力的数量级以及施工过程中哪些部位及里程容易出现岩爆现象,为施工中岩爆的防治提供初步的理论依据。

(2)在施工过程中,加强超前地质探测,预报岩爆发生的可能性及地应力的大小。采用上述超前钻探、声反射、地温探测方法,同时利用隧道内地质编录观察岩石特性,将几种方法综合运用判断可能发生岩爆高地应力的范围。

(3)在施工中应加强监测工作,通过对围岩和支护结构的现场观察,辅助洞拱顶下沉、二维收敛以及锚杆测力计、多点位移计读数的变化,可以定量地预测滞后发生的深部冲击型岩爆,用于指导开挖和支护的施工,以确保安全。

2)改善围岩物理力学特性

在施工中,若判定围岩特性是诱发岩爆的主要因素,其防治措施主要有:爆破前加强底部装药,适度炸裂掌子面前方围岩,在未开挖洞段围岩内产生裂缝,提前诱发围岩应力的调整和释放;向掌子面及附近洞壁喷洒高压水,以降低周边围岩的地温场,这在一定程度上也可以降低表层围岩的强度,从而控制岩石在开挖后的过度膨胀。

隧道开挖后,将引起一定范围内的围岩应力重分布和高地应力的释放,在高地应力未完全释放前,从外界及时给开挖后的岩石施加一个力,去改善和平衡隧道周边分布的地应力。

锚喷支护能及时封闭岩体的张性裂隙和节理,加固围岩结构面,有效地发挥和利用岩块间的咬合和自锁作用,从而提高岩体自身的强度。由于锚喷支护结构、格栅钢架柔性好,它能与围岩共同变形,构成一个共同工作的承载体系,调整围岩应力,抑制围岩变形发展,避免岩爆的产生。

在岩爆地段的开挖进尺严格控制在2.5 m以内,加强施工支护工作。支护的方法是在爆破后立即向拱部及侧壁喷射钢纤维或塑料纤维混凝土,再加设锚杆及钢筋网。必要时,还要架设钢拱架和打设超前锚杆进行支护。

衬砌工作要紧跟开挖工序进行,以尽可能减少岩层暴露的时间,减少岩爆的发生和确保人身安全,必要时可采取跳段衬砌。

同时应准备好临时钢木排架等,在听到爆裂响声后,立即进行支护,以防发生事故。发生岩爆的地段,可采用在岩壁切槽的方法来释放应力,以降低岩爆的强度。

3)应力解除

对于以高地应力为主要诱因的岩爆,重点应放在超前围岩地应力调整上。目前,常用的方法主要有超前地应力驱除爆破和钻设应力释放孔两种。

超前地应力驱除爆破是通过超前预爆破,致使掌子面前方待开挖洞段及对应的隧道周边一定范围内岩体产生裂隙,从而使很高的原始地应力提前进行分异和调整。应力释放孔包括超前应力释放孔和周边围岩应力释放孔,它利用分布于周边的大矢跨比小孔,将原本很高的地应力转移集中于小孔周边;而对于小孔而言,地应力适当提高不会导致小孔内发生岩爆,但却能在很大程度上改善已开挖或待开挖洞段的坑道受力状况,有效地降低岩爆产生。

打设超前钻孔转移隧道掌子面的高地应力或注水降低围岩表面张力时,超前钻孔可以利用钻探孔,在掌子面上利用地质钻机或液压钻孔台车打设超前钻孔,钻孔直径为45 mm,每循环可布置4～8个孔,深度5～10 m,必要时也可以打设部分径向应力释放孔,钻孔方向应垂直岩面,间距数十厘米,深度1～3 m不等。必要时,若预测到的地应力较高,可在超前钻孔中进行松动爆破或将完整岩体用小炮震裂,或向孔内压水,以避免应力集中现象的出现。采用超前钻孔向硬质岩体内高压均匀注水,则可以通过以下三个方面的作用来防治岩爆的发生:一是可以提前释放弹性应变能,并将最大切向应力向围岩深部转移;二是高压注水的楔劈作用可以软化、降低岩体的强度;三是高压注水可产生新的张裂隙并使原有裂隙继续扩展,从而降低岩体储存弹性应变能的能力。

4)选择合理的爆破开挖方法

采取"短进尺、弱爆破",降低爆破对围岩的扰动,这样可以降低岩爆的发生频率;选择合适的开挖断面形式,可改善围岩应力状态。利用光面爆破技术,严格控制用药量,以尽可能减少爆破对围岩的影响并使开挖断面尽可能规则,减小局部应力集中发生的可能性。

## 二、塑性围岩的变形破坏

### (一)挤出

洞室开挖后,当围岩应力超过塑性围岩的屈服强度时,软弱的塑性物质就会沿最大应力梯度方向向消除了阻力的自由空间挤出。易于被挤出的岩体主要是那些固结程度差、富含泥质的软弱岩层,以及挤压破碎或风化破碎的岩体。未经构造或风化扰动,且固结程度较高的泥质岩层则不易被挤出。挤出变形能造成很大的压力,足以破坏强固的钢支撑。但其发展通常都有一个时间过程,一般要几周至几个月之后方能达到稳定。

### (二)膨胀

膨胀变形有吸水膨胀和减压膨胀两类不同的机制。

洞室开挖后,围岩表部减压区的形成往往促使水分由内部高应力区向围岩表部转移,结果可使某些易于吸水膨胀的岩层发生强烈的膨胀变形。这类膨胀变形显然是与围岩内部的水分重分布相联系的。此外,开挖后暴露于表部的这类岩体有时也会从空气中吸收水分而膨胀。

遇水后易于强烈膨胀的岩石主要有富含黏土矿物(特别是蒙脱石)的塑性岩石和硬石膏。有些富含蒙脱石黏土质的岩石吸水后体积可增大14%～25%,而硬石膏水化后转化为石膏,其体积可增大20%。所以,这些岩石的膨胀变形能造成很大的压力,足以破坏强固的支护结构,给各类地下建筑物的施工和运营带来很大的危害。

减压膨胀型的变形通常发生在一些特殊的岩层中。例如,一些富含橄榄石的超基性岩在晚近地质时期内由于遭热液、水解的作用而生成蛇纹石,这种转变通常要伴有体积的膨胀,但在有侧限而不能自由膨胀的天然条件下,新生成的矿物只能部分地膨胀,并于地层内形成一种新的体积—压力平衡状态。洞体开挖所造成的卸荷减压必然使附近这类地层的体积随之而增大,从而对支护结构造成强大的膨胀压力。日本就有这类实例,几天之内,强大的支衬结构全部被压断。

**(三)涌流和坍塌**

涌流是松散破碎物质和高压水一起呈泥浆状突然涌入洞中的现象,多发生在开挖揭穿了饱水断裂破碎带的部位。严重的涌流往往会给施工造成很大的困难。

坍塌是松散破碎岩石的重力作用下自由垮落的现象,多发生在洞体通过断层破碎带或风化破碎岩体的部位。在施工过程中,如果对于可能发生的这类现象没有足够的预见性,往往也会造成很大的危害,如图6-14(d)所示。

## 三、围岩变形破坏的累进性发展

大量的实践表明,地下工程围岩的变形破坏通常是累进性发展的。经历开挖→应力调整→变形、局部破坏→再次调整→再次变形→较大范围破坏这一过程,如图6-20所示。由于围岩内应力分布的不均匀性以及岩体结构、强度的不均匀性及各向异性,那些应力集中程度高,而结构强度又相对较低的部位往往是累进性破坏的突破口,在大范围围岩尚保持整体稳定性的情况下,这些应力—强度关系中的最薄弱部位就可能发生局部破坏,并使应力向其他部位转移,引起另一些次薄弱部位的破坏,如此逐次发展连锁反应,终将导致大范围围岩的失稳破坏。因此,在分析围岩变形破坏时,应抓住其变形破坏的始发点和发生连锁反应的关键点,预测变形破坏逐次发展及迁移的规律。在围岩变形破坏的早期就

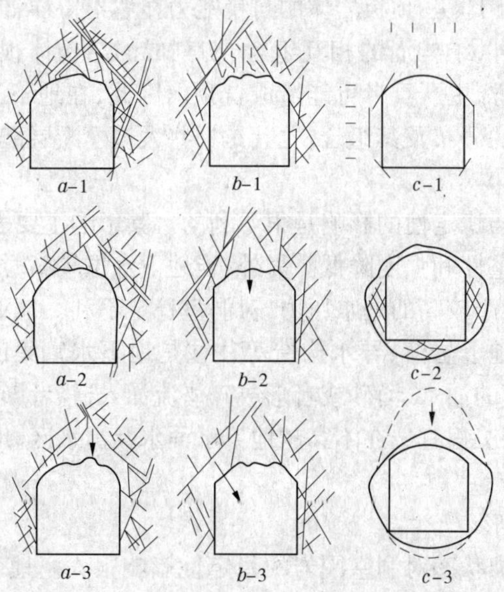


图6-20　地下工程围岩变形破坏累进性发展

加以处理，以防止累进性破坏的发生和发展，这样才能有效地控制围岩变形，确保围岩的稳定性。

## 四、地下工程岩体稳定性的影响因素

地下工程岩体稳定性影响因素主要有岩土性质、岩体构造和地质结构、地下水、地应力及地形等。此外，还应考虑地下工程的规模等因素。

### （一）岩土性质

岩土性质是控制地下洞室围岩稳定、隧洞掘进方式和支护类型及其工作量等的重要因素，也是影响工期和工程造价的一个重要因素。理想的岩体洞室围岩是岩体完整、厚度较大、岩性单一、成层稳定的沉积岩，规模很大的侵入岩（花岗岩、闪长岩等）或区域变质片麻岩。岩体内软弱夹层及岩脉不发育，岩石的饱和单轴抗压强度在 70 MPa 以上。一般坚硬完整岩体，由于岩体完整，洞壁围岩稳定性好，施工也较顺利，支护也简单快速。而破碎岩体或松散岩层，由于围岩自身稳定性差，施工过程容易产生变形破坏，因而施工速度较慢，支护工程量及难度也较大，严重时还会产生较大规模的塌方，影响施工安全，延误工期。

### （二）地质构造和岩体结构

地质构造和岩体结构是影响地下工程岩体稳定的控制性因素。首先表现在建洞岩体必须区域构造稳定，第四纪以来无明显的构造活动，历史上无强烈地震。其次是在洞址洞线选择时一定要避开大规模的地质构造，并考虑构造线及主地应力方向而合理布置。断裂构造由于其有一定宽度，因此洞轴线穿越破碎岩体时一般都产生一定规模塌方。严重时产生地下泥石流或碎屑流，或者产生洞室涌水，威胁施工安全。岩体结构对地下工程岩体稳定性影响主要表现在岩体结构类型与结构面的性状等方面。同一类型岩体结构对不同规模地下工程，其自稳能力不同。比如，在某一层状结构岩体中掘一 2 m 直径的探洞和建一几十米跨度的地下厂房，顶板岩体的自稳能力显然不一样，前者可能安全、稳定，后者稳定性可能很差。另外，结构面的相互组合，切割成的结构体很可能向洞心方向产生位移，轻者掉块，重者塌方，更严重者可能造成冒顶。因此，在地下工程岩体稳定分析中，一定要注意各种结构面的分布及其组合，尤其是一些大规模断层破碎带。

### （三）地下水

地下水对洞室围岩稳定性的影响是很不利的。其影响主要表现在使岩石软化、泥化、溶解、膨胀等，使其完整性和强度降低。另外，当地下水位较高时，地下水以静水压力形式作用于衬砌上，形成一个较高的外水压力，对洞室稳定不利。地下水对地下工程的最大危害莫过于洞室涌水。地下岩溶、导水构造等往往是地下水富集的场所，一旦在洞室中出露，往往形成一定规模的涌水、涌砂或者形成碎屑流涌入，轻者影响施工，严重者造成人身伤亡事故。因此，地下工程宜选在不穿越地下水涌水及富水区、地下水影响较小的非含水岩层中。

### （四）地应力及地形

岩体中的初始应力状态对洞室围岩的稳定性影响很大。地下洞室开挖后，岩体中的地应力状态重新调整，调整后的地应力称为重分布应力或二次应力。应力的重新分布往往造成洞周应力集中。当集中后的应力值超过岩体的强度极限或屈服极限时，洞周岩石首先破坏或出现大的塑性变形,并向深部扩展形成一定范围松动圈。在松动圈形成过程中,原来洞室周边应力集中向松动圈外的岩体内部转移,形成新的应力升高区,即弹性圈(又称为承载圈)(见图 6-7)。重分布应力一般与初始应力状态及洞室断面的形状等有关。在静水压力状态下的圆形洞室,开挖后应力重分布的主要特征是径向应力($\sigma_r$)向洞壁方向逐渐减小,至洞壁处为 0,切向应力($\sigma_\theta$)在洞壁处增大,为初始应力的两倍。重分布应力的范围一般为洞室半径 $r$ 的 5 ~6 倍。

另外,地应力因素的影响还表现在洞线选择时洞线的轴向一定要注意与最大水平主应力方向平行。特别在高地应力地区修建地下工程,一定要认真研究地应力的分布及对工程建筑的影响。如南水北调西线引水隧洞等高地应力区的地下工程设计建设中,地应力对围岩稳定性的影响就成为一个重要的研究课题。此外,影响地下工程岩体稳定性的因素还有地形、地下工程的施工技术与施工方法等。地形上要求洞室区山体雄厚,地形完整,山体未受沟谷切割,没有滑坡、崩塌等地质现象破坏地形。大量工程实践表明,地下工程施工技术和施工方法是影响岩体稳定的一个重要方面。良好的施工技术和科学的施工方法将有效地保护围岩稳定,不良的施工技术和不合理的施工方法将严重破坏岩体的稳定性,降低岩体的基本质量。在此,应根据实际地质条件,合理确定施工方案,尽量保护围岩不被扰动。

## 第四节 围岩压力

### 一、概述

由前几节的介绍可知,岩体内开挖洞室破坏了岩体原来的平衡状态,引起了应力的重分布,使围岩产生了变形。当重分布以后的应力达到或超过岩石的强度极限时,除弹性变形外还将产生较大的塑性变形,如果不阻止这种变形的发展就会导致围岩破裂,甚至失稳破坏。另外,对于那些被软弱结构面切割成块体或极破碎的围岩,则易于向洞室产生滑落和塌落,使围岩失稳。为了保障洞室的稳定安全,必须进行支护,以阻止围岩的过大变形和破坏,因此支护结构上也就受了力。围岩作用于支护结构上的力就是围岩压力(或称山岩压力)。

由上述可知,围岩压力是由围岩的过大变形和破坏而引起的。当岩石比较坚硬完整时,重分布以后的应力一般都在岩石的弹性极限以内,围岩应力重分布过程中所产生的弹性变形在开挖过程中就完成了,也就没有围岩压力。若进行支护,多是为了防止风化作用等。如果岩石的强度比较低,围岩应力重分布过程中不但产生弹性变形,还产生了较长时间才能完成的塑性变形,支护的结果限制了这种变形的继续发展,故引起了围岩压力。显然,它主要是开挖洞室后所引起的二次应力使围岩产生了过大的变形所引起的,故称这种围岩压力为形变围岩压力。在极其破碎或被裂隙纵横切割的岩体中,围岩应力极易超过岩体强度,使破碎岩体松动塌落,直接作用于支护结构上。由塌落岩体的重力引起的压力,称为塌落围岩压力(或松动围岩压力)。这类压力的本质可视为荷载。在实际工作中,常常碰到的既不是非常完整的岩石,也不是切割成碎块的破碎岩石,而是由一些较大的结构面将岩体切割成的大的块体。在这种岩体中开挖洞室,大块体常产生向洞内塌落或滑动的趋势。由塌落或滑动产生的围岩压力,称为块体滑落围岩压力。其本质和塌落围岩压力类似,它是大块滑落岩体的重力(荷载)对支护结构产生的压力。

由此可知,围岩压力的形成和大小与岩石的强度特征及地质结构特征有密切的关系。不仅如此,它还与洞室的形状、大小,支护的刚度,支护的时间,洞室埋深及施工方法等都有关系。

对于较坚硬的岩石,一般当洞壁围岩的切向应力值小于岩石的允许抗压、抗拉强度时,则可认为洞壁是稳定的。反之,则不稳定,需要支护。作用在支护结构物上的围岩压力大小视其具体情况不同而不同。

对不同原因产生的围岩压力,采用的计算方法往往不同。对于形变围岩压力可采用弹、塑性理论。对于塌落围岩压力和块体滑落围岩压力,可采用松散围岩的围岩压力理论及采用块体极限平衡理论。

## 二、围岩压力分类

根据以上所述,可将围岩压力按产生的原因分为两大类:松动压力和塑性形变压力。

### (一)松动压力

松动的岩体或者施工爆破所破坏的岩体等作用在洞室上的压力称为松动压力。实际上,松动压力就是部分岩石的重力直接作用在支护结构上的压力,所以松动压力本质上应视做荷载(松动荷载)。因此,洞顶上的压力特别大,而两侧稍小,底部一般没有。

产生松动压力的原因有地质因素和施工因素两方面。松动压力在各种地层中都可能出现。在松散、破碎和完整性很差的岩层中开挖洞室,如果不支护,可能形成拱形塌落拱后逐渐稳定下来,如图 6-14(d)所示。拱形与支护结构之间岩石的重力就是作用在支护结构上的松动压力。在坚硬岩层中,如果层理、节理裂隙切割具有不利的组合,这将使部分岩体破裂形成松动压力(见图 6-14(a))。

施工程序对松动压力的发展也有决定性的影响。爆破是引起岩层松动的主要原因,松动区的大小受钻孔布置、炸药种类和装药量所控制。在破碎岩层中,松动压力的大小取决于临时支护的种类。洞室施工中采用临时木支撑,表现出明显的缺点。实际上,安装木支撑时就不可能与未受扰动的地层保持贴紧,这个空隙不久就被地层所填塞。此外,木材本身容易变形,尤其当压力与木材纤维垂直时变形更大。同时,立柱压入地下会进一步造成木支撑的下沉。由此可见,临时木支撑可以使松动压力增大。采用喷射混凝土作为临时支护措施,则具有突出的优点,因为成洞后及时进行支护,能够约束围岩的变形,控制围岩进一步松动和破坏。隧洞掘进的新奥地利法的中心思想,就是在一定爆破围岩表面暴露后,立即喷射一层薄混凝土,然后进行出渣等其他工序,这样可以减少围岩的变形和松动。这种施工方法既能保证施工安全,又可简化永久性支护结构,具有综合性的经济效果。由此可见,及时支护,减少围岩暴露时间,可减小松动压力。此外,地下水的影响、空气中的潮气以及温度差作用都会加剧松动压力。

### (二)塑性形变压力

松动压力是以重力的形式作用在洞室上的压力,即松动岩体的重力直接作用于支护结构上的荷载。而塑性形变压力则完全不同,这里,重力是造成围岩压力的根本原因,但并不是直接原因,由岩体重力和构造运动的作用所引起的围岩二次应力才是产生塑性形变压力的原因。当围岩二次应力超过岩体的强度极限时,洞室周围出现了塑性区域或破坏区域,产生塑性变形,如塑性挤入、膨胀内鼓、弯折内鼓等。如果洞室周围的塑性区域扩展不大,随着洞室周边上位移的出现,地层塑性区达到稳定平衡状态,围岩没有达到承载能力的极限值;但如果塑性区继续扩展,则必须采取支护措施约束地层运动,才能保持洞室围岩处于稳定状态,这时,为了阻止地层运动,就显现出塑性形变压力。显然,如果地层最初处于弹性状态,成洞后的二次应力状态仍然保持弹性状态,那么围岩是稳定的,而且洞内不需要有支护结构,于是地层压力现象不显现出来。因此,为了正确理解塑性形变压力,必须克服过去将地层压力只作为荷载理解的传统观念。塑性形变压力的分布情况取决于侧压力系数 $\lambda$ 的数值,当 $\lambda=1$ 时,压力为来自四周的均布压力;当 $\lambda>1$ 时,这主要是由构造应力所引起的,压力主要来自两侧;当 $\lambda<1$ 时,压力主要来自拱腰至侧壁间。

## 三、围岩压力影响因素

通过以上关于围岩变形和破坏的分析可以看出,影响洞室稳定性及围岩压力的因素很多,归纳起来,可分为地质因素和工程因素两方面。地质因素为自然属性,反映洞室稳定性的内在联系。工程因素则是改变洞室稳定状态的外部条件。借助于采取合理的工程措施,影响和控制地质条件的变化与发展,充分利用有利的地质因素,避免和削弱不利的地质因素对工程的影响。

### (一)地质方面的因素

#### 1. 岩体结构及岩性

在不同性质的岩石中,由于它们的变形和破坏性质不同,所以产生围岩压力的主导因素也就不同。

(1)在整体性良好、裂隙节理不发育的坚硬岩石中,洞室围岩的应力一般总是小于岩石的强度。因此,岩石只有弹性变形而无塑性变形,岩石没有破坏和松动。由于弹性变形在开挖过程中就已产生,开挖结束,弹性变形也就完成,洞室不会坍塌。如果在开挖完成后进行支护或衬砌,则这时支护上没有围岩压力。在这种岩石中的洞室支护主要用来防止岩石的风化以及剥落碎块的掉落。

(2)在中等质量的岩石中,洞室围岩的变形较大,不仅有弹性变形,而且有塑性变形,少量岩石破碎。由于洞室围岩的应力重分布需要一定的时间,所以在进行支护或衬砌以后,围岩的变形受到支护或衬砌的约束,于是就产生围岩压力。因此,支护的浇筑时间和结构刚度对围岩压力影响较大。在这类岩石中,围岩压为主要由较大的变形所引起,岩石的松动坍落甚小,这类岩石中主要产生变形压力。

(3)在破碎和软弱岩石中,由于裂隙纵横切割,岩体强度很低,围岩应力超过岩体强度很多。在这类岩石中,坍落和松动是产生围岩压力的主要因素,而松动压力是主要的围岩压力。当没有支护或衬砌时,岩石的破坏范围可能逐渐扩大发展,故需要立即进行支护或衬砌。支护或衬砌的作用主要是支承坍落岩块的重力,并阻止岩体继续变形、松动和破坏。

2. 地质构造

地质构造对于围岩的稳定性及围岩压力的大小起着重要影响。目前,有关围岩的分类和围岩压力的经验公式大都是建立在这一基础上的。地质构造简单、地层完整、无软弱结构面,围岩就稳定,围岩压力也就小。反之,地质构造复杂、地层不完整、有软弱结构面,围岩就不稳定,围岩压力也就大。在断层破碎带、褶皱破坏带和裂隙发育的地段,围岩压力一般都较大,因为这些地质的洞室开挖过程中常常会有大量的、较大范围的崩坍,造成较大的松动压力。另外,如果岩层倾斜(见图6-21(a))、节理不对称(见图6-21(b))以及地形倾斜(见图6-21(c)),都能引起不对称的围岩压力(即所谓的偏压)。所以,在估计围岩压力的大小时,应当特别重视地质构造的影响。

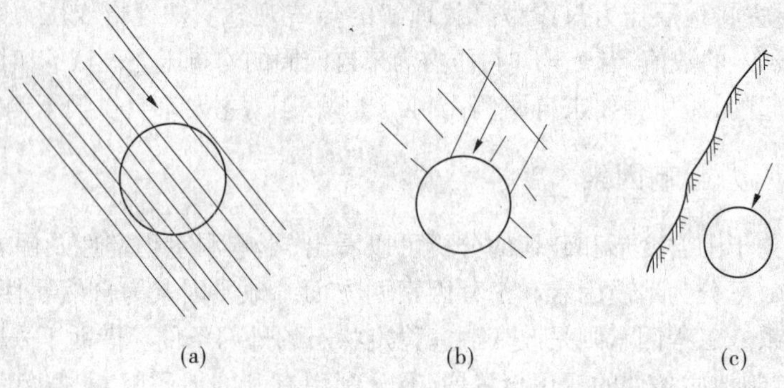


图6-21　不对称围岩压力的形成(箭头为围岩压力的方向)

除上述因素外,影响洞室稳定性及围岩压力的地质因素还有地下水的活动状况。地下水的存在对岩石的风化作用增强,降低岩体的强度,使其抗变形能力减弱。

**(二)工程方面的因素**

影响洞室稳定性及围岩压力的工程方面的主要因素有洞室的形状和尺寸、支护的形式和刚度、洞室的埋置深度或覆盖层厚度、时间及施工中的技术措施等。

1. 洞室的形状和尺寸

洞室形状对于围岩应力分布会产生影响,同样,洞室的形状对山岩压力的大小也有影响。一般而言,圆形、椭圆形和拱形洞室的应力集中程度较小,破坏也少,岩石比较稳定,围岩压力也就较小。矩形断面的洞室的应力集中程度较大,尤以转角处最大,因而围岩压力比其他形状的围岩压力要大些。

从前面知道,当洞室的形状相同时,围岩应力与洞室的尺寸无关,亦即与洞室的跨度无关。但是围岩压力一般而言是与洞室的跨度有关的,它可以随着跨度的增加而增大,目前从有些围岩压力公式中就可看出压力是随着跨度成正比增加的。但是根据经验,这种正比关系只对跨度不大的洞室适用;对于跨度很大的洞室,由于往往容易发生局部坍塌和不对称的压力,围岩压力与跨度之间不一定成正比关系。根据我国铁路隧道的调查,人为单线隧道与双线隧道的跨度相差为80%,而围岩压力相差仅为50%左右。所以,在有些情况中,对于大跨度洞室,采用围岩压力与跨度成正比的关系,会造成衬砌过厚的浪费现象。

2. 支护的形式和刚度

围岩压力有松动压力和变形压力之分。当松动压力作用时,支护的作用就是承受松动岩体或塌落岩体的重力,支护主要是承载作用。当变形压力作用时,它的作用主要是限制围岩的变形,以维持围岩的稳定,也就是支护主要起约束作用。在一般情况下,支护可能同时具有上述两种作用。目前,采用的支护可分为两类,一类叫做外部支护,也称为普通支护或老式支护。这种支护作用在围岩的外部,依靠支护结构的承载能力来承受围岩压力。在与岩石紧密接合或者回填密实的情况下,这种支护也能起到限制围岩变形、维持围岩稳定的作用。另一类是近代发展起来的支护形式,叫做内承支护或自承支护,它就是通过化学灌浆或水泥灌浆、锚杆支护、预应力锚杆支护和喷混凝土支护等方式,加固围岩,使围岩处于稳定状态。这种支护的特点是依靠增加围岩的自承作用来稳固洞室,一般可能比较经济。

支护的刚度和支护时间的早晚(即洞室开挖后围岩暴露时间的长短)都对围岩压力有较大的影响。支护的刚度愈大,则允许的变形就愈小,围岩压力就愈大;反之,围岩压力愈小。洞室开挖后,围岩就产生变形(弹性变形和塑性变形),根据研究,在一定的变形范围内,支护上的围岩压力是随着支护以前围岩变形量的增加而减小的。目前,常常采用薄层混凝土支护或具有一定柔性的外部支护,都能够充分利用围岩的自承能力,以达到减小支护上围岩压力的目的。

3. 洞室的埋置深度或覆盖层厚度

洞室的埋置深度与围岩压力的关系目前仍有各种说法。在有些公式中,围岩压力与洞室的埋深无关,有些公式中围岩压力与洞室的埋深有关。一般来说,当围岩处于弹性状态时,围岩压力不应当与洞室的埋深有关。但当围岩中出现塑性区时,洞室的埋置深度应当对围岩压力有影响。这是由于埋置深度对围岩的应力分布有影响,同时对初始侧压力系数 $K_0$ 也有影响,从而对塑性区的形状和大小以及围岩压力的大小均有影响。研究表明,当围岩处于塑性变形状态时,洞室埋置愈深,围岩压力也就愈大。深洞室的围岩通常处于高压塑性状态,所以它的围岩压力随着深度的增加而增加,在这种情况下宜采用柔性较大的支护,以发挥围岩的自承作用,降低围岩压力。

4. 时间

由于围岩压力主要是由岩体的变形和破坏而造成的,而岩体的变形和破坏都有一个时间过程,所以围岩压力一般都与时间有关。图 6-22表示奥地利柯普斯(Konc)水电站地下厂房拱顶的岩体位移与时间的关系曲线,该厂房的跨度为 26 m。从图 6-22 可以看出,在开挖洞室期间,围岩压力是迅速增长的——这表现在拱顶的位移急剧增加。然后,在施工和装配期间,位移基本上是稳定了,而在洞室开挖以后大约两年的时间,当水电站的第一台机组运行时,围岩压力又有了某些增加,这表现在拱顶岩石的位移又有了一些增加,以后再重新稳定。应当注意的

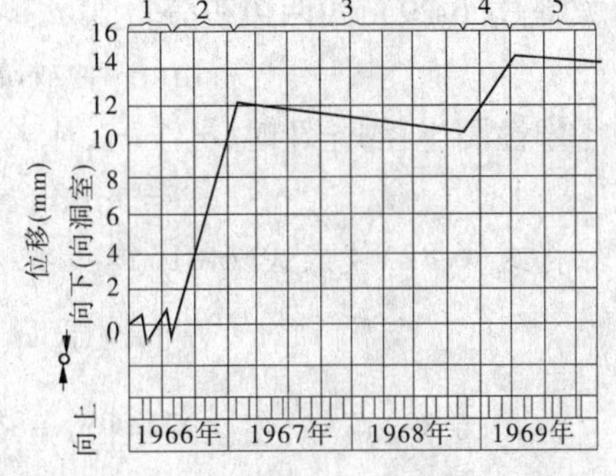

图 6-22　洞室位移与时间的关系曲线

是,围岩压力随时间而变化的原因,除变形和破坏有一时间过程外,岩石的蠕变也是一个重要因素,目前在这方面还研究得不够。

5. 施工中的技术措施

施工中的技术措施得当与否,对洞室的稳定性及围岩压力都有很大的影响。例如,爆破造成围岩松动和破碎的程度,成洞的开挖顺序和方法,支护的及时性,围岩暴露时间的长短,超欠挖情况,即对设计的洞形、尺寸改变的情况等,均对围岩压力有很大的影响。

施工方法主要是指掘进的方法。在岩体较差的地层中,如采用钻眼爆破,尤其是放大炮,或采用高强度的炸药,都会引起围岩的破碎而增加围岩压力。用掘岩机掘进,光面爆破,减少超挖量,采用合理的施工方法可以降低围岩压力。在易风化的岩层(如泥灰岩、片岩、页岩等)中,需加快施工速度和迅速进行衬砌,以便尽可能地减少这些地层与水的接触,减轻它们的风化,避免围岩压力增长。

除上述影响因素外,还有一些其他的影响因素,如洞室的几何轴线与主构造线或软弱结构面的组合关系,相邻洞室的间距,时间因素等对围岩压力也有影响。

综上所述,影响围岩压力的因素很多,但当前的一些围岩压力理论常常忽略了许多影响因素,有时甚至是一些重要因素,致使计算结果与实际出入较大。因此,只有正确地全面分析这些影响因素,并分清主次,才能正确地得出围岩压力的大小及其分布规律。

## 第五节　围岩压力计算

### 一、变形围岩压力的计算

由前节的介绍可知,所谓塑性形变压力,是指洞室开挖后,洞室的围岩二次应力超出了岩体的自身强度,进入了塑性状态,同时,产生塑性形变,做了支护结构后由于结构物阻止了塑性变形的发展而产生了作用在支护结构上的力。根据塑性形变压力这样的概念,按前述的围岩二次应力弹塑性分布的结果,改变其边界条件,就可求得塑性形变压力的计算公式。

**(一)芬纳公式**

根据塑性区岩石同时满足静力平衡条件式(6-26)和塑性平衡条件式(6-28)推出的微分方程式(6-29),式两边积分得到:

$$\ln(\sigma_r + c\cot\varphi) = (N_\varphi - 1)\ln r + C \tag{6-81}$$

塑性圈半径 $r=R$ 时,$\sigma_r=\sigma_R$,代入式(6-81)得:

$$C = \ln(\sigma_R + c\cot\varphi) - (N_\varphi - 1)\ln R \tag{6-82}$$

将式(6-82)代入式(6-81)得:

$$\sigma_r = (\sigma_R + c\cot\varphi)\left(\frac{r}{R_0}\right)^{N_\varphi-1} - c\cot\varphi \tag{6-83}$$

由式(6-39)可知,塑性圈半径 $r=R$ 时,塑性圈作用于弹性圈的径向应力为:

$$\sigma_R = \sigma_0(1 - \sin\varphi) - c\cos\varphi \tag{6-84}$$

若忽略掉弹、塑区边界上的黏聚力 $c$,则式(6-84)变为:

$$\sigma_R = \sigma_0(1 - \sin\varphi) \tag{6-85}$$

将式(6-85)代入式(6-83)得到：

$$\sigma_r = [\sigma_0(1 - \sin\varphi) + c\cot\varphi]\left(\frac{r}{R}\right)^{N_\varphi - 1} - c\cot\varphi \tag{6-86}$$

当令 $r = R_0$ 时，$\sigma_r = p_i$，则式(6-86)变为：

$$p_i = [\sigma_0(1 - \sin\varphi) + c\cot\varphi]\left(\frac{R_0}{R}\right)^{N_\varphi - 1} - c\cot\varphi \tag{6-87}$$

式(6-87)即为芬纳提出的围岩压力计算式。由公式的推导过程可知，在推导过程中芬纳忽略掉了弹、塑性区交界处的黏聚力 $c$，式中的 $p_i$ 为作用在洞壁上的内压力，这里可理解为支护结构对围岩的作用力（支护抗力），其数值等于围岩作用于支护结构上的力，故 $p_i$ 为所求的围岩压力。

**（二）修正的芬纳公式**

与上述相反，如果在推导过程中，考虑弹、塑性边界上黏聚力 $c$ 的影响，则可将式(6-84)代入式(6-83)，得到：

$$\begin{aligned}\sigma_r &= [\sigma_0(1 - \sin\varphi) - c\cos\varphi + c\cot\varphi]\left(\frac{r}{R}\right)^{N_\varphi - 1} - c\cot\varphi \\ &= (\sigma_0 + c\cot\varphi)(1 - \sin\varphi)\left(\frac{r}{R}\right)^{N_\varphi - 1} - c\cot\varphi\end{aligned} \tag{6-88}$$

当令 $r = R_0$ 时，$\sigma_r = p_i$，则式(6-88)变为：

$$p_i = [(\sigma_0 + c\cot\varphi)(1 - \sin\varphi)]\left(\frac{R_0}{R}\right)^{N_\varphi - 1} - c\cot\varphi \tag{6-89}$$

式(6-89)即为修正的芬纳公式。

无论是芬纳公式，还是修正的芬纳公式，其围岩压力的大小除与岩体的天然应力 $\sigma_0$，围岩的强度参数 $c$、$\varphi$ 及洞室的大小有关外，还受塑性区的大小所控制，它和塑性半径的大小呈相反变化。当只为极大值时，围岩压力 $p_i$ 为最小。当不允许出现塑性区，即令 $R = R_0$ 时，围岩压力 $p_i$ 为最大。

从式(6-87)、式(6-89)中可以指出下列各点：

(1)当岩石没有黏聚力，即 $c = 0$ 时，则不论 $R$ 多大，$p_i$ 总是大于零，不可能等于零，这就是说衬砌必须给岩体以足够的反力，才能保证岩体在某种 $R$ 下的塑性平衡。一般岩体经爆破松动后可以假定 $c = 0$，所以用式(6-87)、式(6-89)计算时可以不考虑 $c$。

(2)当围岩的黏聚力较大，即 $c > 0$（岩质良好，没有或很少爆破松动）时，则随着塑性圈半径 $R$ 的扩大，要求的 $p_i$ 就减小。在某一 $R$ 下，$p_i = 0$。从理论上看，这时可以不要求支护的反力而岩体达到平衡（但有时由于位移过大，岩体移动过多，实际上还是要支护的）。

(3)当洞室埋深，半径 $R_0$，岩石性质指标 $c$、$\varphi$ 以及 $\gamma$ 一定时，则支护对围岩的反力 $p_i$ 与塑性圈半径 $R$ 的大小有关，$p_i$ 愈大，$R$ 就愈小。

(4)如果 $c$ 值较小，而且衬砌作用在洞室上的压力 $p_i$ 也较小，则塑性圈 $R$ 会扩大，根据实测，$R$ 增大的速度可达每昼夜 0.5～5 cm。

(5)因为支护结构的刚度对于抵抗围岩的变形有很大影响，所以刚度不同的结构可以表现出不同的围岩压力,刚度大,$p_i$ 就大,反之就小。例如,喷射薄层混凝土的支护上的压力就比浇筑和预制的混凝土衬砌上的压力小。当采用刚度小的支护结构时,开始时,由于变形较大,$p_i$ 较小,不能够阻止塑性圈的扩大,所以塑性圈半径 $R$ 继续增大。但是,随着 $R$ 的增大,要求维持塑性平衡的 $p_i$ 值就减小,逐渐达到应力平衡。实践证明,这种允许塑性圈有一定发展,既让岩体变形但又不让它充分变形的做法是能够达到经济和安全目的的,如果支护及时,就能够充分利用围岩的自承能力。

## 二、松散岩体的围岩压力计算

松动围岩压力是指松动塌落岩体重力所引起的作用在支护衬砌上的压力。围岩的变形与松动是围岩变形破坏发展过程中的两个阶段,围岩过度变形超过了它的抗变形能力,就会引起塌落等松动破坏。实际上,这时作用于支护衬砌上的围岩压力就等于塌落岩体的自重或自重分量。节理密集和非常破碎的岩体的力学性能与无黏结力的松散地层相似,经开挖洞室后所产生的围岩压力主要表现为松动压力。围岩压力的松散体理论是在长期观察地下洞室开挖后的破坏特性的基础上而建立的。浅埋的地下洞室,开挖后洞室顶部岩体往往会产生较大的沉降,有的岩体甚至会出现塌落、冒顶等现象。基于这样一种破坏形式,建立了应力传递、岩柱重力等计算方法。而深埋的地下洞室,开挖后往往仅发生洞室部分岩体的塌落,在这一塌落过程中,上部岩体进行了应力重新分布而形成了自然平衡拱,而作用在支护上的荷载即为平衡拱内的岩体自重。本节根据松散岩体的特殊性质,介绍类似于上述基本思想的围岩松动压力的五种计算方法,即岩柱法、平衡拱理论法、太沙基理论法、块体极限平衡理论法及塑性松动压力计算理论法等。

### (一)围岩松动压力计算

#### 1. 平衡拱理论

这个理论是由普罗托耶科诺夫提出的,又称为普氏理论。普氏通过盛满干砂($c=0$)的箱底开孔试验,发现箱中的砂最后会形成穹隆形(见图 6-23)平衡,这种穹隆以上的砂不再掉落的这一现象称为拱效应(Arching Effect)。普氏认为洞室开挖以后,若不及时支护,洞顶岩体将不断塌落而形成一个拱形。最初这个拱形是不稳定的,如果洞侧壁稳定,则拱高随塌落不断增高;反之,如果侧壁也不稳定,则拱跨和拱高同时增大。当洞的埋深较大(埋深 $H>5b_1$,$b_1$ 为拱跨)时,塌落拱不会无限发展,最终将在围岩中形成一个自然平衡拱(见图 6-24),即出现拱效应。这时,作用于支护衬砌上的围岩压力就是平衡拱与衬砌间破碎岩体的重力,与拱外岩体无关。因此,正确确定压力拱的形状就成为计算围岩压力的关键。

1)垂直围岩压力

普氏认为,岩体内总是有许多大大小小的裂隙、层理、节理等软弱结构面的。这些纵横交错的软弱面,将岩体割裂成各种大小的块体,这就破坏了岩石的整体性,造成了松动性。被软弱面割裂而成的岩块与整个地层相比起来,它们的几何尺寸较小。因此,可以把洞宽周围的岩石看做是没有黏聚力的大块散粒体。但是,实际上岩石是有黏聚力的。因此,就用增大内摩擦系数的方法来补偿这一因素。这个增大了的内摩擦系数称为岩石的坚固系数,用 $f_k$ 表示。

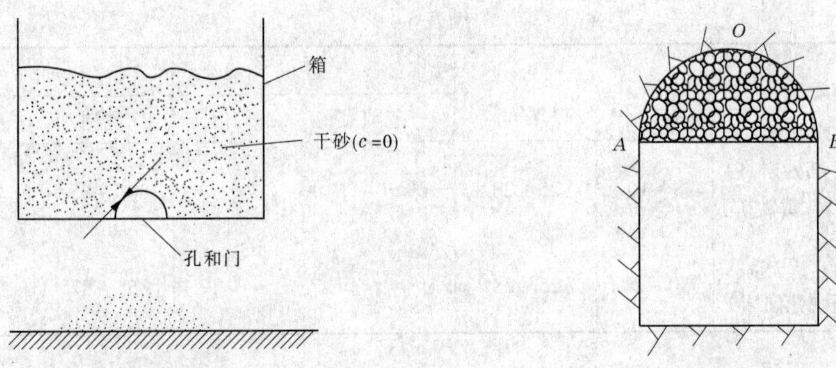


图 6-23　普氏拱效应试验示意图　　　图 6-24　洞室开挖后形成的压力拱

设原岩体的抗剪强度为：

$$\tau_f = c + \sigma\tan\varphi$$

现在把岩体看做是散粒体并且要使抗剪强度 $\tau_f$ 不变，则

$$\tau_f = \sigma f_k$$

由此，对于具有黏聚力的岩石，得：

$$f_k = \frac{c + \sigma\tan\varphi}{\sigma} = \frac{c}{\sigma} + \tan\varphi$$

对于砂土及其他松散材料：

$$f_k = \tan\varphi$$

对于整体性岩石，按上式可知 $f_k$ 并不是常数，但普氏把其近似地当做常数处理。一般采用如下的经验公式：

$$f_k = \frac{\sigma_c}{10} \tag{6-90}$$

式中　$\sigma_c$——岩石的单轴极限抗压强度，MPa。

在表 6-4 中列出了各种岩石的坚固系数 $f_k$ 的经验值，可供参考使用。

表 6-4　普氏理论坚固系数 $f_k$、容重 $\gamma$ 和换算内摩擦角 $\varphi_k$

| 岩层类别 | $f_k$ | $\gamma$ (kN/m$^3$) | $\varphi$ | | $\varphi_k$ | |
|---|---|---|---|---|---|---|
| | | | 范围 | 平均值 | 范围 | 平均值 |
| 流砂 | | | 0°~18° | 0° | | |
| 松散土层(砂土层) | | 15~18 | 18°~26.5° | 22° | | |
| 软地层(黏土层) | | 17~20 | 26.5°~40° | 30° | | |
| 弱岩层(软页岩、煤) | 1~3 | 14~24 | | | 40°~70° | 55° |
| 中硬岩层(页岩、砂岩、石灰岩) | 4~7 | 24~26 | | | 70°~80° | 75° |

续表 6-4

| 岩层类别 | $f_k$ | $\gamma$ (kN/m³) | $\varphi$ |  | $\varphi_k$ |  |
|---|---|---|---|---|---|---|
|  |  |  | 范围 | 平均值 | 范围 | 平均值 |
| 坚硬岩石（细砂岩、白云岩、大理岩、黄铁矿） | 8～10 | 25～28 |  |  | 80°～85° | 82.5° |
| 最坚硬岩石（玄武岩、石英岩、坚硬花岗岩） | 10～20 | 25～28 |  |  | 85°～87° | 86° |

下面来按照普氏理论计算围岩压力。一般而言，对于岩性较差的岩石（如 $f_k<2$），在洞室开挖以后，当两侧的岩体处于极限平衡（塑性平衡）状态时，破裂线与垂线的交角为 $45°-\frac{\varphi_k}{2}$（这里 $\varphi_k$ 为通过 $f_k$ 换算得来的内摩擦角，称为换算内摩擦角，见表 6-4）。压力拱的跨度应当按照两侧破裂线的界限来确定，见图 6-25(a)的 $AB$ 线，则压力拱的跨度为：

$$2b_2 = 2b_1 + 2h_0\tan(45° - \frac{\varphi_k}{2})$$

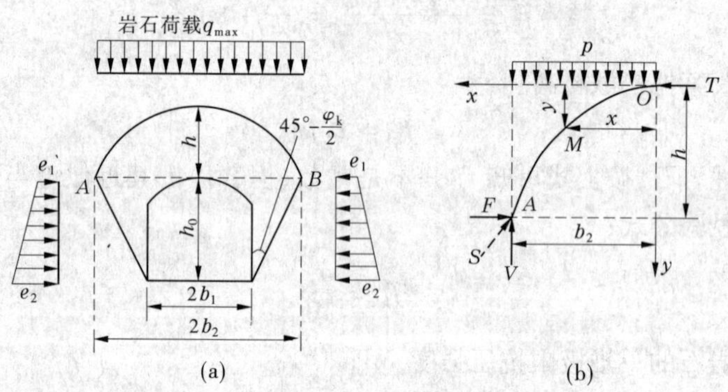


图 6-25　压力拱理论围岩压力计算

式中　$b_1$——洞室跨度之半，m；

$b_2$——压力拱跨度之半，m；

$h_0$——洞室的高度，m。

由于假定岩体为散粒体，它的抗拉、抗弯能力很小，因而自然可以推论，洞室顶部上形成的压力拱，其最稳定的条件是沿着拱的切线方向仅仅作用有压力，如图 6-25(b)中的 $S$ 所示。图 6-25(b)表示在拱顶处切开的脱离体，在拱顶处的切线方向作用有推力 $T$。下面对拱的形状和大小进行分析。

在半拱上作用有岩体的自重，当洞室埋置深度很大时，则可以认为拱顶上的岩体自重是均匀分布的，其压力强度为 $p$（也就是略去横轴 $Ox$ 与拱曲线之间的岩石重力）。现考虑图 6-25(b) $OM$ 段的平衡。因为散粒材料的压力拱内不应当有拉应力，所以所有的力对拱的任何点 $M$ 的力矩应当等于零，即 $\sum M_M = 0$，得：

$$\frac{px^2}{2} - Ty = 0$$

由此

$$y = \frac{px^2}{2T} \tag{6-91}$$

式中　$x$、$y$——$m$ 点的坐标,m;

$T$——拱顶处的切线推力,kN。

从式(6-91)中可以看出,当假定拱上的压力为均匀分布时,压力拱的形状是一条抛物线。用散粒材料(如砂子)做的模型试验证实了这一点。

把 $A$ 点的坐标($x = b_2$, $y = h$)代入式(6-91)得:

$$h = \frac{pb_2^2}{2T} \tag{6-92}$$

设 $A$ 点的切向反力为 $S$,水平分力为 $F$,垂直分力为 $V$,考虑半拱的平衡条件:① $\sum F_y = 0$;② $\sum F_x = 0$;③ $\sum M_A = 0$ 。

由条件①得到 $V = pb_2$;由条件②得到 $T = F$。

这里的 $F$ 为岩石对拱向外移动的摩阻力,在极限状态下有:

$$F = f_k pb_2$$

对于压力拱来说,处于极限平衡状态是不安全的。为了安全起见,推力 $T$ 应当小于可能最大的摩阻力 $F$,即应当满足下式:

$$T < F$$

一般采用最大摩阻力 $F$ 的一半来平衡拱顶推力 $T$,即有:

$$\frac{1}{2} f_k pb_2 = T \tag{6-93}$$

将式(6-93)代入式(6-92)得

$$h = \frac{b_2}{f_k} \tag{6-94}$$

这样,压力拱的高度就等于拱跨度之半除以岩石的坚固系数。

考虑到式(6-91)、式(6-92)以及式(6-90),可以求得压力拱上任何点的纵坐标

$$y = \frac{x^2}{b_2 f_k} \tag{6-95}$$

洞室顶部的最大压力在拱轴线上,并且为

$$q_{max} = \gamma h \quad 或 \quad q_{max} = \frac{\gamma b_2}{f_k} \tag{6-96}$$

如图 6-25(a)所示,洞室任何其他点的垂直压力等于

$$q = \gamma(h - y) = \frac{\gamma b_2}{f_k} - \frac{\gamma x^2}{b_2 f_k} \tag{6-97}$$

2)侧向围岩压力

洞室的侧向围岩压力可用土力学中熟知的朗肯土压力公式进行计算。两侧的围岩压

力按梯形分布。在洞室洞顶($e_1$)和洞底($e_2$)的侧向围岩压力可按下式求得:

$$\left.\begin{aligned} e_1 &= \gamma h \tan^2\left(45^\circ - \frac{\varphi_k}{2}\right) \\ e_2 &= \gamma(h + h_0)\tan^2\left(45^\circ - \frac{\varphi_k}{2}\right) \end{aligned}\right\} \tag{6-98}$$

侧向压力沿着深度按直线变化,压力分布图为梯形,见图 6-25(a)。总的侧向围岩压力为:

$$P_h = \frac{\gamma h}{2}(2h + h_0)\tan^2\left(45^\circ - \frac{\varphi_k}{2}\right) \tag{6-99}$$

3)压力拱理论的适用条件

如前所述,压力拱理论的基本前提是洞室上方的岩石能够形成自然压力拱,这就要求洞室上方有足够的厚度且有相当稳定的岩体,以承受岩体自重和其上的荷载。因此,能否形成压力拱就成为应用压力拱理论的关键。

下列情况由于不能形成压力拱,所以不可用压力拱理论计算:

(1)岩石的 $f_k < 0.8$,洞室埋置深度(由衬砌顶部至地面或松软土层接触面的垂直距离)$H$ 小于 2 倍压力拱高度或小于压力拱跨度的 2.5 倍(即洞室埋深 $H < (2 \sim 2.5)h$ 或 $H < 5b_1$)。

(2)用明挖法建造的地下结构。

(3)$f_k < 0.3$ 的土,如淤泥、淤泥质土、粉砂土、粉质黏土和饱和软黏土等。

那么,当洞顶以上的岩(土)体不能形成压力拱时,围岩压力如何计算呢?不能形成压力拱的洞室一般均看做浅埋洞室,浅埋洞室的围岩压力问题工程上常采用岩柱法计算。

2. 岩柱法

岩柱法计算松散岩体的围岩压力的基本思想是,由于洞室的开挖,浅埋洞室顶部的松散岩体将产生很大的沉降甚至塌落,因此考虑从地面到洞室顶部的岩体自重,扣除部分摩擦阻力后,作用在洞室顶部的压力即为围岩压力。

1)岩柱法的基本假设条件

(1)松散岩体的黏聚力 $c$ 为 0。

(2)洞室开挖后,上覆岩体向下位移,同时洞室的两侧出现两条与洞室侧壁交 $45^\circ - \frac{\varphi}{2}$ 的破裂面,作用在洞室顶部的围岩压力为岩体自重克服了两侧的摩擦力所剩余的力。其计算简图如图 6-26 所示。

2)岩柱法围岩压力计算

根据岩柱法计算松散岩体的围岩压力的假设条件,应先确定岩体 $ABCD$ 所产生的摩擦力和岩体的自重。首先确定摩擦力的大小。在洞室上覆岩体中取一厚度为 $dl$ 的微元条,其埋深为 $l$,微元体宽度为 $2a_1$。设作用在微元条两端的力有正应力 $d\sigma_n$ 和摩擦力 $dT$,由莫尔-库仑强度理论和摩擦原理,$d\sigma_n$ 和 $dT$ 可分别按下式求得:

$$\left.\begin{aligned} d\sigma_n &= \gamma l \tan^2\left(45^\circ - \frac{\varphi}{2}\right) \\ dT &= d\sigma_n dl \tan\varphi \end{aligned}\right\} \tag{6-100}$$

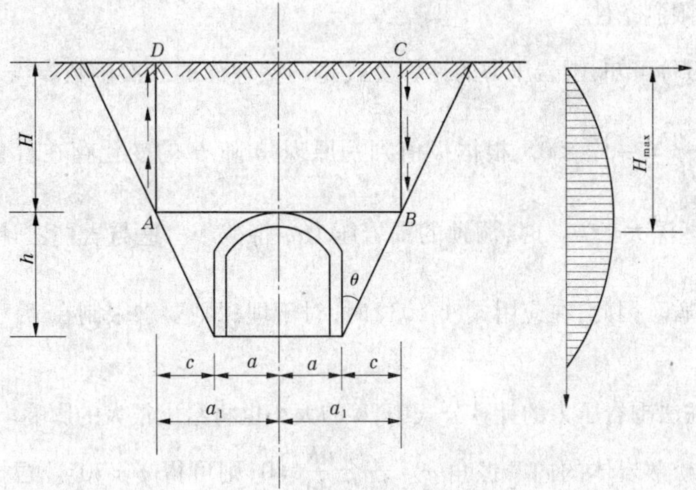


图 6-26　考虑摩擦力的岩柱计算图

从地面到洞顶岩体中的总的摩擦力为：

$$F = 2\int_0^H \mathrm{d}T = 2\int_0^H \mathrm{d}\sigma_n \tan\varphi \mathrm{d}l = 2\int_0^H \gamma l \tan^2(45° - \frac{\varphi}{2})\tan\varphi \mathrm{d}l$$

$$= \gamma H^2 \tan^2(45° - \frac{\varphi}{2})\tan\varphi \tag{6-101}$$

由图 6-26 可知，从地面到洞顶岩体中的自重为：

$$Q = 2a_1\gamma H \tag{6-102}$$

式中　$a_1 = a + h\tan(45° - \frac{\varphi}{2})$；

$H$——洞室的埋深。

根据其假设条件，作用在洞室顶部的围岩压力为：

$$q = \frac{Q - F}{2a_1} = \gamma H\left(1 - \frac{HK}{2a_1}\right) \tag{6-103}$$

其中

$$K = \tan^2(45° - \frac{\varphi}{2})\tan\varphi$$

作用在洞室侧向的围岩压力可根据朗肯土压力理论求得。由于岩柱法中假设松散岩体的 $c=0$，故作用在洞室顶部的围岩压力为最大主应力，而侧向围岩压力为最小主应力。根据两者的关系，洞顶($e_1$)和洞底($e_2$)的侧向围岩压力可按下式求得：

$$\left.\begin{aligned} e_1 &= q\tan^2\left(45° - \frac{\varphi}{2}\right) \\ e_2 &= e_1 + \gamma h\tan^2\left(45° - \frac{\varphi}{2}\right) \end{aligned}\right\} \tag{6-104}$$

式中　$h$——洞室的高度。

3)用岩柱法分析围岩压力的特征

用岩柱法计算围岩压力，概念明确，计算方便。但经分析发现，该围岩压力的计算公式具有一定的限制条件。

由式(6-103)可知,围岩压力的计算公式是洞室埋深的二次函数。当令$\frac{\mathrm{d}q}{\mathrm{d}H}=0$时,可得$H=\frac{a_1}{K}$,又$\frac{\mathrm{d}^2q}{\mathrm{d}H^2}=-\frac{\gamma K}{a_1}<0$。根据极值判别原理,$q$随$H$的变化存在着极大值,其值为$H_{\max}=\frac{a_1}{K}$。当埋深大于$H_{\max}$时,洞顶的围岩压力$q$将减小。这与岩柱法计算围岩压力的假设条件相矛盾。因此,在应用式(6-103)时,对于埋深则要求限制在$H_{\max}=\frac{a_1}{K}$以内的条件下进行。

另外,岩柱法围岩压力的计算公式中,$K$的大小也将给出很大的影响。而$K$在很大程度上又取决于松散岩体的内摩擦角$\varphi$。若令$\frac{\mathrm{d}K}{\mathrm{d}q}=0$,则可得$\varphi=30°$。根据试算法可知,$\varphi=30°$时为极大值。在此基础上再讨论$\varphi$对围岩压力$q$的影响。当$\varphi<30°$时,随$\varphi$角的增大,其$K$值也将增大。那么,此时的$q$值将减小。这一现象亦属正常,$\varphi$角代表了松散岩体的强度,岩体自身的强度增大,依据岩柱法的假设条件,岩体的自重要克服较大的摩擦力,其围岩压力应该降低。当$\varphi>30°$时,$\varphi$角的增大促使$K$值减小,而此时的$q$值反而增大。这显然与假设条件和实际情况相悖。因此,应用岩柱法计算围岩压力时,应将$\varphi<30°$作为其限制条件。

3. 太沙基理论

由于岩体一般总具有一定的裂隙或节理,又由于洞室开挖施工的影响,其围岩不可能是一个非常完整的整体。太沙基(Terzaghi)把受节理裂隙切割的岩体视为一种具有一定黏聚力的散粒体。假定跨度为$2b_1$的矩形洞室,开挖在深度为$H$的岩体中。设洞室侧面的岩石比较稳定,没有形成$45°-\frac{\varphi}{2}$的破裂面。洞室开挖后,其上方的岩体有向下沉的趋势,形成垂直滑动面$AA'$和$BB'$,见图6-27。这两个滑动面上的抗剪强度为:

$$\tau_{\mathrm{f}}=c+\sigma\tan\varphi$$

岩石的容重为$\gamma$,地面上作用着强度为$p$的均布荷载,在地表以下任何深度处的垂直应力为$\sigma_z$,而相应的水平应力为:

$$\sigma_x=\lambda\sigma_z \tag{6-105}$$

式中　$\lambda$——岩石的侧压力系数。

在表面以下$z$深度处,对在$AA'BB'$岩柱中取厚度为$\mathrm{d}z$的薄层进行分析。薄层的重力等于$2b_1\gamma\mathrm{d}z$(以垂直图形平面的单位长度计)。在这薄层上作用的力如图6-27所示。作用在薄层上的垂直力之和等于零。根据这个条件,可以写

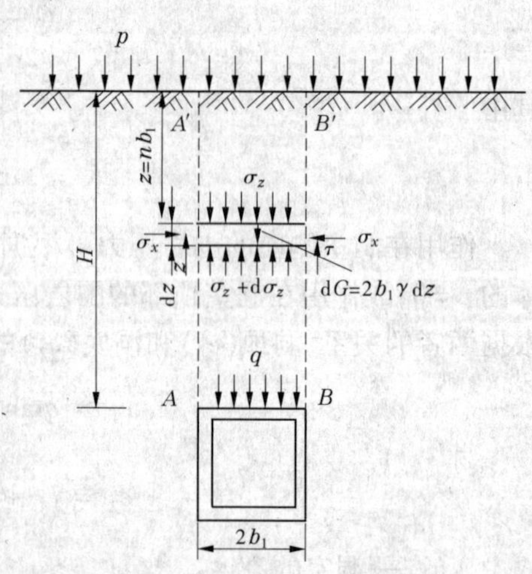

**图6-27　围岩压力计算图解**

出下列方程式：

$$2b_1\gamma dz = 2b_1(\sigma_z + d\sigma_z) - 2b_1\sigma_z + 2cdz + 2\lambda\sigma_z dz\tan\varphi$$

经过整理后，得：

$$\frac{d\sigma_z}{dz} = \gamma - \frac{c}{b_1} - \lambda\sigma_z\frac{\tan\varphi}{b_1} \tag{6-106}$$

解这个微分方程式，并考虑到边界条件：当 $z=0$ 时，$\sigma_z = p$，最后得：

$$\sigma_z = \frac{b_1\left(\gamma - \frac{c}{b_1}\right)}{\lambda\tan\varphi}\left(1 - e^{-\lambda\tan\varphi\frac{z}{b_1}}\right) + pe^{-\lambda\tan\varphi\frac{z}{b_1}} \tag{6-107}$$

令式(6-107)中的 $z=H$，即得到洞室顶面的垂直围岩压力 $q$：

$$q = \frac{b_1\gamma - c}{\lambda\tan\varphi}\left(1 - e^{-\lambda\tan\varphi\frac{H}{b_1}}\right) + pe^{-\lambda\tan\varphi\frac{H}{b_1}} \tag{6-108}$$

式(6-108)对深埋洞室和浅埋洞室都适用。当洞室为深埋时，可令 $H\to\infty$，得：

$$q = \frac{b_1\gamma - c}{\lambda\tan\varphi} \tag{6-109}$$

当 $c=0$ 时：

$$q = \frac{b_1\gamma}{\lambda\tan\varphi} \tag{6-110}$$

对于洞室侧面岩石不稳定的情况，也可用类似的方法来求围岩压力。这时，洞室侧面从底面起就产生了一个与铅垂线成 $45° - \frac{\varphi}{2}$ 角的滑裂面，见图 6-28。侧墙受到水平侧向压力的作用。垂直压力计算公式的推导与上述过程相同，只要将以上各式中的 $b_1$ 代以 $b_2$ 即可。

$$b_2 = b_1 + h_0\tan\left(45° - \frac{\varphi}{2}\right)$$

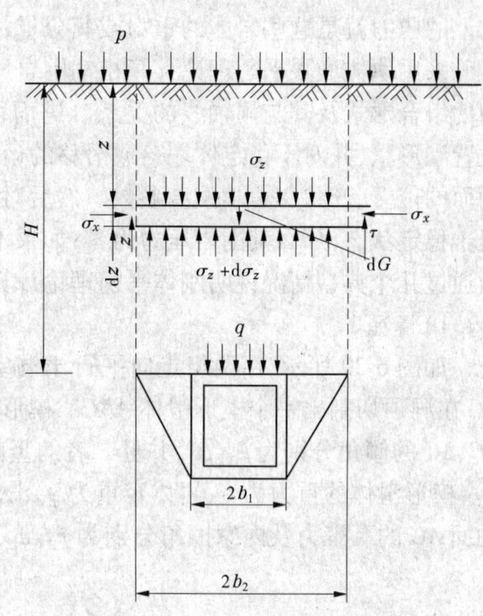


图 6-28 侧面岩石不稳时的围岩压力

这时：

$$q = \frac{b_2\gamma - c}{\lambda\tan\varphi}\left(1 - e^{-\lambda\tan\varphi\frac{H}{b_2}}\right) + pe^{-\lambda\tan\varphi\frac{H}{b_2}} \tag{6-111}$$

当 $H\to\infty$ 时：

$$q = \frac{b_2\gamma - c}{\lambda\tan\varphi} \tag{6-112}$$

当 $c=0$ 时：

$$q = \frac{b_2\gamma}{\lambda\tan\varphi} \tag{6-113}$$

太沙基假定岩体为“散粒体”，对岩石作了比较简单的假定，没有对洞室围岩进行较严密的应力分析和强度分析,计算一部分岩石的自重作用下对洞室引起的围岩压力,这些压力实际上都是松动压力。

作用在洞室侧壁的围岩压力同岩柱法一样,采用朗肯土压力理论进行计算,侧壁的围岩压力沿高度呈梯形分布。洞顶($e_1$)和洞底($e_2$)的侧向围岩压力可按下式求得:

$$\left.\begin{aligned} e_1 &= q\tan^2(45° - \frac{\varphi}{2}) \\ e_2 &= e_1 + \gamma h_0 \tan^2(45° - \frac{\varphi}{2}) \end{aligned}\right\} \tag{6-114}$$

式中　$\gamma$——岩体的容重。

4. 块体极限平衡理论

整体状结构岩体中,常被各种结构面切割成不同形状和大小的结构体。地下洞室开挖后,由于洞周临空,围岩中的某些块体在自重作用下向洞内滑移。那么,作用在支护衬砌上的压力就是这些岩体的重力或其分量,可采用块体极限平衡法进行分析计算。

采用块体极限平衡理论计算松动围岩压力时,首先应从地质构造分析着手,找出结构面的组合形式及其与洞轴线的关系。进而得出围岩中可能不稳定楔形体(或分离体)的位置和形状,并对不稳定体塌落或滑移的运动学特征进行分析,确定其滑动方向、可能滑动面的位置、产状和力学强度参数。然后对楔形体进行稳定性校核。如果校核后,楔形体处于稳定状态,那么其围岩压力为零;如果不稳定,那么就要具体地计算其围岩压力。下面通过几个典型情况说明刚体平衡理论计算围岩压力的分析原则及具体实施过程。

1)情况 1

如图 6-29 所示,由两组走向平行于洞室轴线延伸方向,而倾向相背的结构面 $AC$ 和 $BC$ 在洞顶切割出一个楔形滑体 $ABC$。楔形滑体 $ABC$ 的高为 $h$、底宽($AB$)为 $a$,其滑动面 $BC$、$AC$ 的倾角分别为 $\beta_1$、$\beta_2$,并且二者的竖向夹角分别为 $\alpha_1$ 和 $\alpha_2$,它们的长度分别为 $l_1$、$l_2$。楔形滑体的重力为 $G$,岩体容重为 $\gamma$,滑动面 $BC$ 的黏聚力及内摩擦角分别为 $c_1$、$\varphi_1$,滑动面 $AC$ 的黏聚力及内摩擦角分别为 $c_2$、$\varphi_2$。由楔形滑体的静力平衡条件可以求得洞顶

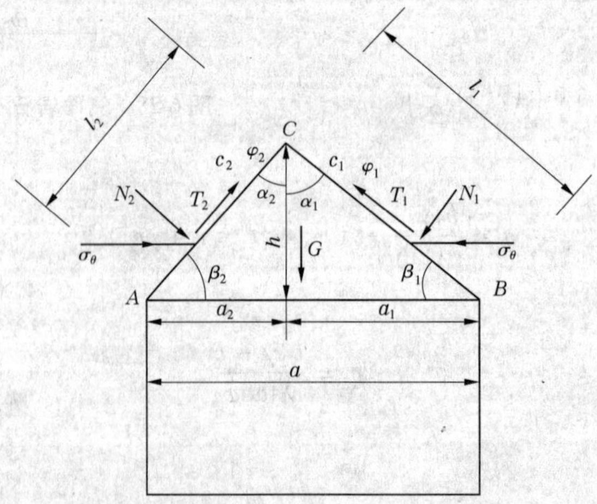


图 6-29　由楔形体引起围岩压力计算简图

竖向围岩压力 $q$，即

$$q = G - [(T_1 + N_1\tan\varphi_1 + c_1 l_1)\cos\alpha_1 + (T_2 + N_2\tan\varphi_2 + c_2 l_2)\cos\alpha_2] \quad (6\text{-}115)$$

式中 $G = ah\gamma/2$；

$T_1$、$N_1$——洞壁切向应力 $\sigma_\theta$ 平行于滑动面 $BC$ 的分量及垂直于滑动面 $BC$ 的分量；

$T_2$、$N_2$——洞壁切向应力 $\sigma_\theta$ 平行于滑动面 $AC$ 的分量及垂直于滑动面 $AC$ 的分量。

如果洞顶围岩应力为拉伸应力（即切向应力 $\sigma_\theta$ 对楔形滑体 $ABC$ 不产生任何作用），并且楔形滑体 $ABC$ 已与滑动面 $AC$ 及 $BC$ 脱离，而它们之间的空隙又没有任何充填物，可以认为 $c_1 = \varphi_1 = c_2 = \varphi_2 = 0$。此时，洞顶竖向围岩压力 $q$ 便是楔形滑体 $ABC$ 的自重力 $G$，即

$$q = G = ah\gamma/2 \quad (6\text{-}116)$$

2）情况 2

如图 6-30 所示，洞顶围岩被铅直及水平结构面切割成柱状滑体，即棱柱 $ABCDHGFE$，其滑动面为 $ABFE$ 面、$CDHG$ 面、$ABCD$ 面及 $EFGH$ 面。各结构面的黏聚力和内摩擦角均分别为 $c$、$\varphi$。假定洞壁切向应力及径向应力分别为 $\sigma_\theta$、$\sigma_r$。棱柱 $ABCDHGFE$ 的延伸方向与洞室轴线方向一致。由棱柱滑体 $ABCDHGFE$ 的静力平衡条件可以求得洞顶竖向围岩

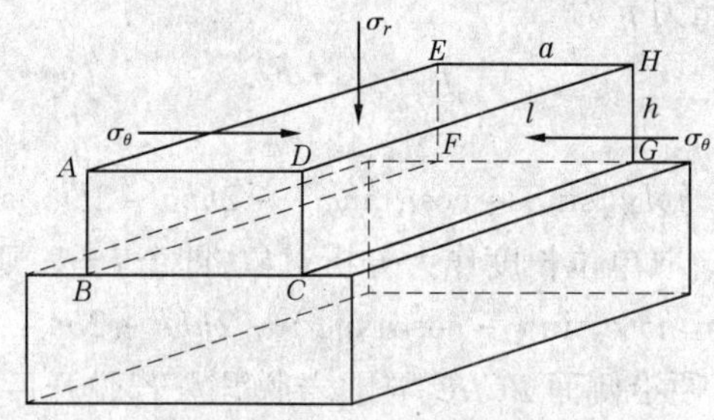


图 6-30 棱柱滑体引起围岩压力计算简图

压力 $q$，即

$$q = ahl\gamma - 2hlc - 2hl\sigma_\theta\tan\varphi - 2ahc - alc$$

或

$$q = ahl\gamma - 2hl(c + \sigma_\theta\tan\varphi) - 2ahc - alc \quad (6\text{-}117)$$

如果沿洞室轴线方向取单位长度作为分析对象，即取 $l = 1$，则式(6-117)变为

$$q = ah\gamma - 2h(c + \sigma_\theta\tan\varphi) - 2ahc - ac \quad (6\text{-}118)$$

式中 $\gamma$——岩体容重。

若 $ABCD$ 面为临空面，则式(6-117)变为：

$$q = ah\gamma - 2h(c + \sigma_\theta\tan\varphi) - ahc - ac \quad (6\text{-}119)$$

若棱柱滑体 $ABCDHGFE$ 完全脱落，并且各结构面裂隙均没有充填其他任何物质。此时，$c = 0$，$\sigma_\theta\tan\varphi = 0$，则洞顶竖向围岩压力 $q$ 即为滑体的自重力。那么，式(6-117)即为

$$q = ahl\gamma \quad 或 \quad q = ah\gamma \quad (6\text{-}120)$$

3）情况 3

如图 6-31 所示，两组斜交结构面将洞壁围岩切割成断面为平行四边形的棱形柱滑体

*ABCDGFEH*，其沿伸方向平行于洞室轴线，滑动面为侧面，侧面与水平面的夹角为 $\alpha$。假定岩体容重为 $\gamma$，各结构面的黏聚力及内摩擦角均分别为 $c$、$\varphi$。棱柱滑体断面长边、短边及高分别为 $b$、$a$、$h$，而棱柱体长为 $l$。不考虑地应力的影响。当棱柱体 *ABCDGFEH* 沿滑动面 *ABEF* 向洞内滑动时，便产生围岩压力 $p$，而该围岩压力实际上为沿 *ABEF* 面的下滑力 $T$ 与抗滑力 $F$ 之差（据滑体静力平衡条件）。

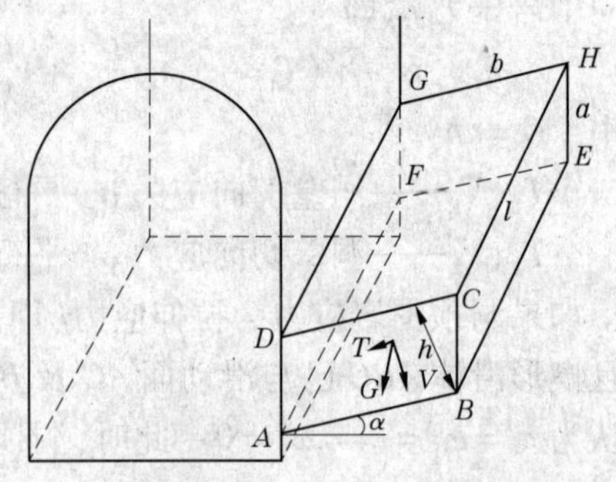


图 6-31 斜柱状滑体引起围岩压力计算简图

沿 *ABEF* 面的下滑力 $T$ 为

$$T = G\sin\alpha = hbl\gamma\sin\alpha$$

沿 *ABEF* 面的抗滑力 $F$ 为

$$\begin{aligned} F &= G\cos\alpha\tan\varphi + 2hbc + 2blc + alc \\ &= hbl\gamma\cos\alpha\tan\varphi + 2hbc + 2blc + alc \end{aligned} \tag{6-121}$$

其中，$G = hbl\gamma$ 为滑体重力，$T = G\sin\alpha$，$N = G\cos\alpha$，则由于斜柱状滑体 *ABCDGFEH* 向洞内滑动所产生的围岩压力 $p$ 为

$$p = T - F \tag{6-122}$$

故

$$p = hbl\gamma(\sin\alpha - \cos\alpha\tan\varphi) - 2hbc - 2blc - alc \tag{6-123}$$

如果沿洞室轴线方向取单位长度作为分析对象，即令 $l = 1$，则式（6-123）变为

$$p = hb\gamma(\sin\alpha - \cos\alpha\tan\varphi) - 2hbc - 2bc - ac \tag{6-124}$$

由于当滑体滑动后，便沿侧面 *BCHE* 与围岩脱开。若脱开后的裂隙没有被其他物质充填，那么结构面 *BCHE* 的黏聚力 $c = 0$。此时，式（6-123）及式（6-124）分别变为

$$p = hbl\gamma(\sin\alpha - \cos\alpha\tan\varphi) - 2bc(h + l) \tag{6-125}$$

$$p = hb\gamma(\sin\alpha - \cos\alpha\tan\varphi) - 2bc(h + 1) \tag{6-126}$$

4）情况 4

如图 6-32（a）所示，岩体被一组密集分布的倾斜结构面所切割，则在这种岩体中开挖洞室，洞壁围岩将沿着倾斜结构面向洞内滑动与塌落。此时，可以根据裂隙岩体极限平衡

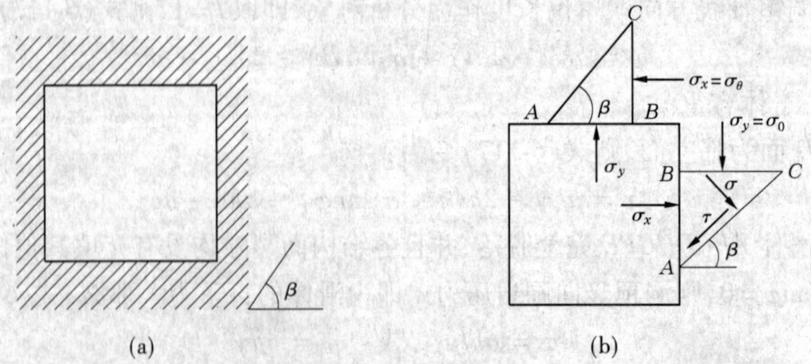


图 6-32 岩体被密集结构面切割时围岩压力计算简图

理论计算围岩压力。倾斜结构面倾角为$\beta$。

如图6-32(b)所示,在侧壁上取一微分三角形单元$ABC$,其中$AC$为滑裂面(即为岩体中原倾斜结构面),倾角为$\beta$。由前面讨论的洞室围岩应力分布特征可知,在侧壁处有

$$\left.\begin{aligned}\sigma_x &= \sigma_r = 0\\ \sigma_y &= \sigma_\theta\end{aligned}\right\} \tag{6-127}$$

式中　$\sigma_r$——洞壁径向应力;

$\sigma_\theta$——洞壁切向应力。

作用于$BC$面上竖直向下的压力为$p_{BC}$:

$$p_{BC} = \overline{BC}\sigma_y \tag{6-128}$$

事实上,$p_{BC}$也为作用于微分三角形单元$ABC$上的竖直向下力。将$p_{BC}$分解为垂直于滑裂面$AC$的力$p_{\perp AC}$及平行于滑裂面$AC$的力$p_{/\!/AC}$,即

$$p_{\perp AC} = p_{BC}\cos\beta = \overline{BC}\sigma_y\cos\beta = \overline{AC}\cos\beta\sigma_y\cos\beta \tag{6-129}$$

$$p_{/\!/AC} = p_{BC}\sin\beta = \overline{BC}\sigma_y\sin\beta = \overline{AC}\cos\beta\sigma_y\sin\beta \tag{6-130}$$

从而,滑裂面$AC$上的正应力$\sigma$及剪应力$\tau$分别为:

$$\left.\begin{aligned}\sigma &= \frac{p_{\perp AC}}{\overline{AC}}\\ \tau &= \frac{p_{/\!/AC}}{\overline{AC}}\end{aligned}\right\} \tag{6-131}$$

将式(6-129)及式(6-130)代入式(6-131)得:

$$\left.\begin{aligned}\sigma &= \sigma_y\cos^2\beta\\ \tau &= \sigma_y\sin\beta\cos\beta\end{aligned}\right\} \tag{6-132}$$

以上各式中,$\overline{AC}$和$\overline{BC}$分别表示$AC$面及$BC$面的面积。

裂面$AC$的抗剪强度$s$为:

$$s = \sigma\tan\varphi + c \tag{6-133}$$

式中　$c$、$\varphi$——滑裂面$AC$的内聚力及内摩擦角。

由莫尔强度理论可知,当$s \geqslant \tau$时,岩体是稳定的。因此,洞室稳定条件为:

$$s - \tau \geqslant 0 \tag{6-134}$$

将式(6-132)及式(6-133)代入式(6-134)得:

$$\sigma_y\cos^2\beta\tan\varphi + c - \sigma_y\sin\beta\cos\beta \geqslant 0 \tag{6-135}$$

式(6-135)进一步变为:

$$\sigma_y\cos\beta\sin(\varphi - \beta) + c\cos\varphi \geqslant 0 \tag{6-136}$$

当$\varphi > \beta$时,式(6-136)恒成立,所以侧壁总是稳定的,不会产生围岩压力。而当$\varphi < \beta$时,式(6-136)是否成立,也即侧壁是否稳定,或是否产生围岩压力,需要根据具体情况进行验算,若$\beta = 45° + \frac{\varphi}{2}$,则式(6-136)变为:

$$\sigma_y \leqslant \frac{2c\cos\varphi}{1 - \sin\varphi} \tag{6-137}$$

可以证明,式(6-137)右端项为岩体的极限抗压强度。所以说,当洞室周壁(侧壁)的

切向应力 $\sigma_y=\sigma_\theta$ 不超过围岩的极限抗压强度时,洞室是稳定的。

如果围岩应力状态不满足式(6-136),那么洞壁不稳定,将产生围岩压力。此时,可以按照下述原则计算围岩压力。

为了使式(6-136)或式(6-137)成立,必须垂直于侧壁施加一个水平方向力 $\sigma_x$,如图6-32(b)所示。这样,作用于滑裂面 $AC$ 上的正应力 $\sigma$ 及剪应力 $\tau$ 分别变为:

$$\left.\begin{aligned}\sigma &= \sigma_y\cos^2\beta + \sigma_x\sin^2\beta \\ \tau &= \sigma_y\sin\beta\cos\beta - \sigma_x\sin\beta\cos\beta\end{aligned}\right\} \tag{6-138}$$

将式(6-138)代入式(6-134),并且注意式(6-133)得:

$$\sigma_y\cos\beta\sin(\varphi-\beta) + \sigma_x\sin\beta\cos(\varphi-\beta) + c\cos\beta \geqslant 0 \tag{6-139}$$

由式(6-139)可以解 $\sigma_x$,即为所求的侧壁单位面积上的围岩压力。

洞顶稳定条件是把式(6-139)中的 $\beta$ 换成 $90°-\beta$,$\sigma_y$ 和 $\sigma_x$ 对换即可。解出 $\sigma_y$,即为所求的洞顶单位面积上的竖向围岩压力。

**(二)塑性松动围岩压力**

塑性松动围岩压力的计算以围岩二次应力弹塑性分析为基础。该计算方法仅考虑塑性圈内的岩体自重并以其作为作用在支护上的荷载而建立。

卡柯和恺利施尔(Kerisel)认为,洞室开挖后,由于支撑力的不足,可能在半径为 $R$ 的塑性圈内导致岩石的松动和削弱,围岩可能产生不利于平衡的性质,应当计算塑性圈在自重作用下的平衡。他们假定塑性圈与弹性岩体脱离,求得了塑性岩体在自重下的围岩压力公式。

如图6-33所示,取洞室顶部中轴线上塑性区的微小单元体进行分析。单元体受力情况见图6-33(b),根据平衡条件,考虑单元体本身的受力的情况下,沿着单元体径向轴上的所有力之和为零,即 $\sum F_r=0$。可以求得如下平衡方程式:

$$(\sigma_r+\mathrm{d}\sigma_r)(r+\mathrm{d}r)\mathrm{d}\theta - \sigma_r r\mathrm{d}\theta - 2\sigma_\theta\mathrm{d}r\sin\frac{\mathrm{d}\theta}{2} + \gamma_0 r\mathrm{d}\theta\mathrm{d}r = 0$$

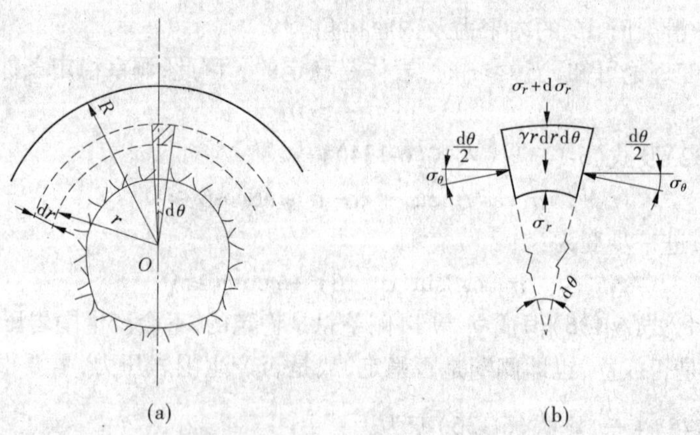


图6-33　围岩中的微分单元

当 $\mathrm{d}\theta$ 很小时,$\sin\frac{\mathrm{d}\theta}{2}\approx\frac{\mathrm{d}\theta}{2}$。将上式展开略去高阶微量,整理得下列微分方程式:

$$(\sigma_\theta - \sigma_r)\mathrm{d}r - r\mathrm{d}\sigma_r - \gamma r\mathrm{d}r = 0 \tag{6-140}$$

式(6-140)为洞室顶部塑性区域内围岩的平衡微分方程式。塑性区内的应力除必须满足这个方程式外,还必须满足下列塑性平衡条件:

$$\frac{\sigma_r + c\cot\varphi}{\sigma_\theta + c\cot\varphi} = \frac{1}{N_\varphi}$$

利用边界条件:当 $r=R$ 时,$\sigma_R=0$(这里 $R$ 为塑性圈半径)。

联立上述两个方程,结合边界条件,求得解为:

$$\sigma_r = -c\cot\varphi + c\cot\varphi\left(\frac{r}{R}\right)^{\frac{2\sin\varphi}{1-\sin\varphi}} + \frac{\gamma r(1-\sin\varphi)}{3\sin\varphi - 1}\left[1-\left(\frac{r}{R}\right)^{\frac{3\sin\varphi-1}{1-\sin\varphi}}\right] \tag{6-141}$$

或者

$$\sigma_r = -c\cot\varphi + c\cot\varphi\left(\frac{r}{R}\right)^{N_\varphi-1} + \frac{\gamma r}{N_\varphi - 2}\left[1-\left(\frac{r}{R}\right)^{N_\varphi-2}\right] \tag{6-142}$$

令式(6-142)中的 $r=R_0$(洞室开挖半径 $R_0$),即求得衬砌给予岩石的支撑力,亦即塑性区岩石对衬砌的压力,令这个压力为 $p_a$:

$$p_a = -c\cot\varphi + c\cot\varphi\left(\frac{R_0}{R}\right)^{N_\varphi-1} + \frac{\gamma R_0}{N_\varphi - 2}\left[1-\left(\frac{R_0}{R}\right)^{N_\varphi-2}\right] \tag{6-143}$$

式(6-143)称为卡柯公式,又称为塑性松动压力应力承载公式。

应用卡柯公式计算围岩压力必须首先知道塑性圈的半径 $R$。计算时可以认为塑性松动圈已充分发展,以致 $R=R_{max}$。将这一关系代入式(6-143)即求得松动压力的公式:

$$p_a = k_1\gamma R_0 - k_2 c \tag{6-144}$$

其中

$$k_1 = \frac{1-\sin\varphi}{3\sin\varphi - 1}\left[1-\left(\frac{R_0}{R_{max}}\right)^{\frac{3\sin\varphi-1}{1-\sin\varphi}}\right]$$

$$k_2 = \cot\varphi\left[1-\left(\frac{R_0}{R_{max}}\right)^{\frac{2\sin\varphi}{1-\sin\varphi}}\right]$$

以上两式中 $R_{max}$ 取值:令支护力 $p_i=0$,芬纳公式(6-87)或修正的芬纳公式(6-89)推导分别可得

$$\frac{R_0}{R_{max}} = \left[1+\frac{\sigma_0}{c}(1-\sin\varphi)\tan\varphi\right]^{\frac{\sin\varphi-1}{2\sin\varphi}} \quad \text{(芬纳公式)} \tag{6-145}$$

$$\frac{R_0}{R_{max}} = \left[\frac{(\sigma_0 + c\cot\varphi)(1-\sin\varphi)}{c\cot\varphi}\right]^{\frac{\sin\varphi-1}{2\sin\varphi}} \quad \text{(修正的芬纳公式)} \tag{6-146}$$

利用式(6-144)计算较繁。为了应用方便,将 $k_1=f_1\left(\frac{p}{c},\varphi\right)$ 以及 $k_2=f_2\left(\frac{p}{c},\varphi\right)$ 绘制成专门的曲线图,如图 6-34 和图 6-35 所示。根据已定的 $c$、$\varphi$、$p_0$ 就可从曲线上查得 $k_1$ 和 $k_2$,代入式(6-144)计算松动压力 $p_a$,甚为方便。

以上 $k_1$ 和 $k_2$ 值是在芬纳公式的基础上推出的。用修正的芬纳公式推出 $k_1$ 和 $k_2$ 值时,把式(6-146)代入式(6-144)即可。

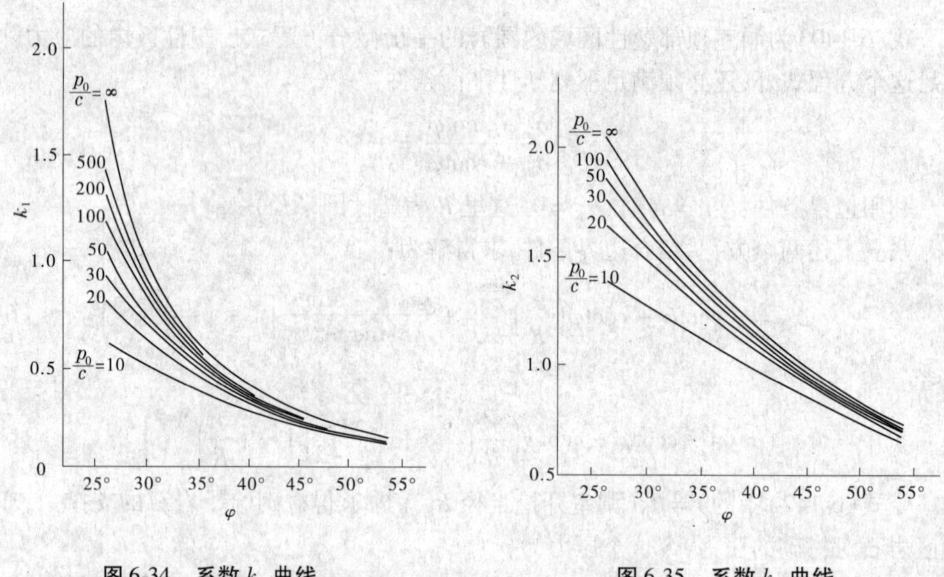


**图 6-34　系数 $k_1$ 曲线**　　　　**图 6-35　系数 $k_2$ 曲线**

在实际应用松动压力公式进行计算时，应当考虑松动圈内岩石因松动破碎而 $c$、$\varphi$ 降低的情况。根据经验（现场剪切试验和室内试验），岩体的黏聚力 $c$ 往往降低很多，不仅随着洞室开挖过程岩体破碎而降低，而且随着风化、湿化等影响而发生较大的降低。内摩擦角的变化较小。在水工建筑物的设计中，通常只采用 $c$ 的试验值的 20% ~25%，甚至完全不考虑黏聚力，以作为潜在的安全储备。对于内摩擦系数 $\tan\varphi$ 一般取试验值的 67% ~90%，甚至取 50%。在具体计算时，通常可以按照下列经验规定选用。

（1）塑性松动圈内岩体的内摩擦角 $\varphi$ 视岩体裂隙的充填情况而定：当无充填物时，取试验值的 90% 为计算值；当有泥质充填物时，取试验值的 70% 为计算值。

（2）塑性松动圈的黏聚力 $c$ 按下列情况考虑：

①计算松动圈 $R_0$ 时，取试验值的 20% ~25% 作为计算值。

②当洞室干燥无水，开挖后立即喷锚处理或及时衬砌而且回填密实时，计算松动压力时可取试验值的 10% ~20% 作为计算值；当洞室有水或衬砌回填不密实时，应不考虑黏聚力的作用，即令 $c=0$。

综上所述，确定松动压力的步骤如下：

（1）根据围岩的试验资料，洞室的埋置深度、洞径（跨度与洞高），确定围岩的 $c$、$\varphi$、$\gamma$ 以及埋深 $H$，洞径 $R_0$ 等数值。

（2）根据工程地质、水文地质条件及施工条件等各种因素的综合，按上述的方法，对 $c$、$\varphi$ 值进行折减。

（3）确定岩体的初始应力 $\sigma_0$ 值，该值可用实测或估算确定，在估算时采用 $\sigma_0=\gamma H$（若上覆岩层由多层岩石组成，则 $\sigma_0=\sum\gamma_i h_i$，式中 $\gamma_i$、$h_i$ 分别为各层岩石的容重和厚度）。

（4）求出 $\frac{\sigma_0}{c}$ 值，并用 $\frac{\sigma_0}{c}$ 及 $\varphi$ 值查图 6-34 及图 6-35 上的曲线，得出 $k_1$、$k_2$ 的值。

(5)由公式 $p_a = k_1\gamma R_0 - k_2c$ 计算松动压力,以作为衬砌上的围岩压力。

# 第六节　新奥法简介

## 一、地下洞室支护理论

在大量的地下工程实践中,人们普遍认识到地下洞室的核心问题都归结在开挖和支护两个关键工序上。即如何开挖,才能更有利于洞室的稳定和便于支护;当需支护时,又如何支护才能更有效地保证洞室稳定和便于开挖。这是隧道及地下工程中两个相互促进又相互制约的问题。

在隧道及地下洞室工程中,围绕着以上核心问题的实践和研究,在不同的时期,人们提出了不同的理论并逐步建立了不同的理论体系,每一种理论体系都包含和解决(或正在研究解决)了从工程认识(概念)、力学原理、工程措施到施工方法(工艺)等一系列工程问题。

一种理论是20世纪20年代提出的传统的松弛荷载理论(见图6-36(a))。其核心内容是:稳定的岩体有自稳能力,不产生荷载;不稳定的岩体则可能产生坍塌,需要用支护结构予以支撑,这样作用在支护结构上的荷载就是围岩在一定范围内由于松弛并可能塌落的岩体重力。这是一种传统的理论,其代表人物有泰沙基和普氏等。它类似于地面工程考虑问题的思想,至今仍被普遍地应用着。

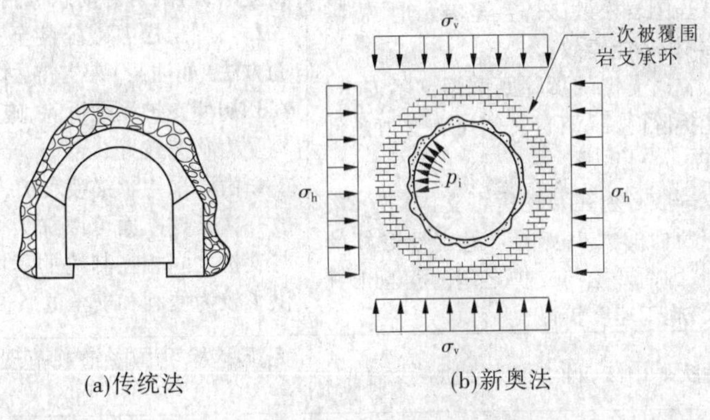


(a)传统法　　(b)新奥法

**图6-36　两种支护效果对比示意图**

另一种理论是20世纪50年代提出的现代支护理论,或称为围岩承载理论(见图6-36(b))。其核心内容是:围岩稳定显然是岩体自身有承载自稳能力;不稳定围岩丧失稳定是有一个过程的,如果在这个过程中提供必要的帮助或限制,则围岩仍然能够进入稳定状态。这种理论体系的代表性人物有拉布西维兹、米勒－菲切尔、芬纳－塔罗勃和卡斯特奈等。这是一种比较现代的理论,它已经脱离了地面工程考虑问题的思路,而更接近于地下工程实际,半个多世纪以来已被广泛接受和推广应用,并且表现出广阔的发展前景。

由以上可以看出,前一种理论更注意结果和对结果的处理;而后一种理论则更注意过程和对过程的控制,即对围岩自承能力的充分利用和弥补(加固处理)。由于有此区别,因而两种理论体系在过程和方法上各自表现出不同的特点(见表 6-5)。新奥法是围岩承载理论在隧道工程实践中的代表方法。

表 6-5　两大理论体系的比较说明

| 项目 | | 松弛荷载理论 | 围岩承载理论 |
|---|---|---|---|
| 认识 | | 围岩虽有一定的承载能力,但极有可能因松弛的发展而致失稳,结果是对支护结构产生荷载作用,即视围岩为荷载的主体 | 围岩虽然可能产生松弛破坏而致失稳,但在松弛的过程中围岩仍有一定的承载能力,具有三位一体特性。对其承载能力不仅要尽可能地利用,而且应当保护和增强,即视围岩为承载的主体 |
| 工程措施 | 支护 | 根据以往工程对围岩稳定性的经验判断,进行工程类比,确定临时支撑参数。考虑到隧道开挖后,围岩很可能松弛坍塌,常用型钢或木构件等刚度较大的构件进行临时支撑,盾构是临时支撑的最佳形式。待隧道开挖成型后,逐步将临时支撑撤换下来,而用整体式衬砌作为永久性衬砌 | 根据量测数据提示的围岩动态发展趋势,确定初期支护参数。为了控制围岩松弛变形的过程,维护和增强围岩的自承载能力,常用锚杆和喷射混凝土等柔性构件组合起来对围岩进行加固(称为喷锚支护)。这是初期支护常用的组合形式,必要时可增加超前锚杆或钢筋网甚至钢拱架。初期支护与围岩共同构成隧道的复合式承载结构体系 |
| | 开挖 | 常用分部开挖,以便于构件支撑的施作。钻爆法或中小型机械掘进 | 常用大断面开挖,以减少对围岩的扰动。钻爆法或大中型机械掘进 |
| | 优缺点 | 1. 构件临时支撑直观、有效,容易理解,工艺简单,易于操作;<br>2. 当围岩松散破碎甚至有水时,需满铺卷材,也能奏效;<br>3. 临时支撑的拆除既麻烦又不安全,不能拆除时,既浪费又使衬砌受力条件不好;<br>4. 一般必须在开挖后再支撑,故一次开挖断面的大小受围岩稳定性好坏的限制,因而开挖与支护之间的相互干扰较大,施工速度较慢 | 1. 锚喷初期支护按需设置,适应性强,工艺较复杂,对围岩的动态量测要求较高;<br>2. 当围岩松散破碎甚至有水时,需采用辅助方法(如注浆)来支持,才能继续施工;<br>3. 初期支护无须拆除,施工较安全,支护结构受力状态较好;<br>4. 由于采用了锚喷支护,且可以超前支护,故一次开挖断面可以加大,因而减轻了开挖与支护之间相互制约的程度,给快速掘进提供了较为便利和安全的条件,施工速度较快 |
| | 方法 | 传统矿山法,日本称为背板法 | 新奥法,我国隧道规范现改称为喷锚构筑法 |
| 力学原理 | | 土力学:视围岩为散粒体,计算其对支撑或衬砌产生荷载的大小和分布状态。结构力学:视支撑和衬砌为承载结构,检算其内力,并使之受力合理;建立的是"荷载－结构"力学体系,以最不利荷载作为衬砌结构的设计荷载。但衬砌实际工作状态很难接近其设计工作状态。以往据此所做的大比例隧道结构－荷载模型试验,并无多大参考价值 | 岩体力学:视围岩为具有弹塑性的应力岩体,分析计算围岩在开挖坑道前后的应力—应变状态及变化过程,并视支护为应力岩体的边界条件,起调节和控制围岩的应力应变的作用,检验作用的效果并使之优化。建立的是"围岩－支护"力学体系,以实际的应力应变状态作为支护的设计状态。实际工作状态较易接近设计工作状态 |

续表 6-5

| | 松弛荷载理论 | 围岩承载理论 |
|---|---|---|
| 理论要点 | 1. 开挖隧道后,围岩产生松弛是必然的,但产生坍塌却是偶然的,故应准确判断各类围岩产生坍塌的可能性大小;<br>2. 围岩的松弛和坍塌都向支撑或衬砌施加压力,故应准确判断压力的大小和分布,但以上两种判断的准确程度在实际中很难把握;<br>3. 为保证围岩稳定,应根据荷载的大小和分布,设计临时支撑和永久衬砌作为承载结构,并使承载结构受力合理,但实际上只能以最不利荷载作为设计荷载;<br>4. 尽管承载结构是按承受最不利荷载来设计的,但它是在开挖后才施作的,故为保证施工的顺利进行,应尽可能地防止围岩的松动和坍塌 | 1. 围岩是主要承载部分,故在施工中应尽可能地减少对围岩的扰动,以保护其固有承载能力;<br>2. 初期支护主要用来加固围岩,它应既允许围岩承载能力的充分发挥,又能防止围岩因变形过度而产生失稳,故初期支护应先柔后刚,适时、按需提供;<br>3. 围岩的应力—变形动态预示着它是否能进入稳定状态,因此以量测作为手段掌握围岩动态,进行施工监控,或据此修改支护参数;<br>4. 整体失稳通常是局部破坏发展所致,故支护应该能够既加固局部以防止局部破坏,又全面约束围岩以防止整体失稳,从而使支护与围岩共同构成一个封闭且稳定的承载环 |

## 二、新奥法

新奥法即新奥地利隧道施工方法的简称,原文是 New Austrian Tunnelling Method,简称为 NATM。在工程中又常被称为锚喷支护。锚喷支护是锚杆(锚索)与喷射混凝土联合支护的简称。锚杆(锚索)与喷射混凝土都可独立使用,但二者常联合应用,支护效果更加完善。

新奥法概念是奥地利学者拉布西维兹教授于 20 世纪 50 年代提出的。它是以既有隧道工程经验和岩体力学的理论为基本,将锚杆和喷射混凝土组合在一起作为主要支护手段的一种施工方法,经奥地利、瑞典、意大利等国的许多实践和理论研究,于 60 年代取得专利权并正式命名,在西欧、北欧、美国和日本等许多地下工程中获得极为迅速的发展,已成为现代隧道工程新技术的标志之一。我国近 50 年来,铁路等部门通过科研、设计、施工三结合,在许多隧道建筑中,按照自己的特点成功地应用了新奥法,取得了较多的经验,积累了大量的数据,现已进入推广应用阶段。目前,新奥法几乎成为在软弱破碎围岩地段修建隧道的一种基本方法,技术经济效益是明显的。

新奥法是应用岩体力学理论,以维护和利用围岩的自承能力为基点,采用锚杆和喷射混凝土为主要支护手段,及时地进行支护,控制围岩的变形和松弛,使围岩成为支护体系的组成部分,并通过对围岩和支护的量测、监控来指导隧道施工及地下工程设计施工的方法与原则。

新奥法的核心思想可归纳为以下三个方面。

### (一)支护要充分发挥围岩的承载能力

新奥法根据现代岩石力学支护围岩共同作用原理,明确指出围岩是承载的主体,初次支护和最终衬砌的目的是保证和调动围岩的强度,帮助围岩实现自撑,使隧道尽快形成一个能自撑的土壤或岩石承载环。

围岩一旦风化松动,岩体强度将会大幅度降低,要发挥围岩的承载能力,首先是尽可能不损害围岩原有的强度。贯用的木支架和钢拱支架不能避免围岩出现松动,采用喷混凝土或锚喷支护,尤其是喷混凝土层的施作几乎可以在开挖后立即进行,这种支护与围岩紧密结合,可及时封闭围岩壁面,并具有一定的早强性能,可以防止围岩风化和松动,减少围岩强度的降低。喷锚或锚喷支护是新奥法的重要特征。

从力学角度讲,新奥法构筑的隧道可以认为是由围岩支承环与一次被覆、二次被覆构成的厚壁圆筒(见图 6-37(a))。支承环厚壁圆筒只有在全圆周上没有任何缝隙时才能起到圆筒的作用,形成闭合环非常重要。围岩的工作特性取决于衬砌的封闭时间,因此除非确认底板围岩非常坚硬而无需设置底拱外,一般都要设仰拱,并且在施工过程中要尽快对底板进行支护以形成闭合环,见图 6-37。

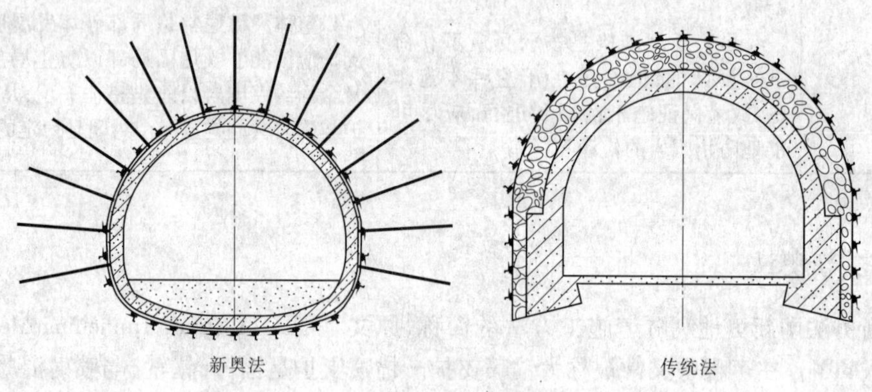


图 6-37　设仰拱形成闭合圆筒

**(二)建立二次支护概念**

巷道开挖初期的应力调整过程中,围岩变形量大、速度快。为适应这一特点,新奥法要求支护既能抑制围岩变形、防止围岩开裂松动,又要具有一定的可缩性,允许围岩适度变形,只有这样才能最大限度地减少支护受力,充分发挥围岩的支承能力。锚杆支护是一种可缩性支护,但是喷层、混凝土衬砌却是刚度较大的脆性支护;喷层厚度大则刚度大,在变形压力作用下很快就会破坏。为提高喷层和衬砌的柔性,初次支护要采用厚度较薄的薄壁结构,以减小弯矩,提高其变形适应能力。当初次支护强度需要增强时,可以使用锚杆、钢筋网及钢拱架,而不是增加喷层或衬砌的厚度。

初次支护在于有控制地允许围岩变形,充分发挥围岩的支护能力,以较低的成本获得较好的支护效果。二次支护的作用是提高支护的安全度,根据新奥法原则,二次支护也应采用薄壁结构,当围岩变形稳定后适时地完成。

综上所述,主动、及时、柔性、允许和限制围岩变形并存是锚喷支护的重要特征。

**(三)建立隧道施工量测体系**

新奥法强调在隧道施工过程中进行系统的现场监测工作,以掌握围岩活动规律和巷道安全程度。新奥法的初次支护参数设计是在岩石力学基本理论基础之上,按照围岩分类及工程类比方法确定的，只有通过现场实测，才能对设计参数进行进一步的优化，达到最佳支护效果。因此，量测工作是评价初次支护是否合理、施工方法与工艺是否正确、围岩状态是否稳定和确定二次支护时机的科学依据。监测工作伴随着巷道施工的全过程，量测工作的好坏是按新奥法施工能否成功的重要前提。新奥法典型实测断面布置如图 6-38所示。

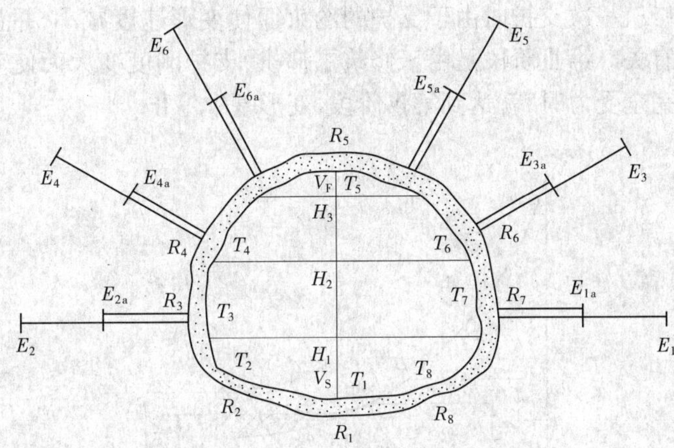


$R_1 \sim R_8$—径向应力（或接触压力）量测元件；$T_1 \sim T_8$—切向应力量测元件；$H_1 \sim H_3$—两帮收敛实测线；$V_S$、$V_F$—顶、底收敛实测线；$E_1 \sim E_6$—长点位移计；$E_{1a} \sim E_{6a}$—短点位移计

**图 6-38　新奥法典型实测断面布置**

## 三、新奥法支护机理

新奥法的基本观点是根据岩体力学理论，着眼于洞室开挖后形成塑性区的二次应力重分布，而不拘泥于传统的荷载观念。它主要不是建立在对于坍落拱的"支撑概念"上的，而是建立在对围岩的"加固概念"基础上的。我们可以用变形压力的公式来说明喷锚支护的原理。例如，从芬纳公式(6-87)可以看出，围岩稳定所形成的塑性圈半径 $R$ 越大，所需提供的支护反力 $p_i$ 可越小；反之，$R$ 越小，所需 $p_i$ 就越大。由于塑性圈半径 $R$ 的大小也表现为洞室表面径向位移 $u$ 的大小，因此围岩稳定所需的 $p_i$ 亦可表达成洞室表面径向位移 $u$ 的函数，即

$$p_i = f(u) \tag{6-147}$$

同样，式(6-147)说明围岩稳定时，洞室表面的径向位移 $u$ 愈大，所需的支护反力 $p_i$ 越小；反之，$u$ 愈小，所需的支护反力 $p_i$ 越大。这样，在合理的临界限度内，洞室围岩稳定所需要的表面围岩压力 $p_i$ 是与围岩塑性区半径 $R$，洞室周边位移 $u$ 以及围岩的黏聚力 $c$、内摩擦角 $\varphi$ 等参数成反比的，而支护能提供的抗力则与其刚度成正比。

图 6-39 中曲线表示隧道围岩应力再分布和围岩压力之间的关系。围岩特征曲线 1 表明，若不允许围岩壁面位移发展，洞壁径向压应力非常大；而若允许位移发展，则径向压应力减小，当位移达到某一数值时，围岩径向压应力，也就是围岩压力为最小($p_{i\min}$)。如果接近开挖面修筑支护，则位移 $u$ 较小。支护特性曲线 2 表示随着 $u$ 的增加，$p_i$ 也增加，并在与曲线 1 的交点处取得应力稳定，此时的径向压应力为 $p_i^{\mathrm{I}}$ 。如果修筑刚性更大的支

护，如图 6-39 中的曲线 3 所示，径向压应力增大，如图 6-39 中的 $p_i^{\mathrm{II}}$。新奥法就是根据上述理由，接近开挖面适时施作密贴围岩的薄层柔性支护的。如果施作支护时间过迟，则使围岩位移过大而产生塌落荷载。如图 6-39 中斜线阴影部分，也使径向压应力 $p_i^{\mathrm{III}}$ 增大，如图 6-39 中曲线 4 所示。曲线 5 表示由于围岩应力重分布和衬砌之间相互作用而存在的四个显著的特征阶段。第Ⅰ阶段是围岩不受支护的约束而能够向洞室内自由位移的时期。第Ⅱ阶段是修筑一次支护时由于支护的约束而使变形速度减小，并且这个支护抗力还和支护的刚度有关。第Ⅲ阶段是由于修筑了仰拱，支护刚度变大而使变形速度越来越小。最后当仰拱完全受力时，就达到第Ⅳ阶段，变形基本停止。

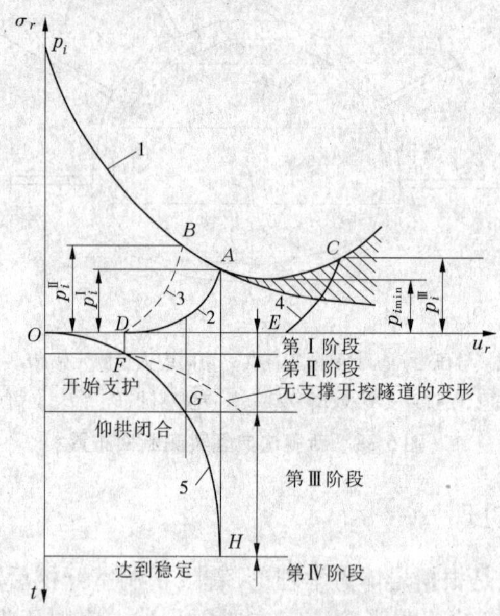


图 6-39　围岩应力重分布与围岩压力分布

## 四、锚喷支护工作特点及设计施工

### （一）锚杆的工作特点

锚杆支护最突出的特点是它通过置入岩体内部的锚杆，提高围岩的稳定能力，完成其支护作用。锚杆支护迅速及时，而且在一般情况下支护效果良好，用料又省，在同样效果条件下，只有 U 形钢用钢量的 1/15 ~ 1/12。所以，它已被越来越广泛地应用在各类岩土工程中。

### （二）锚杆的结构类型

所谓锚杆，即是一种杆（或索）体，其中置入岩体部分与岩体牢固锚结；部分裸露在岩体外面，挤压住围岩或使锚杆从里面拉住围岩。

国内外锚杆的构造类型不下数十种，分类的方法也很多，早期主要采用机械式（倒楔式、涨壳式等）金属锚杆或木锚杆；后来较多采用黏结式（有水泥砂浆、树脂等黏结剂）钢筋或钢丝绳锚杆、木锚杆、竹锚杆等以及管缝式锚杆（管径略大于孔径的开缝钢管，打入岩孔）；近期发展了快硬或膨胀水泥砂浆、水泥药卷、树脂药卷等性能良好的黏结材料，特别是后者,使得锚杆的效能得到了显著的提高。

根据杆体锚固的长度,可以分为端头(局部)锚固或全长锚固,各类水泥砂浆锚杆和树脂锚杆均可实现全长锚固,管缝式锚杆也属于全长锚固。

因为锚杆有意想不到的效果,所以常常采用与锚杆结合的各种结构形式如锚杆与钢筋网结合成锚网结构,将拉杆的两端锚固在岩石中成为锚拉结构,锚杆与梁支架等均能结合在一起工作。

**(三)锚杆作用机理和锚杆受力**

锚杆对围岩的作用,本质上属于三维应力问题,作用机制比较复杂,可以说至今还不能很好地解释锚杆这种良好的效果。一般认为,锚杆支护的作用机制主要有悬吊作用、减跨作用、组合梁作用、组合拱作用、加固作用(提高 $c$、$\varphi$ 值)等(见图 6-40)。研究表明,锚杆在抑制节理面间的剪切变形和提高岩体的整体强度方面起着重要的作用,特别是对于全长锚固的锚杆。锚杆的上述作用不是孤立存在的。对于地质条件复杂多变的岩体来说,有的是一种作用起主导,有的则是几种作用并存。

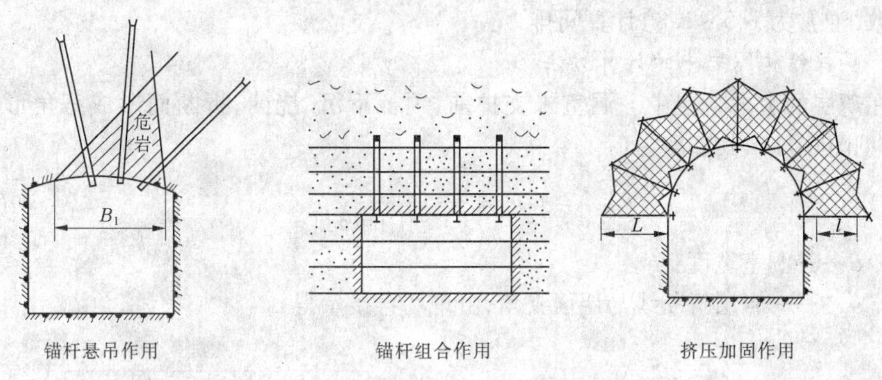


**图 6-40　常见锚杆支护的作用类型**

锚杆杆体的受力状态也比较复杂。有的研究表明,在全长锚固型锚杆的中部或偏下部位,存在一中心点,中心点内外的杆体表面剪应力指向相反,中心点处有最大轴力。对端部锚固的锚杆测力表明,部分锚杆还处在偏心受压状态。这些情况表明,锚杆的作用和机制都有待进一步探讨。

**(四)锚杆参数的确定方法**

目前,锚杆设计的计算方法都要采用一些简化和假设,其结果只能作为一种近似的估算,而更多的是采用经验和工程类比方法。

1. 按单根锚杆悬吊作用计算

锚杆长度计算公式:

$$L = l_1 + l_2 + l_3 \tag{6-148}$$

式中　$l_1$——外露长度,取决于锚杆类型和构造要求,如钢筋锚杆应考虑岩层外有铁、木垫板与螺母高度及外留长度,一般为 0.1 m;

$l_2$——有效长度,可选为易冒落岩层高度,如采用直接顶高度或普氏压力拱高、荷载高度,或者采用塑性区以下的顶板高度、实测松动圈厚度等;

$l_3$——锚入坚硬稳定岩层的长度,它的设计原则是锚固力不能小于锚杆杆体能承受的荷载,锚杆的锚固力是靠杆体与黏结剂、黏结剂与岩孔壁间的黏结力或锚杆与岩壁间的摩擦阻力等构成的,可以根据实际数据计算,经验值一般不小于0.3～0.4 m。

锚杆长度的选取应当是充分发挥锚杆强度作用,并以获得经济合理的锚固效果为原则。

当原岩应力值和洞室断面尺寸大,岩体的 $c$、$\varphi$ 值低时,应采用较长的锚杆。锚杆过长,锚杆的平均应力就会降低,不能充分发挥效用,因此锚杆长度一般不宜超出塑性区范围。锚杆过短,也难以起到稳定围岩和保护岩体强度的作用,因此锚杆的最小长度一般不应小于围岩松动区厚度。

锚杆杆径计算:锚杆的杆体拉断力应不小于锚固力。目前还缺乏有效的锚固力确定方法,一般可根据工程条件和经验先确定要求的锚固力,然后计算杆体的杆径。

锚杆间排距确定:由经验确定,或者按每根锚杆所能悬吊的岩体重力,并同时考虑安全系数(通常为1.5～1.8)计算间排距。

2. *层状结构围岩中的计算方法*

在薄层的水平岩层中。洞室未支护前,顶板下沉、挠曲、折断而形成三角形冒落区 $ADC$(见图6-41),其高度为:

$$h = \frac{B}{\cot\alpha + \cot\beta} \tag{6-149}$$

式中　$B$——洞室宽度;

$\alpha$、$\beta$——岩层折断线与层面夹角,由现场直接量得。

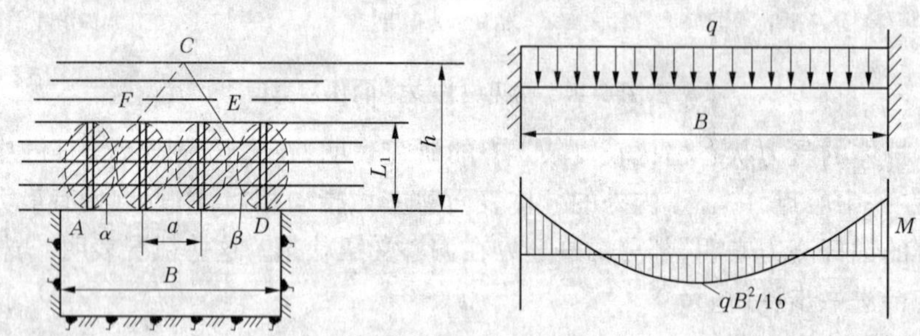


图6-41　承载梁及其计算简图

若在岩层冒落前安设一组锚杆(长度与间距之比为2∶1),则岩层得到加固并组合成承载梁(见图6-41)。靠近两帮的锚杆已深入到破坏区以外。所以,既有组合作用又有悬吊作用。跨中锚杆则仅起组合作用。

(1)锚杆长度。把组合梁看做是两端固定的梁,其计算简图见图6-41。锚杆在岩层中的长度按下式进行计算:

$$L_1 = \frac{B}{4}\sqrt{\frac{3h\gamma}{\sigma'_t}} \tag{6-150}$$

式中　$L_1$——锚杆在岩层中的长度;

$\sigma_t'$——计算用岩石抗拉强度，考虑到裂隙对岩石性质的影响，$\sigma_t'$ 取试验岩石抗拉强度的 0.6～0.8。

因此，锚杆长度为：

$$L = L_1 + l_1$$

式中　$l_1$——锚杆外露长度，取 0.1 m。

（2）锚杆间距：

$$a = \frac{L}{2} \tag{6-151}$$

如果间距过大，则形不成连续的承载梁。

3. 考虑整体作用的锚杆设计

整体设计锚杆的方法也很多，但这方面的理论尚不能说已成熟。

澳大利亚雪山工程管理局亚历山大等，对有多组节理围岩中使用可施加预压力锚杆的拱形或圆形巷道，提出按拱形均匀压缩带原理设计锚杆参数的方法。该理论认为，在锚杆预压力 $\sigma_2$ 作用下，杆体两端间的围岩形成挤压圆锥体；相应地，沿拱顶分布的锚杆群在围岩中就有相互重叠的压缩锥体并形成一均匀压缩带（承载圈）（见图 6-42）。

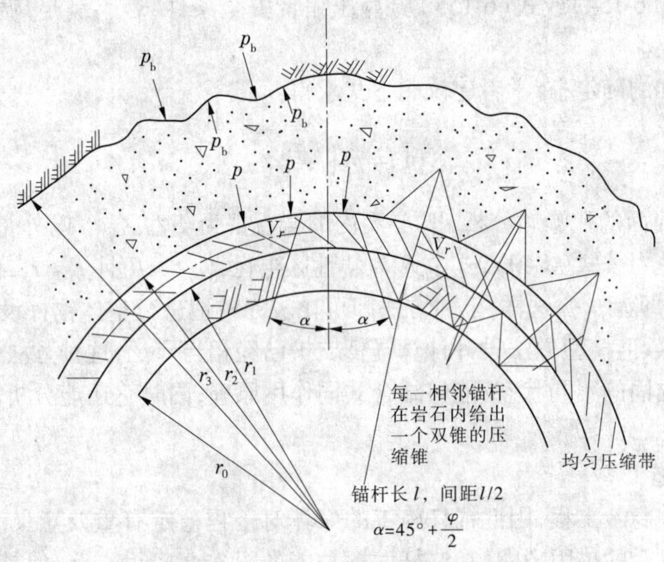


$r_0$—洞室开挖半径；$r_1$—压缩带内半径；$r_2$—压缩带外半径；$r_3$—塑性区半径

**图 6-42　均匀压缩带锚杆支护参数设计原理图**

根据试验结果，锚杆长度 $l$ 与锚杆间距 $a$（取等间距布置）之比分别为 3、2 和 1.33 时，拱形压缩带厚度 $t$ 与锚杆长度 $l$ 之比相应为 2/3、1/3 和 1/10。

设在外荷载 $p$ 作用下引起均匀压缩带内切向主应力 $\sigma_\theta$，并假定沿厚度 $t$ 切向应力 $\sigma_\theta$ 均匀分布，则根据薄壁圆管公式有：

$$\sigma_\theta = \frac{pr_1}{t} \tag{6-152}$$

其中

$$t = r_2 - r_1$$

拱形压缩带内缘作用有锚杆预压力引起的主应力 $\sigma_r$ 为：

$$\sigma_r = \frac{N}{a^2} \tag{6-153}$$

一般地，$N = (0.5 \sim 0.8)Q$，$Q$ 为锚固力，由现场拉拔试验或设计确定。

在双轴主应力作用下，压缩带内岩体满足库仑强度准则，即在无黏结力的情况下的安全条件为：

$$\sigma_\theta \leqslant \sigma_r \tan^2(45° + \frac{\varphi}{2}) \quad 或 \quad p \leqslant \frac{\sigma_r t}{r_1}\tan^2(45° + \frac{\varphi}{2}) \tag{6-154}$$

当存在有黏结力时，则有

$$\sigma_\theta \leqslant \sigma_r \tan^2(45° + \frac{\varphi}{2}) + R_c \quad 或 \quad p \leqslant \frac{\sigma_r t}{r_1}\tan^2(45° + \frac{\varphi}{2}) + R_c \tag{6-155}$$

根据上述原理，确定锚杆参数的步骤可以如下：

(1)预选锚杆长度 $l$、直径 $d$、间距 $a$(间距和排距选择为相等)；

(2)根据 $l$、$d$，由上述提供的试验结果，确定压缩带厚度 $t$，以及 $r_0$、$r_1$、$r_2$ 等参数值；

(3)根据式(6-154)或式(6-155)验算压缩带安全条件，若不满足，调整锚杆参数，重新计算直至满足。

关于式中 $p$ 的确定，有学者建议用下式求得：

$$p = p_b\left(\frac{r_2}{r_3}\right)^{\frac{2\sin\varphi}{1-\sin\varphi}}$$

$p_b$ 可根据前面的弹塑性分析，把 $r_3$ 圈内的岩石视为塑性区，$r_3$ 以外是弹性区，于是可取塑性区径向应力公式(6-40)，式中 $R$ 为塑性区半径，使 $r = R$ 且 $R = r_3$，代入所得的交界面径向应力 $\sigma_R$ 即为 $p_b$。这样，上述方法即可比较完整地进行整体锚杆设计。

目前，采用数值模型方法设计计算锚杆支护已经相当广泛，这种方法已经能够描述端头锚固和全长锚固的不同状态，能够结合共同作用原理，同时它还能分析围岩的应力和巷道位移状态。

**(五)锚杆施工**

锚杆是一种隐蔽工程，因此锚杆施工的好坏对工程稳定有重要意义。锚杆施工首先要求有足够和可靠的锚固力，这是锚杆发挥功能的根本。密封岩壁，保持岩壁不会垮落，并充分保证锚杆端部紧贴围岩，充分形成对围岩的挤压作用，是发挥锚杆支护效果的必要条件。锚杆是通过岩体自身的能力来实现围岩稳定的，因此维持岩体有一定的自身强度是提高锚杆维护围岩稳定作用的最好途径。这些问题在锚杆施工中要特别注意。

目前流行采用高强锚杆(100 ~ 200 kN 以上)、高锚固力的支护技术，解决了一些在复杂条件中使用锚杆支护的技术问题和困难巷道的稳定问题，展示了锚杆技术的良好前景。

**(六)喷射混凝土的特点和使用**

喷射混凝土是将混凝土的混合料以高速喷射到巷道围岩表面而形成的支护结构。它共有两种类型：

素喷射混凝土：由石子、砂、水泥和水按一定配合比所组成。

钢纤维喷射混凝土：在素喷射混凝土中加入短的钢纤维，用以提高喷射混凝土的强度和变形能力。短钢纤维通常为$\phi 0.4\times 25$ mm，形似弯钩状。掺入量为混凝土的4%（重量比）。

喷射混凝土的支护作用主要体现在：①加固作用。巷道掘进后及时喷上混凝土，封闭围岩暴露面，防止风化；在有张开型裂隙的围岩中，喷射混凝土充填到裂隙中起到黏结作用，从而提高了裂隙性围岩的强度。②改善围岩应力状态。由于喷射混凝土层与围岩全面紧密接触，缓解了围岩凸凹表面的应力集中程度；围岩与喷层形成协调的力学系统，围岩表面由支护前的双向应力状态转为三向应力状态提高了围岩的稳定程度。另外，喷射混凝土常配合锚杆使用，可以克服锚杆容易因岩面附近活石风化、冒落而失效的缺点，使围岩形成一个整体。正因为这样，喷射混凝土常和锚杆联合使用，成为锚喷支护。

需要指出的是，喷射混凝土的力学作用和优越性是通过及时施工，喷层与岩壁密贴以及厚度可调才能发挥以来的。如果施工不及时，或者不与围岩紧密黏结，或者不注意调整厚度（本质上是调整刚度），那就和普通混凝土砌筑没什么不同了。

素混凝土是一种脆性材料，其极限变形量只有0.4%～0.5%，所以在围岩有较大变形的地方喷层就会出现开裂和剥落。因此，单独的素喷混凝土使用在围岩变形小于2～5 cm的地方；而变形更大时，要采用喷射纤维混凝土的方法，或者采用锚喷联合支护。

单独采用喷混凝土支护时，一般喷层厚度可为50～150 mm；采用以锚杆支护为主、喷混凝土为辅时，喷层厚度为20～50 mm。

合理的喷层厚度应当充分发挥柔性薄型支护的优越性，即要求围岩有一定塑性位移，以降低围岩压力和喷层的受弯作用。同时，喷层还应维持围岩稳定和保证喷层本身不致破坏。因此，设计中将存在着一个最佳的喷层厚度，过厚的喷层显然是不合理的。

**（七）锚索**

锚索是近期发展而被广泛应用的支护手段。锚索和锚杆的区别除其规格尺寸和荷载能力不同外，主要在于锚索一般需要施加预应力，正因为这样，锚索常应用在工程规模大而比较重要、地质条件复杂、支护困难的地方。

锚索的结构形式和锚杆类似，根部一端（或整个埋入长度）需要固定在岩土体内；但锚索的外露头部一端靠预应力对岩土体施加压力锚索的索体材料采用高强的钢绞线束、高强钢丝束或（罗纹）钢筋束等组成单根钢丝（或钢绞线）的强度标准值可以达到1 470 MPa或更高，预应力较小时采用Ⅱ、Ⅲ级钢筋，其强度标准值也大于300 MPa。因此，锚索的锚固力可以达到兆牛顿的量级。

一般的锚索长度大于5 m，长的可以到数十米。根据锚索预应力的传递方式，一般将锚索分为拉力式锚索和压力式锚索。拉力式锚索是将锚索固定在岩体内后，张拉锚索杆体，然后在锚孔内灌水泥或水泥砂浆，类似于预应力混凝土的先张法；压力式锚索采用无黏结钢筋，锚索经一次灌浆后固定在锚孔内，然后张拉锚索并最终形成对固结浆体和岩体的压力作用。为使预应力能更均匀地作用在固结浆体和周围岩体中，也可采用分段拉力式或分段压力式等多种结构形式。

待锚索在孔内锚固可靠（或灌注的水泥浆、水泥砂浆等固结有一定强度）后，就可以张拉预应力，根据岩性情况和对支护结构的变形要求，一般设计预应力值为其承载力设计值的 0.50 ~ 0.65 倍。

目前,国内外已经有不少锚索设计施工规范。和锚杆一样,锚索也是隐蔽性工程,因此一般在规范中特别强调施工质量和检测、试验工作。在预应力的施加工程中,要逐级加载、分级稳定,同时监测由于锚索锚固强度不够或是材料蠕变引起的预应力损失。

锚索的支护效果特别明显,使用的条件也比较简单,有的地下工程已经将其列为处理复杂地质条件的一种常用的手段。因此,它在岩石地下工程支护中有很大的应用前景。

## 思考题

1. 简述地下洞室开挖引起的围岩应力重分布及其规律,并说明它对围岩稳定性的影响。
2. 侧压系数 $\lambda$ 对巷道围岩的应力分布有什么影响?
3. 地下洞室围岩变形破坏的类型有哪些?
4. 何为岩爆? 有哪些因素会对岩爆产生影响? 如何预防?
5. 哪些是影响地下工程岩体稳定性的因素? 各有什么作用?
6. 围岩压力的发展过程分为哪几类? 本质区别是什么? 影响因素又是什么?
7. 试述普氏与太沙基地压理论的异同,并进行评述。
8. 试述喷锚支护的作用原理。
9. 在维护围岩稳定的条件下,怎样选择合理的巷道位置?
10. 从维护围岩稳定的观点出发,怎样选定合理的支护时间?
11. 试述新奥法支护的设计原理。

## 习 题

6-1 有一圆形洞室直径为 5 m,埋深(以轴中心线标起)610 m,上覆岩层的平均容重 $\gamma = 27\ \text{kN/m}^3$,泊松比 $\mu = 0.25$,假设只在重力场的作用下。试求:

(1)天然的水平应力;

(2)计算洞壁上的应力(按 $\theta = 0°, 10°, 20°, 30°, \cdots, 90°$),并画出应力随 $\theta$ 角的变化曲线;

(3)计算 $\theta = 0°$、$90°$ 时的围岩径向应力及切向应力并绘出相应的图形,确定出距离洞室中心多远时才近似于天然应力区;

(4)若在洞内施加 0.15 MPa 的内水压力,试求洞壁上的应力。

6-2 在埋深为 200 m 处的岩体内开挖一洞径为 $2R_0 = 2$ m 的圆形隧洞,假者岩体的天然应力为净水压力式的,上覆岩层的平均容重 $\gamma = 28\ \text{kN/m}^3$。试求:

(1)洞壁、2 倍洞半径、6 倍洞半径处的围岩应力;

(2)根据上述结果说明围岩应力的分布特征;

(3)若围岩的抗剪强度指标 $c = 0.4$ MPa,$\varphi = 30°$,试用莫尔 - 库仑强度条件判断洞室稳定性;

(4)洞壁若不稳定,试求出塑性变形区的最大半径;

(5)若工程要求不允许出现塑性区,则需要多大的支撑力。

6-3　若要在天然应力的垂直分量为 $\sigma_v=\gamma h$,水平应力分量为 $\sigma_h=\lambda\gamma h$ 的岩体中,开挖一洞顶不出现拉伸应力的椭圆形顶,试问什么样的宽、高比(轴比)才能满足此要求?若使洞顶的拉伸应力不大于岩体的抗拉强度,宽、高比又应为多大?

6-4　有压隧洞的最大内水压力 $p=2.8$ MPa,隧洞(内)半径为 2.3 m,用厚度为 0.4 m 的混凝土衬砌。已知混凝土的弹性模量 $E_1=1.8\times10^4$ MPa,泊松比 $\mu_1=0.333$。岩石的弹性模量 $E_2=1.1\times10^4$ MPa,泊松比 $\mu_2=0.367$。试求:

(1)离中心 2.5 m 处的衬砌内的应力;

(2)离中心 3.5 m 处的围岩附加应力。

6-5　有压隧洞的最大内水压力 $p=2.5$ MPa,隧洞直径为 4 m,用厚度为 0.4 m 的混凝土衬砌,已知混凝土的弹性模量 $E_1=1.5\times10^4$ MPa,泊松比 $\mu_1=0.3$,岩石弹性抗力系数 $k_0$(注意:即半径为 1 m 时的 $k=5\ 000$ MPa/m),试求离隧洞中心 5 m 处的附加应力。

6-6　在题 6-5 中,怎样求衬砌任何一点的应力?假设围岩的径向裂隙很发育,试求衬砌内中间厚度处(即 $r=2.2$ m 处)的应力。

6-7　有一宽为 10 m、高为 6 m 的洞室,采用混凝土衬砌,围岩为泥灰岩,岩石的坚固系数 $f_k=1.7$,换算内摩擦角 $\varphi_k=60°$,岩石容重 $\gamma=27$ kN/m$^3$,假若开洞后侧壁也不稳定,试用普氏理论计算围岩压力(包括顶压、侧压)。

6-8　在地下 50 m 深度处开挖一地下洞室,其断面尺寸为 5 m×5 m。岩石性质指标为:黏聚力 $c=200$ kPa,内摩擦角 $\varphi=33°$,容重 $\gamma=25$ kN/m$^3$,侧压力系数 $K_0=0.7$。已知侧壁岩石不稳,试用太沙基公式计算洞顶垂直围岩压力及侧墙的总的侧向围岩压力。

6-9　某地下洞室,其围岩为片麻岩,围岩内有两组节理,其走向均平行于洞室的轴向,第一组节理与水平面的夹角为 $\beta=50°$,第二组 $\beta=10°$。若洞壁上的切向应力均为 $\sigma_\theta=2.5$ MPa,试问:

(1)洞壁是否稳定?

(2)若不稳定,围岩压力为多少?

6-10　某圆形隧洞直径为 8 m,围岩裂隙很发育,且裂隙中有泥质填充。隧洞埋深为 120 m,围岩的力学指标为:$c=400$ kPa,$\varphi=40°$。考虑到隧洞衬砌周围的回填不够密实,黏聚力和内摩擦角均有相应的降低。试求:

(1)塑性松动圈的厚度(取 $c_0=0.25c$);

(2)松动压力 $p_a$。

# 第七章　岩石边坡工程

## 第一节　概　述

边坡按成因分为自然边坡和人工边坡。人工边坡是指由于人类活动而形成的边坡，其中由挖方形成的边坡称为开方边坡，由填方形成的边坡称为构筑边坡，有时也称为坝坡。边坡按组成物质可分为岩质边坡和土质边坡。岩坡失稳与土坡失稳的主要区别在于土坡中可能滑动面的位置并不明显，而岩坡中的滑动面则往往较为明确。岩坡中结构面的规模、性质及其组合方式在很大程度上将会显著影响边坡的稳定性。因此，要正确解决岩坡稳定性问题，首先需搞清结构面的性质、组合情况以及结构面的发育特征等，在此基础上不仅要对破坏方式做出判断，而且对其破坏机制也必须进行分析，这是保证岩坡稳定性分析结果正确性的关键。

典型的边坡如图 7-1 所示。边坡与坡顶面相交的部位称为坡肩，与坡底面相交的部位称为坡趾或坡倾角，坡肩与坡脚间的高差称为坡高。

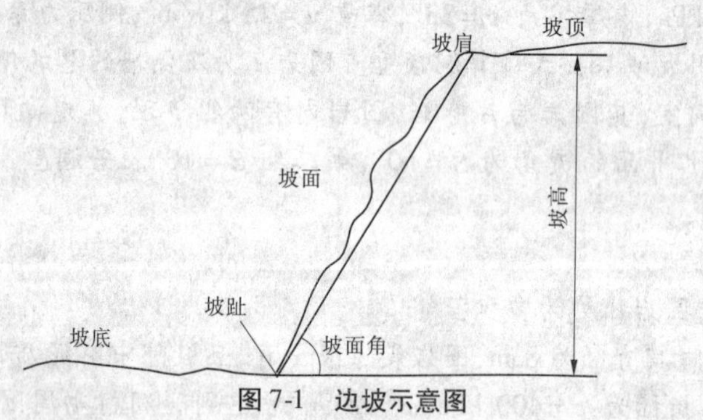


图 7-1　边坡示意图

边坡稳定问题是工程建设中经常遇到的问题，如水库的岸坡、渠道边坡、隧洞进出口边坡、拱坝坝肩边坡以及公路或铁路的路堑边坡等，都涉及稳定性问题。

边坡的失稳，轻则影响工程质量与施工进度，重则造成人员伤亡与财产损失。因此，无论是土木工程还是水利水电工程，边坡的稳定问题经常成为重点考虑的内容。

## 第二节　岩石边坡破坏及影响因素

### 一、岩石边坡的破坏类型

岩石边坡的破坏类型从形态上可分为崩塌和滑坡。崩塌是指块状岩体与岩坡分离，向前翻滚而下。其特点是，在崩塌过程中，岩体中无明显滑移面，崩塌一般发生在高且陡的岩坡前缘地段，这时大块的岩体与岩坡分离而向前倾倒，见图7-2(a)；或者，坡顶岩体由于某种原因脱落翻滚而在坡脚下堆积，见图7-2(b)、(c)。崩塌经常发生在坡顶裂隙发育的地方。崩塌是由于风化等减弱了节理面的黏聚力，或由于雨水进入裂隙产生了水压力，或者也可能是由于气温变化、冻融松动了岩石，或者是由于植物根系生长造成膨胀压力，以及地震、雷击等。自然界的巨型山崩总是与强烈地震或特大暴雨相伴生的。

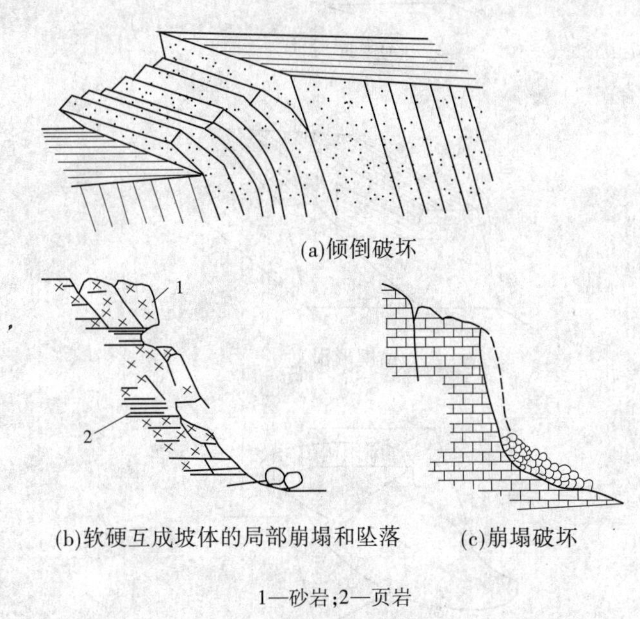


(a)倾倒破坏

(b)软硬互成坡体的局部崩塌和坠落　(c)崩塌破坏

1—砂岩；2—页岩

**图7-2　岩崩的类型**

滑坡是指岩体在重力作用下，沿坡内软弱结构面产生的整体滑动。与崩塌相比，滑坡通常以深层破坏形式出现，其滑动面往往深入坡体内部，甚至延伸到坡脚以下。滑坡滑动速度虽比崩塌缓慢，但不同的滑坡滑动速度相差很大，这主要取决于滑动面本身的物理力学性质。当滑动面通过塑性较强的岩土体时，其滑动速度一般比较缓慢；相反，当滑动面通过脆性岩石时，如果滑动面本身具有一定的抗剪强度，在构成滑动面之前可承受较高的下滑力，那么一旦形成滑动面即将下滑时，抗剪强度急剧下降，滑动往往是突发而迅速的。

滑坡的滑动形式可分为平面滑动、楔形滑动以及旋转滑动，见图7-3。平面滑动是一部分岩体在重力作用下沿着某一软弱面(层面、断层、裂隙)的滑动，滑面的倾角必须大于滑面的内摩擦角，否则无论坡角和坡高多大，边坡都不会滑动。平面滑动不仅要求滑体克服滑面底部的阻力，而且要克服滑面两侧的阻力。在软岩中，如果滑面倾角远大于内摩擦角，则岩石本身的破坏即可解除侧边约束，从而产生平面滑动。而在硬岩中，如果结构面横切到坡顶，解除了两侧约束时，才可能发生平面滑动。当两个软弱面相交，切割岩体形成四面体时，就可能出现楔形滑动。如果两个结构面的交线因开挖而处于出露状态，不需要地形上或结构上解除约束即可能产生滑动。旋转滑动的滑面通常呈弧形，这种滑动一般产生于非成层的均质岩体中。

边坡实际的破坏形式是很复杂的，除上述两种主要破坏形式外，还有介于崩塌与滑坡之间的塌滑及倾倒、剥落、流动等破坏形式；有时也可能出现以某种破坏形式为主，兼有其

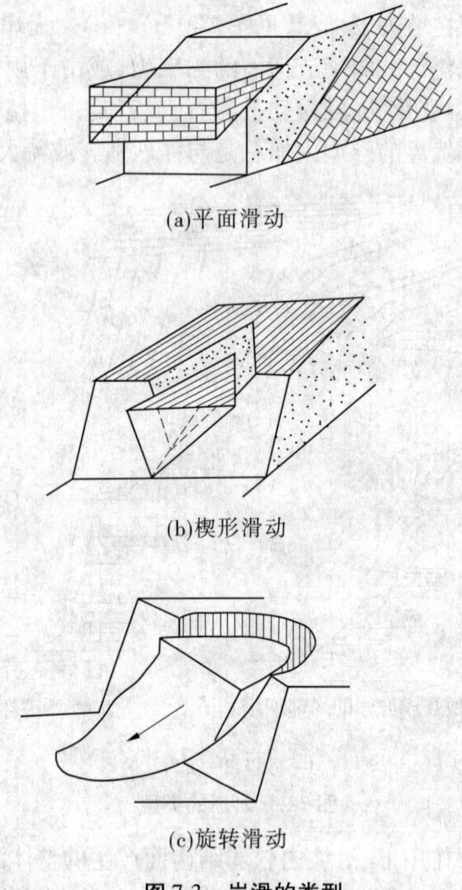
(a)平面滑动

(b)楔形滑动

(c)旋转滑动

**图 7-3　岩滑的类型**

他若干破坏形式的综合破坏。

岩坡的滑坡过程长短、快慢均不同,一般可分为三个阶段。初期是蠕动变形阶段,在这一阶段,坡面和坡顶出现张裂缝并逐渐加长和加宽;滑坡前缘有时出现挤出现象,地下水位发生变化,有时会发出响声。第二阶段是滑动破坏阶段,此时滑坡后缘迅速下陷,岩体以极大的速度向下滑动,在该阶段滑坡往往造成巨大的危害。第三阶段是逐渐稳定阶段,在该阶段,疏松的滑体逐渐压密,滑体上的草木逐渐生长,地下水渗出由浑浊变清澈等。

## 二、边坡稳定的影响因素

边坡的稳定性受多种因素的影响,主要可分为内在因素和外部因素。内在因素包括组成边坡的岩石(土)性质、地质构造、岩(土)体结构、地应力、水的作用等。外部因素包括工程荷载条件、振动、边坡形态的改造、气象条件、植物作用等。研究分析影响边坡稳定的因素,特别是影响边坡变形破坏的主要因素,是稳定分析和边坡防治处理的一项。

### (一)地层和岩性

地层岩性的差异是影响边坡稳定的主要因素。不同地层有其常见的边坡变形破坏形式。例如,有些地层中滑坡特别发育,这与该地层中含有特殊的矿物成分、风化物易于形成滑带有关,如裂隙黏土、第三系侏罗系红色页岩、泥岩地层、二叠系煤系地层以及古老的泥质变质岩系等,都是"易滑地层"。同时,岩性对边坡的变形破坏也有直接影响。坚硬完整的块状或厚层状岩石,可以形成高达数百米的陡立边坡,如长江三峡的石灰岩峡谷;而在淤泥或淤泥质软土地段,由于淤泥的塑流变形,几乎难以开挖,如挖渠道。由某些岩性组成的边坡在干燥或天然状态下是稳定的,但一经水浸,岩石强度大减,边坡出现失稳。如此等等,说明岩性对边坡的稳定性有直接影响。岩性包括组成岩石的物理、化学、水理和力学性质,特别是岩石在饱水条件下的力学强度,是影响边坡稳定的最主要因素。正是由于地层和岩性对边坡的形成、发展和稳定状况的控制作用,各种类型边坡的变形破坏形式带有一定的区域性质。例如,在黄土地区,边坡的变形破坏形式以滑坡为主,而在花岗岩和厚层石灰岩地区,则以崩塌为主。

**(二)地质构造**

地质构造因素包括区域构造特点、边坡地段的褶皱形态、岩层产状、断层和节理裂隙发育特征以及区域新构造运动活动特点等。它对边坡稳定,特别是岩质边坡稳定的影响是十分明显的。在区域构造比较复杂、褶皱比较强烈、新构造运动比较活动的地区,边坡的稳定性较差,如我国西南部横断山脉地区、金沙江地区的深切峡谷,边坡的崩塌、滑动、流动极其发育,常出现超大型滑坡及滑坡群。在金沙江下游,滑坡、崩塌、泥石流新老堆积物到处可见,有的崩塌或滑动堆积体达数亿立方米。同时,边坡地段的岩层褶皱形态和岩层产状,则直接控制边坡变形破坏的形式和规模。至于断层和节理裂隙对边坡变形破坏的影响,则更为明显。某些断层或节理本身,就构成滑面或滑坡的周界面。总之,地质构造是影响边坡稳定的重要因素,在对边坡稳定性进行评价时,应当首先对区域地质构造背景、新构造运动活动特点以及边坡地段的地质构造特征进行分析研究,作为定性或定量稳定性评价的基础。

**(三)岩体结构**

对坚硬和半坚硬的岩石而言,岩石的性质对边坡的稳定性不是最主要影响因素。边坡岩体的破坏主要受岩体中不连续面(结构面)的控制。影响边坡稳定的岩体结构因素主要包括下列几方面。

1. 结构面的倾向和倾角

一般来说,同向缓倾边坡(结构面倾向和边坡坡面倾向一致,倾角小于坡角)的稳定性较反向边坡为差,同向缓倾坡中,岩层倾角愈陡,稳定性愈差;水平岩层稳定性较好。

2. 结构面的走向

结构面走向和边坡坡面走向之间的关系,决定了可能失稳边坡岩体运动的自由程度,当倾向不利的结构面走向和坡面平行时,整个坡面都具有临空自由滑动的条件,因此对边坡的稳定最为不利。结构面走向与坡面走向夹角愈大,对边坡的稳定愈有利。

3. 结构面的组数和数量

边坡受一组结构面的切割和多组结构面的切割,对边坡稳定性的影响程度是不一样的。当边坡受多组交切的结构面切割时,不仅整个边坡岩体自由变形的余地更大一些,切割面、滑动面和临空面更多一些,因而组成可能滑动的块体的机会更多一些,而且给地下水活动提供了更好的条件，而地下水的活动对边坡的稳定性显然是不利的。同时，结构面的数量直接影响到被切割的岩块的大小，它不仅影响到边坡的稳定性，也影响到边坡变形破坏的形式。岩体严重破碎的边坡，甚至会出现类似土质边坡那样的圆弧形滑动破坏。

4. 结构面的连续性

在边坡稳定计算中，我们假定结构面是连续的。实际情况往往并非如此。在野外我们常常遇到同向陡倾斜悬崖边坡，看起来要滑动，实际并未滑动，这往往是由于结构面不连续。因此，在解决实际工程问题时，认真研究结构面的连续性具有现实意义。某些结构面常被一些微小的台坎所错开而影响边坡的稳定，在工程地质勘测时必须注意。

5. 结构面的起伏差和表面性质

结构面虽然连续，但其起伏和光滑程度对结构面的力学性质影响极大。当边坡岩体沿起伏不平的结构面滑动时，可能出现两种情况：如果上覆压力不大，则除要克服面上的摩擦阻力外，还必须克服因表面起伏所带来的爬坡角的阻力。因此，在低正应力情况下，起伏差将使有效摩擦角增大。另一种情况是当结构面上的正应力过大，在滑动过程中不允许因为爬坡而产生岩体的隆胀时，则出现滑动的条件必须是剪断结构面上互相咬合的起伏岩石，因而结构面的抗剪性能大为提高，但这已不是单纯的滑动破坏了。

由此可见，必须注意研究结构面的起伏情况，以便正确确定结构面的抗剪强度。至于结构面充填物性质对抗剪强度的影响，则是众所周知的。但应当指出的是，如果结构面上充填的软弱物质的厚度大于起伏差的高度，就应当以软弱充填物的抗剪强度为计算依据，不应再把起伏差的影响考虑在内。

### （四）水的作用

水对边坡的稳定性有显著影响。处于水下的透水边坡将承受水的浮托力的作用，而不透水的边坡，坡面将承受静水压力；充水的张开裂隙将承受裂隙水静水压力的作用；地下水的渗透流动，将对坡体产生动水压力；同时，水对边坡岩体将产生软化作用，水流的冲刷也直接对边坡产生破坏。

### （五）振动作用

地震、大规模爆破和机械振动都可能引起边坡应力的瞬时变化，从而影响边坡的稳定。长期的开采爆破，也可以使岩体产生疲劳效应。振动还可以破坏土、砂颗粒间的联结力，饱水的砂在振动时可以出现液化。地震对边坡稳定性的影响较大。地震时产生的惯性力，叫做地震力。地震的横波在地表引起周期性晃动，破坏力最大。纵波在地表引起上下颠簸，破坏力较小。在地震的作用下，首先使边坡岩体的结构发生破坏或变化，出现新结构面，或使原有结构面张裂、松弛，地下水状态也有较大变化；然后，在地震力的反复振动冲击下，边坡岩体沿结构面发生位移变形，直至破坏。

### （六）边坡形态

边坡形态对边坡的稳定性有直接影响。边坡形态是指边坡的高度、长度、剖面形态、平面形态以及边坡的临空条件等。对均质岩土边坡而言，坡度越陡，坡高越大，对其稳定越不利。当边坡的稳定受同向缓倾滑动结构面控制时，边坡的稳定性与边坡坡度关系不大，而主要取决于边坡高度。此外，边坡的临空条件也影响边坡的稳定。平面上呈凹形的边坡较呈凸形的边坡稳定。同是凹形边坡，边坡等高线曲率半径越小，越有利于边坡稳定。

（七）地应力

地应力是控制边坡岩体节理裂隙发育及边坡变形特征的重要因素。此外，地应力还可直接引起边坡岩体的变形破坏。如葛洲坝水电站，基岩为下白垩纪红色粉砂岩、黏土岩、细砂岩，为一单斜构造，岩层倾角为5°~8°，厂房基础开挖深达45~50 m。由于厂房基坑的开挖，上下游坑壁出现临空，应力释放，遂使基坑人工边坡内地应力重新调整分布，引起基坑边坡岩体沿软弱夹层发生位移变形。岩体沿层面发生错位拉开，急剧变形期延续达3个月，原大口径钻孔孔壁错位达80 mm，平均每月变形约20 mm。岩体的位移错动方向和实测最大主应力方向相同，但不受岩层倾向控制，甚至沿与岩层倾向相反的方向错位。实测最大主应力远大于由自重引起的水平分量，由此可以断定，基坑边坡岩体的逆倾向变形错位现象，不是由重力滑动，也不是因开挖卸荷而引起的，而主要是地应力作用的结果。为此，在评价边坡的稳定性时，常需要实测地应力资料。

（八）工程作用力

水利水电工程的修建，使边坡承受工程荷载而影响边坡的稳定性，是众所周知的。例如，拱坝坝肩在拱端推力作用下的变形破坏；在边坡坡肩附近修建大型水工建筑物，因坡顶超载而导致边坡变形破坏（例如当土质渠道开挖时，坡顶超载堆土，引起渠道边坡破坏）等。此外尚须注意，由于工程的运行，间接地影响边坡的稳定。例如，由于引水隧洞运行中的水锤作用，隧洞围岩承受超静水荷载，引起出口边坡开裂变形，影响工程的安全运行。又如，湖北白莲河电站由于引水隧洞洞周回填灌浆止水不良，隧洞漏水，危及出口厂房后边坡的稳定等。

（九）其他因素

除上述因素外，气候条件、风化作用、植物生长以及其他因素都可能影响边坡的稳定状况。例如，冰冻不仅加速表层岩体的风化剥落，且使含水裂隙因冰层膨胀而张开；冻土中冰层融化时使土层疏松含水量增大；机械和化学风化作用都破坏边坡岩体的黏聚力；甚至植物的生长也直接影响边坡的稳定；植物根系可保持土质边坡的稳定，通过植物吸收部分地下水，有助于保持边坡的干燥；在岩石裂隙中树根的生长，有时是边坡局部崩塌的起因。

## 第三节　圆弧法岩坡稳定性分析

在进行岩坡稳定性分析时，首先应当查明岩坡可能的滑动类型，然后对不同类型采用相应的分析方法。严格来说，岩坡滑动大多数属于空间滑动问题，但对只有一个平面构成的滑裂面，或者滑裂面由多个平面组成而这些面的走向又大致平行且沿着走向长度大于坡高时，也可按平面滑动进行分析，其结果偏于安全。在平面分析中常常把滑动面简化为滑弧、平面、折面，把岩体看做刚体，按莫尔－库仑强度准则，对指定的滑动面进行稳定性验算。

目前，用于分析岩坡稳定性的方法有刚体极限平衡法、数值模拟（有限元法等）以及模型试验法等。但是比较成熟且应用较广泛的仍然是刚体极限平衡法。

圆弧法是刚体极限平衡法中最简单的分析方法之一。在进行边坡稳定性分析时，把组成滑坡体的岩体看做刚体。对于均质的且没有断裂面的岩坡，在一定的条件下可看做平面问题，用圆弧法进行稳定性分析。

在用圆弧法进行分析时，首先假定滑动面为一圆弧（见图 7-4），把滑动岩体看做刚体，分析滑动面上的滑动力和极限抗滑力，再计算这两个力对滑动圆心的力矩。极限抗滑力矩 $M_R$ 和滑动力矩 $M_S$ 之比，即为该岩坡的稳定安全系数 $F_s$：

$$F_s = \frac{\text{极限抗滑力矩}}{\text{滑动力矩}} = \frac{M_R}{M_S} \tag{7-1}$$

如果 $F_s > 1$，则沿着这个计算滑动面是稳定的；如果 $F_s < 1$，则是不稳定的；如果 $F_s = 1$，则说明这个计算滑动面处于极限平衡状态。

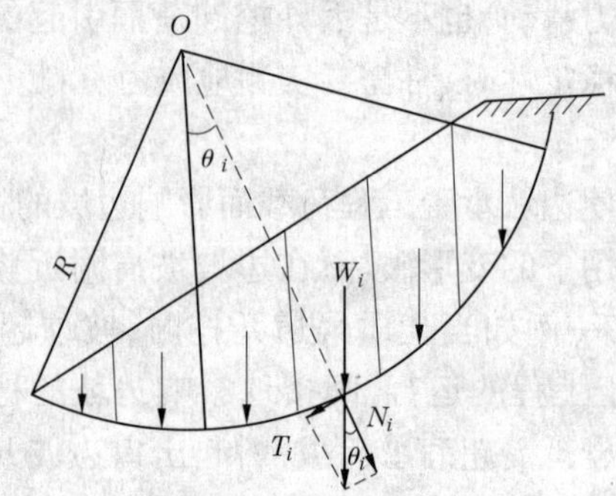

图 7-4　圆弧法岩坡分析

由于假定计算滑动面上的各点覆盖岩石重力各不相同，因此由岩石重力引起在滑动面上法向压力也不同。抗滑力中的摩擦力与法向应力的大小有关，所以应当计算出滑动面上各点的法向应力。为此，可以把滑弧内的岩石分条，用条分法进行分析。

把滑动体分为 $n$ 条，见图 7-4，假设第 $i$ 条岩条重力为 $W_i$，则第 $i$ 条产生的抗滑力矩为：

$$(M_R)_i = \tau_i R = (c_i l_i + N_i \tan\varphi_i) R \tag{7-2}$$

式中　$M_R$——第 $i$ 条岩条产生的极限抗滑力矩，kN · m；

$\tau_i$——第 $i$ 条岩条产生的极限抗滑力，kN；

$N_i$——圆弧的法向力，kN，$N_i = W_i\cos\theta_i$，$N_i$ 由于通过圆心，则其通过圆心的力矩为 0，该力本身对岩坡滑动不起作用，但是其可使岩石条块滑动面上产生摩擦力 $N_i\tan\varphi_i$，其作用方向与岩体滑动方向相反，故对岩坡起着抗滑作用；

$c_i$——第 $i$ 条滑弧所在岩层的黏聚力，MPa；

$\varphi_i$——第 $i$ 条滑弧所在岩层的内摩擦角（°）；

$l_i$——第 $i$ 条岩条的滑弧长度，m；

$R$——滑弧半径，m。

第 $i$ 条产生的滑动力矩为：

$$(M_S)_i = T_i R \tag{7-3}$$

式中　$T_i$——第 $i$ 条岩条的切向力，kN。

则假定滑动面上的安全系数为：

$$F_s = \frac{\sum_{i=1}^{n} c_i l_i + \sum_{i=1}^{n} N_i \tan\varphi_i}{\sum_{i=1}^{n} T_i} \tag{7-4}$$

由于圆心和滑动面是任意假定的，因此要假定多个圆心和相应的滑动面作类似的分析计算，从而找到最小的安全系数，即为真正的安全系数，其对应的圆心和滑动面即为最危险的圆心和滑动面。

根据采用圆弧法的大量计算结果，绘制了如图 7-5 所示的曲线。该曲线表示不同计算指标值的均质岩坡高与坡倾角的关系。在图 7-5 中，横轴表示坡倾角 $\alpha$，纵轴表示坡高系数 $H'$，$H_{90}$ 表示均质岩坡的极限高度，亦即坡顶张裂缝的最大深度，可用下式计算：

$$H_{90} = \frac{2c}{\gamma}\tan(45° + \frac{\varphi}{2}) \tag{7-5}$$

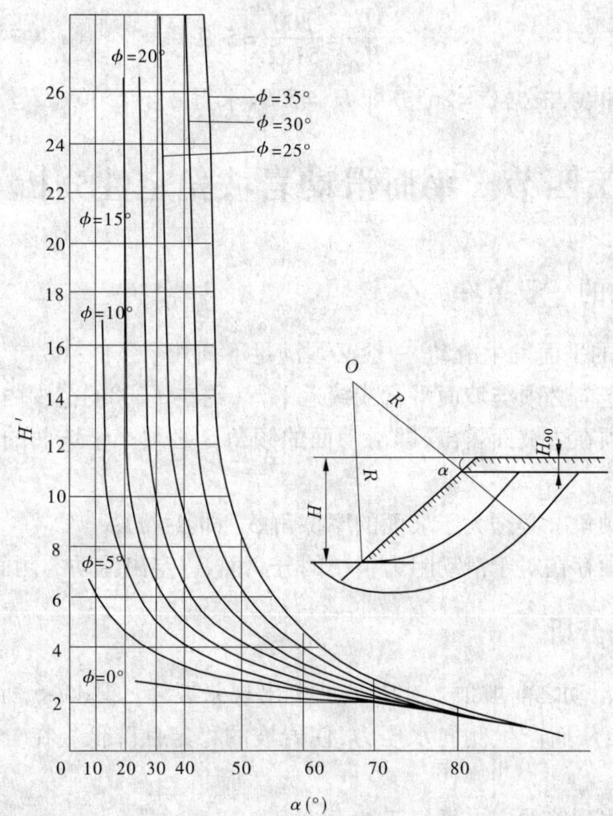


图 7-5　不同计算指标值的均质岩坡高度与坡倾角的关系曲线

利用这些曲线可以很快确定坡高或坡倾角，其计算步骤如下：

(1) 根据岩体的性质指标（$c$、$\varphi$、$\gamma$）按式(7-5)确定 $H_{90}$；

(2) 如果已知坡倾角，需要求坡高，则在横轴上找到已知坡倾角值的那点，自该点向上作一垂直线，相交于对应已知摩擦角 $\varphi$ 的曲线，得一交点，然后从这点作一水平线交于

纵轴,求得 $H'$,将 $H'$ 乘以 $H_{90}$,即得所要求的坡高 $H$:

$$H = H'H_{90} \tag{7-6}$$

(3)如果已知坡高 $H$ 需要确定坡倾角,则首先用下式确定 $H'$:

$$H' = \frac{H}{H_{90}}$$

根据这个 $H'$,从纵轴上找到相应点,通过该点作一水平线相交于对应已知 $\varphi$ 的曲线,得一交点,然后从该交点作向下的垂直线交于横轴,求得坡倾角。

**【例题 7-1】** 已知均质岩坡的 $\varphi = 26°$,$c = 400$ kPa,$\gamma = 25$ kN/m$^3$,问当岩坡高度为 300 m 时,坡倾角应当采用多少?

**解:**(1)计算 $H_{90}$:

$$H_{90} = \frac{2c}{\gamma}\tan(45° + \frac{\varphi}{2}) = \frac{2 \times 400}{25}\tan(45° + \frac{26°}{2}) = 51.2(\text{m})$$

(2)计算 $H'$:

$$H' = \frac{H}{H_{90}} = \frac{300}{51.2} = 5.9$$

(3)按照图中曲线,根据 $\varphi = 26°$亦即 $H' = 5.9$,求得 $\alpha = 46°30'$。

# 第四节 平面滑动岩坡稳定性分析

## 一、平面滑动的一般条件

岩坡沿着单一的平面发生滑动,一般必须满足下列几个条件:

(1)滑动面的走向必须与坡面平行或接近平行(约在 ±20°的范围内);

(2)滑动面必须在边坡面露出,即滑动面的倾角 $\beta$ 必须小于坡面的倾角 $\alpha$,亦即 $\beta < \alpha$;

(3)滑动面的倾角 $\beta$ 必须大于坡面的摩擦角 $\varphi_J$,即 $\beta > \varphi_J$;

(4)岩体中必须存在对于滑动阻力很小的分离面,以定出滑动的侧面边界。

## 二、平面滑动分析

大多数岩坡在滑动之前坡顶上或在坡面上出现张裂缝,如图 7-6 所示。张裂缝中不可避免地还充有水,从而产生侧向水压力,使岩坡的稳定性降低。在分析中往往作下列假定:

(1)滑动面及张裂缝的走向平行于坡面;

(2)张裂缝垂直,其中充水深度为 $Z_w$;

(3)水沿张裂缝进入滑动面渗漏,张裂缝底与坡趾间的长度内水压力按线性变化至 0(三角形分布),见图 7-6;

(4)滑动块体重力 $W$、滑动面上水压力 $U$ 和张裂缝中水压力 $V$ 三个均通过滑体的重心,即假定没有使岩块转动的力矩,破坏只是由于滑动。一般而言,忽视力矩造成的误差可以忽略不计,但对于具有陡倾角不连续面的陡边坡要考虑可能产生倾倒变形。

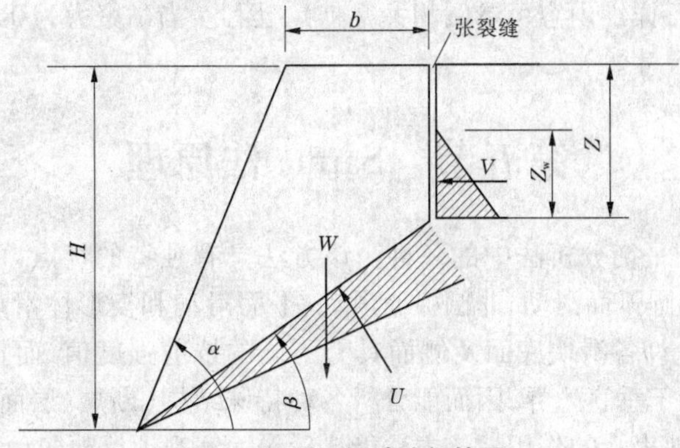


图 7-6　平面滑动分析简图

潜在滑动面上的安全系数,可按极限平衡条件求得。这时,安全系数等于总抗滑力与总滑动力之比,即

$$F_s = \frac{c_i L + (W\cos\beta - U - V\sin\beta)\tan\varphi}{W\sin\beta + V\cos\beta}$$

其中

$$U = \frac{1}{2}\gamma_w Z_w L$$

$$V = \frac{1}{2}\gamma_w Z_w^2 \tag{7-7}$$

式中　$L$——滑动面长度(每单位宽度内的面积),m,$L = \frac{H - Z}{\sin\beta}$。

$W$ 按下列公式计算:

当张裂缝位于坡顶面时

$$W = \frac{1}{2}\gamma H^2 \{[1 - (Z/H)^2]\cot\beta - \cot\alpha\}$$

当张裂缝位于坡面时

$$W = \frac{1}{2}\gamma H^2 [1 - (Z/H)^2 \cot\beta(-\cot\beta\tan\alpha - 1)]$$

当边坡的几何要素和张裂缝内的水深为已知时,用上述公式计算安全系数很简单。但有时需要对不同边坡几何要素、水深、不同抗剪强度的影响进行比较,这时用上述公式计算就相当麻烦。为了简化,可以将安全系数公式重新整理为下列无量纲的形式:

$$F_s = \frac{P[2c/(\gamma H)] + [Q\cot\beta - R(P + S)]\tan\varphi_1}{RS\cot\beta + Q} \tag{7-8}$$

其中

$$P = (1 - Z/H)\cot\beta$$

当张裂缝在坡顶面时:

$$Q = \sin\beta\{[1 - (Z/H)^2]\cot\beta - \cot\alpha\}$$

当张裂缝在坡面时:

$$Q = 1 - (Z - H)^2 \cot\beta(\cot\beta\tan\alpha - 1)$$

$P$、$Q$、$R$、$S$ 均无量纲，即它们只取决于边坡的几何要素，而不取决于边坡的尺寸(为计算方便，已制作成图，详细内容可参阅相关文献)。因此，当黏聚力为0时，安全系数 $F_s$ 不取决于边坡的具体尺寸。

## 第五节　Sarma 法原理

Sarma 法是极限平衡分析法中的一种。该方法具有独特的优点，可用来评价各种类型岩坡的稳定性，如圆弧面滑动、非圆弧面滑动、平面滑动和楔形体滑动等复杂剖面的岩土滑坡。Sarma 法允许各滑块底面及侧面具有不同的抗剪强度值，而且滑块的两侧面可任意倾斜，并不局限于垂直边界，因而能分析各种特殊结构(断层、层面)对滑坡稳定性的影响，尤其地下水、地表水的作用。该方法能比较全面客观地反映各种控制滑坡稳定性因素的作用。

Sarma 法提出的滑体破坏形式如图 7-7 所示，力学模型及几何要素如图 7-8 和图 7-9 所示。

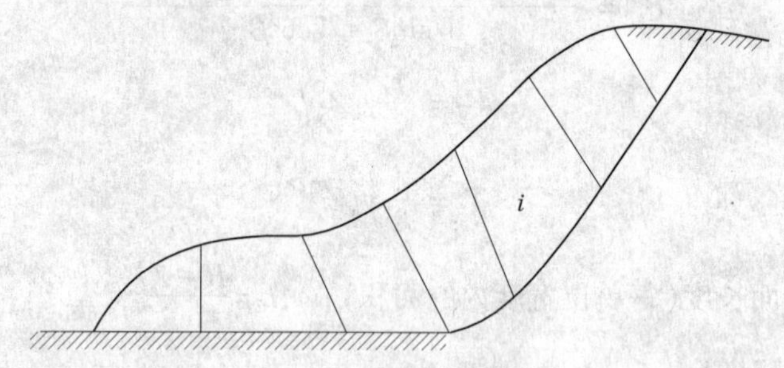


图 7-7　滑体破坏形式

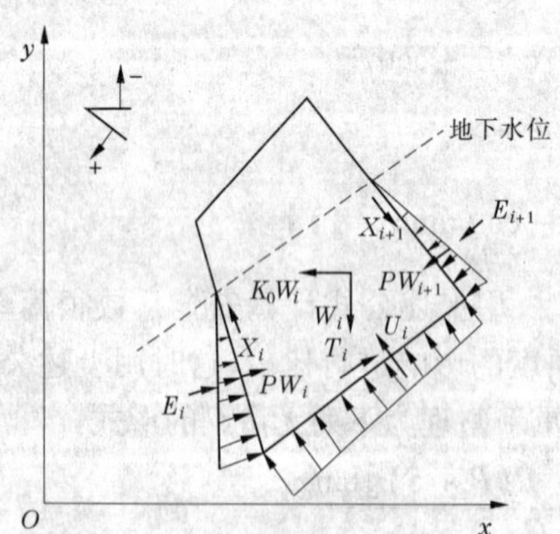


图 7-8　第 $i$ 块滑体中的作用力

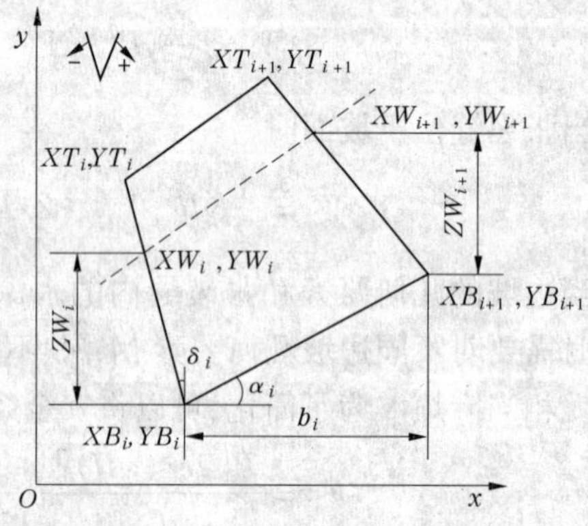


图 7-9　第 $i$ 块滑体中的几何要素

第 $i$ 块滑体上的作用力有：

$W_i$——第 $i$ 块滑体自重；

$K_0W_i$——由于地震加速度产生的水平力；

$PW_i$、$PW_{i+1}$——作用于条块侧面的水压；
$U_i$——作用于条块底面的水压；
$E_i$、$E_{i+1}$——条块侧面的法向力；
$X_i$、$X_{i+1}$——条块侧面的剪切力；
$N_i$——条块底面的法向力；
$T_i$——条块底面的剪切力。

第 $i$ 块滑体上的几何要素有：
$XT_i$、$YT_i$，$XT_{i+1}$、$YT_{i+1}$，$XB_{i+1}$、$YB_{i+1}$——块体顶底角点坐标；
$XW_i$、$YW_i$，$XW_{i+1}$、$YW_{i+1}$——地下水位与条块侧边交点坐标；
$b_i$——条块底面的水平宽度；
$a_i$——底面与立平面的夹角；
$d_i$、$d_{i+1}$——体侧边长度；
$\delta_i$、$\delta_{i+1}$——块体侧边与垂直面之间的夹角；
$ZW_i$、$ZW_{i+1}$——底面以上水柱面的垂直高度。

## 一、计算临界地震加速度 $K_c$

根据以上力学模型、几何要素及静力平衡方程：

$$\left.\begin{aligned}\sum X = 0\\ \sum Y = 0\end{aligned}\right\} \tag{7-9}$$

得：

$$\left.\begin{aligned}T_i\cos\alpha_i - N_i\sin\alpha_i = K_iW_i + X_{i+1}\sin\delta_{i+1} - X_i\sin\delta_{i+1} + E_{i+1}\cos\delta_{i+1} - E_i\cos\delta_i\\ N_i\cos\alpha_i + T_i\sin\alpha_i = W_i + X_{i+1}\cos\delta_{i+1} - X_i\cos\delta_{i+1} + E_{i+1}\sin\delta_{i+1} - E_i\sin\delta_i\end{aligned}\right\} \tag{7-10}$$

又由莫尔－库仑破坏准则：

$$T_i = (N_i - U_i)\tan\varphi_{bi} + c_{bi}b_i \tag{7-11}$$

现假设两侧边 $X$ 和 $E$ 也处于极限平衡状态（安全系数等于1），则

$$X_i = (E_i - PW_i)\tan\varphi_{si} + c_{si}d_i \tag{7-12}$$

$$X_{i+1} = (E_{i+1} - PW_{i+1})\tan\varphi_{si+1} + c_{si+1}d_{i+1} \tag{7-13}$$

式中 $\varphi_{bi}$、$c_{bi}$——条块底面的摩擦角、黏聚力；
$\varphi_{si}$、$c_{si}$——条块侧面的摩擦角、黏聚力。

将式(7-11)、式(7-12)代入式(7-10)，整理得：

$$E_{i+1} = a_i - p_iK_c + E_ie_i \tag{7-14a}$$

上面的方程是递归方程，因此可得：

$$E_{n+1} = a_n - p_nK_c - E_ne_n = a_n + a_{n-1}e_n - (p_n + p_{n-1}e_n)K_c + E_{n-1}e_ne_{n-1} \tag{7-14b}$$

在没有外力的情况下，即

$$E_{n+1} = E_1 = 0$$

由式(7-14b)可得：

$$K_c = \frac{a_n + a_{n-1}e_n + a_{n-2}e_ne_{n-1} + \cdots + a_1e_ne_{n-1}\cdots e_3e_2}{p_n + p_{n-1}e_n + p_{n-2}e_ne_{n-1} + \cdots + p_1e_ne_{n-1}\cdots e_3e_2} \tag{7-15}$$

式(7-15)的物理意义为:要使滑体达到极限平衡状态,必须在滑体上施加一个临界水平加速度 $K_c$,当 $K_c$ 为正时,方向指向坡外。

其中

$$a_i = Q_i[W_i + T_{Vi}\sin(\varphi_{bi} - \alpha_i) - T_{Hi}\cos(\varphi_{bi} - \alpha_i) + R_i\cos\varphi_{bi} + S_{i+1}\sin(\varphi_{bi} - \alpha_i - \delta_{i+1}) - S_i\sin(\varphi_{bi} - \alpha_i - \beta_i)]$$

$$p_i = Q_i W_i \cos(\varphi_{bi} - \alpha_i)$$

$$e_i = Q_i \frac{\cos(\varphi_{bi} - \alpha_i + \varphi_i - \delta_i)}{\cos\varphi_{si}}$$

$$Q_i = \frac{\cos\varphi_{si+1}}{\cos(\varphi_{bi} - \alpha_i + \varphi_{si+1} - \delta_{i+1})}$$

$$S_i = c_{si}d_i - PW_i\tan\varphi_{si+1}$$

$$S_{i+1} = c_{si+1}d_{i+1} - PW_{i+1}\tan\varphi_{si+1}$$

$$R_i = \frac{c_{bi}}{\cos\alpha_i} - U_i\tan\varphi_{bi}$$

$$U_i = \frac{1}{2}\gamma_w \left| \frac{(YW_i - YB_i + YW_{i+1} - YB_{i+1})b_i}{\cos\alpha_i} \right|$$

当条块顶部没有浸水时:

$$PW_i = \frac{1}{2}\gamma_w \left| \frac{(YW_i - YB_i)^2}{\cos\delta_i} \right|$$

$$PW_{i+1} = \frac{1}{2}\gamma_w \left| \frac{(YW_{i+1} - YB_{1+i})^2}{\cos\delta_{1+i}} \right|$$

由已知边界条件知:

$$\varphi_{b1} = \delta_1 = \varphi_{bn+1} = \delta_{n+1} = 0$$

由式(7-15)可求出 $K_c$。

## 二、计算安全系数 $F$

对于临界加速度 $K_c$ 不等于零的滑坡,可同时减小滑动面上的抗剪强度,直到由式(7-15)计算出的加速度 $K_c$ 减小为零(可经反复迭代),即可计算出静力安全系数 $F$。

## 三、计算分条侧向和底边上的法向应力和剪应力

对于给定的安全系数 $K_c$ 值,即可从已知条件 $E_1 = 0$ 开始,由下列方程的渐进递推求解,求出作用在每一个条块各边和底边上的力:

$$E_{i+1} = a_i - p_iK_c + E_ie_i \tag{7-16}$$

$$X_i = (E_i - PW_i)\tan\phi_{si} + c_{si}d_i \tag{7-17}$$

$$N_i = (W_i + T_{Vi} + X_{i+1}\cos\delta_{i+1} + X_i\cos\delta_i - E_{i+1}\sin\delta_{i+1} + E_i\sin\delta_i + U_i\tan\varphi_{bi}\sin\alpha_i - c_{bi}\tan\alpha_i)/\cos(\varphi_{bi} - \alpha_i) \tag{7-18}$$

$$T_i = \frac{(N_i - U_i)\tan\varphi_{bi} + c_{bi}b_i}{\cos\alpha_i} \tag{7-19}$$

作用于条块底边和边上的有效法向应力可算得：

$$\sigma_{bi}' = \frac{(N_i - U)\cos\alpha_i}{b_i} \tag{7-20}$$

$$\sigma_{si}' = \frac{E_i - PW_i}{d_i} \tag{7-21}$$

$$\sigma_{si+1}' = \frac{E_{i+1} - PW_{i+1}}{d_{i+1}} \tag{7-22}$$

为了使问题的解具有可容性，所有有效法向应力都必须向下，即不出现张应力。

## 思考题

1. 影响岩石边坡稳定性的主要因素有哪些？

2. 极限平衡理论计算边坡稳定性的主要方法有哪些？计算条件、计算理论和结果精度如何？

## 习　题

7-1　已知某岩体的容重 $\gamma = 26\ \mathrm{kN/m^3}$，$c = 0.017\ \mathrm{MPa}$，$\varphi = 30°$。如果基于这种岩体设计其坡高系数 $H' = 1.6$，试求该边坡的极限高度 $H$。

7-2　已知均质岩坡的 $\varphi = 30°$，$c = 300\ \mathrm{kPa}$，$\gamma = 25\ \mathrm{kN/m^3}$，问当岩坡高度为 200 m 时，坡倾角应当采用多少度？

# 第八章　岩体的加固

近几十年来,随着大型水利水电工程、交通工程、矿山开采与建设、城市开发工程等大规模基础建设快速发展,我国岩土工程技术发展迅速,形成了一系列成套的、比较完善的支护与加固技术,如岩土锚固技术(包括锚喷支护、锚网支护、预应力锚索支护和锚注支护等)、岩土注浆加固技术和抗滑桩技术等。研究工作很深入,不仅有支护材料、支护结构、施工工艺、工程监测与监控技术,也有支护机制、支护参数设计与优化、结构稳定性与耐久性等方面。这大大促进了岩土工程技术的应用与发展,解决了大量工程实际问题。

## 第一节　岩体锚固技术

锚杆是一种深入岩土体内部的杆件,它通过杆头或一定长度范围的杆体与岩土锚固形成整体,可用以加固岩体或作为岩土工程的一种支护手段。为满足不同地质条件、不同岩土性质和不同工况条件下的工程结构需要,出现了多种类型的锚杆,于是衍生出了相应的锚固技术。工程上常按如下方法归类:

(1)按是否施加预应力划分,有预应力锚杆、非预应力锚杆;

(2)按锚固机制划分,有黏结式锚杆、摩擦式锚杆、端头锚固式锚杆和混合式锚杆;

(3)按锚固体传力方式划分,有压力式锚杆、拉力式锚杆和剪力式锚杆;

(4)按锚固体形态划分,有圆柱形锚杆、端部扩大型锚杆和连续球形锚杆。

在岩土锚固结构中,单根锚杆在岩土中的牢固程度常常用锚固力大小表示,工程上一般采用拉拔试验来确定锚杆的锚固力。锚固力是锚杆最重要的技术参数之一,是锚杆对岩土产生锚固作用的基础;锚固力越大,锚杆的作用效果越好。

### 一、结构与组成

锚杆支护材料主要有杆体、固结机构或黏结材料、托盘和螺帽等。常用的杆体材料主要是各种钢筋,包括圆钢、螺纹钢和专用钢材。

目前,锚杆的黏结材料主要有两种,即水泥质黏结材料和树脂类黏结材料。水泥砂浆或纯水泥浆黏结材料一般由普通硅酸盐水泥配制;水泥砂浆的砂子一般为粒径不超过2.5 ~3 mm的中细砂,灰砂比为1:(1 ~1.5),水灰比为0.4 ~0.5。普通砂浆锚杆总要等到砂浆凝结以后(一昼夜)才能施工后面的工序(上托盘、螺帽等)。对于要求及时提供锚固力的砂浆锚杆可以采用早强水泥;同时,为改进水泥的早强、高强性能,可以掺入适量的减水剂。树脂黏结剂是20世纪50年代研制成功的。树脂药卷的主要成分有不饱和聚酯树脂、环氧树脂、聚氯酯等三种。国内的树脂药卷主要是由不饱和聚酯树脂构成的。树脂药卷内有被分隔开的树脂和加速剂以及固化剂两部分,药卷中还加入有各种石粉、砂子等填料,以节省原料和减少固化发热使树脂出现热裂现象。

垫板是锚杆支护系统中的一个重要部件。全长锚固锚杆用螺帽压紧垫板，不仅可防止垫板附近破碎岩块脱落，更重要的是因为锚杆受作用时在外端口附近的黏结材料将出现最大剪应力。垫板一般使用强度较高的钢板制成，平板式垫板厚度不应小于 6 mm，截面一般不小于 150 mm × 150 mm。垫板也可以使用铸铁材料，但由于其力学性能较差，厚度应增大。目前，端头锚固的锚杆采用斗形、钟形、三角形和环形等异形垫板形式。螺母是直接传递锚杆作用的受力元件。目前的高强度锚杆均配有高强螺帽和钟形托盘，螺母必须拧紧，以实现对锚杆施加预紧力。

## 二、锚杆参数设计

目前，国内有关锚杆支护施工的分类方法有很多种。合理的锚杆支护分类应包括三部分，即岩石的地质（工程）分类、相关的支护方法和锚杆支护参数。

从工程地质角度对岩石进行分类。这些分类主要有：中国国家围岩分类标准，分为 5 类（Ⅰ、Ⅱ、Ⅲ、Ⅳ、Ⅴ），第Ⅴ类为散体状结构岩体；岩石工程地质分类表（谷德正），按岩体结构分整体块状结构、层状结构、碎裂结构和散体结构共四大类八大亚类；岩石工程地质分类表（孙广忠），按岩体结构分块裂结构、板裂结构、完整结构、断续结构、碎裂状结构和散体结构。

考虑各种因素对工程的影响，有的还考虑工程实际情况，如工程的规模、期限，工程开挖后的稳定状况等。这些内容均分列在相应的分类表中。如：

国外双指标分类（迪尔 - 米勒）：根据单轴强度大小分 A、B、C、D、E 共 5 级，又根据弹性模量分 H、M、L 等 3 级，确定岩石后于 AH、AM…等 15 级。

美国 RQD 岩石分类（迪尔）：按岩石质量指标（*RQD*）分类，它是以修正的岩芯采取率确定的。用钻孔岩芯断块长度大于 10 cm 的相对比例多少确定，分为极好、好、中等、差和极差共 5 级。

日本按岩石声速分类：根据地层特性将岩质分为 A、B、C、D、E、F 共 6 种类型，再结合围岩中弹性波的速度，将围岩强度分为 7 类。

普氏（俄罗斯）分类：按普氏系数分Ⅰ～Ⅹ类，普氏系数分别为 0.3～20。

根据工程自稳时间分类（美国劳非）：按不同跨度和无支护洞室自稳时间分 A、B、C、D、E、F、G 等 7 类。

我国行业性分类：如原煤炭工业部岩石分类标准将岩石分为 5 类（Ⅰ、Ⅱ、Ⅲ、Ⅳ、Ⅴ），第Ⅴ类为不稳定岩体。

铁道部隧道围岩分类标准：分 6 类，第Ⅵ类岩性最差。

工程类比法或经验法与工程实际密切联系，但它带有一定的盲目性。应用工程类比法有人为因素，适用面窄，且工程类比法不容易比较实施结果的优劣。工程类比法是一种经验的总结，缺少理论基础的支持。

### （一）锚杆支护参数的估算

1. 锚杆长度

锚杆长度 $L$ 一般由三部分（$L_1$、$L_2$、$L_3$）组成，即

$$L = L_1 + L_2 + L_3 \tag{8-1}$$

式中　$L_1$——锚尾(外露部分)长度，一般为 15 cm,主要考虑垫板、螺母及其端头配件另有外露 2 ~5 cm;

$L_2$——锚杆的工作长度;

$L_3$——锚固段长度,一般指端头锚固的必要长度,通常为 0.3 ~0.4 m,也可根据要求的锚固力和固结力的大小设计。

若按杆体与黏结材料的黏结长度验算,则

$$L_3 = K\frac{d\sigma_t}{4\tau_a} \tag{8-2}$$

此外,还应验算黏结材料与孔壁的黏结长度,此时

$$L_3 = K\frac{d^2\sigma_t}{4D\tau_t} \tag{8-3}$$

式中　$d$——杆体直径,mm;

$\sigma_t$——杆体材料的抗拉强度,MPa;

$\tau_a$——杆体黏结强度,MPa;

$D$——钻孔直径,mm;

$\tau_t$——与孔壁的黏结强度,MPa;

$K$——安全系数,取 1.5。

锚杆的工作长度 $L_2$ 应满足加固要求。通常加固应考虑如悬吊高度、免压拱高度、松动圈厚度、塑性层高度、滑动面深度等要求。锚杆的工作长度 $L_2$ 可以通过计算得到,也可以由实测确定或根据工程分类表查选、计算。

锚杆的工作长度是一个比较重要的参数。无论是巷道(隧道)工程还是其他边坡、基坑工程,均有一个原则,就是使锚杆在可靠的岩土层中生根(大松动范围的岩石层需要另行分析)。例如,对于边坡或基坑,锚杆长度就需要超过可能的滑动面。

选择锚杆工作长度的计算公式要根据具体情况确定。例如,对于深埋的破碎松散岩石,可以采用普氏公式;对于浅埋隧道,可以采用太沙基公式;深埋随深度变化时的公式应选用塑性层高度公式等。

2. 锚杆直径

锚杆杆体直径可根据杆体承载力与锚固力等强度原则确定,有

$$d = 35.52\sqrt{\frac{Q}{\sigma_t}} \tag{8-4}$$

式中　$d$——锚杆杆体直径,mm;

$Q$——锚固力,由拉拔试验确定,kN;

$\sigma_t$——杆体材料的抗拉强度,MPa。

3. 锚杆间距

根据悬吊重力计算(间排距相等原则),有

$$a = \sqrt{\frac{Q}{K\gamma L_2}} \tag{8-5}$$

式中　$\gamma$——岩石重力密度,kN/m$^3$;

其他符号含义同前。

间排距可以按组合梁假设计算,或用其他专用的经验法、图解法。这些方法均需要有许多待确定的量补充,给计算带来一定困难。

上面的计算表明,只要能先确定需要的锚固力 $Q$,其他问题就可解决。但至今这个问题仍未能很好解决。

工程实践表明,与国外比较,国内采用锚杆的长度偏短,而间排距也偏小。国外采用的长度与间排距之比为1.2~2.0(国内为1.8~2.8)。

4.设计过程

由上面的叙述过程可以看出,锚杆支护参数的设计计算还相当肤浅。其中,作为计算关键内容的锚固力大小的原则和计算方法,在设计方法中却没有明确给出。因此,目前的锚杆设计计算带有一定的随意性。一般还是以工程类比法为主,然后加以适当的修正。

对于浅埋隧道工程,由太沙基公式计算荷载高度。通过荷载高度可以确定锚杆的工作长度,以及按悬吊理论计算锚杆荷载(锚固力),然后是其他锚杆参数。

对于矿山巷道工程,通常采用工程类比法确定锚固力、锚杆长度和间排距等参数,然后可以用其他一些方法核算、修正,最后设计锚杆的具体细节。

对于基坑或边坡工程,首先要确定可能的滑动面位置,然后比较滑动力和抗滑力或者滑动力矩与抗滑力矩,通过锚杆提供的抗剪力、抗滑力矩使设计满足稳定性系数的要求。基坑锚杆一般以水平或倾斜某个有利的角度布置;边坡的锚杆一般也是水平向布置,但也可以竖直布置,要根据地形情况和可能的滑动情况确定。

总之,岩土锚杆设计的两个基本内容就是:确定需要提供的作用力大小,以及不稳定的部分岩土(滑动界面、塑性界面等)和它可能的变形或位移运动情况。

**(二)分析法设计锚杆支护参数**

目前,许多研究工作都采用有限元法设计锚杆长度。如澳大利亚有专门的程序,输入岩石性质参数、地应力参数、巷道几何参数等,就可以通过计算获得巷道需要采取的支护参数。同时,可通过有限元法分析锚杆支护参数的可靠性,或进行锚杆支护参数的优化研究。

## 三、预应力锚杆与锚索支护技术

预应力锚杆是施加有预应力的锚杆。若采用钢绞线、钢丝等线材作锚杆材料,并施加预应力,则被称为锚索。

预应力锚固是预应力岩锚与混凝土预应力拉锚的总称,是在预应力混凝土的基础上发展起来的一项锚固技术。它可以按照设计要求的方向、大小及锚固深度,预先对基岩或建筑物施加主动的预压应力,从而达到加固或改善其受力条件的目的。所谓主动的预应力,是指在基岩或建筑物产生变形之前,就已在发挥作用的锚固力。预应力锚索可以传递拉应力,这是其他措施无法比拟的最大优点。

预应力锚固随其种类的不同而结构形式各异,但总的说来,均由锚孔、锚束两个部分组成,锚孔是设置锚束的钻孔,锚束是施加预应力的主体。锚束由锚头(又称外锚头)、锚束体(即锚束的自由段)及锚固段(又称锚根或内锚头)等三个部分组成。锚固段是预应力锚索的根基,是锚固在锚孔底部的非张拉段;锚头位于锚孔孔口以外,是张拉与锁定预应力的支撑部分,亦属非张拉段;锚束的自由段是连接锚头与锚固段的主体部分,并承受预应力张拉所施加的全部荷载。

## 第二节　喷射混凝土支护

喷射混凝土是以压缩空气为动力,将细骨料混凝土湿拌料采用喷射的方法覆盖到需维护的岩土层表面,从而形成混凝土结构的支护方式。

喷射混凝土可以单独使用,在岩石、土层面或结构面上形成护壁结构,称为喷射混凝土支护。单独使用时,可防止风化,以及以较小的抗剪力平衡破坏稳定的作用。

喷射混凝土也可以和锚杆、土钉、预应力锚杆(锚索)联合使用,形成以锚杆等为主的支护结构,称为锚杆喷射混凝土支护(简称锚喷支护)。锚喷联合作用时,主要是可以避免锚头部位锚杆间岩土体松脱,可以起到加强锚杆等锚固构件的整体作用,形成锚喷支护或土钉墙支护等结构。

喷射混凝土的应用也已经有百余年的历史。喷射混凝土的出现曾经引发了隧道工程施工的重大变革。喷射混凝土技术可以在许多领域中应用,可用于地面各种用途薄壁结构的施工,如屋顶、墙壁、油罐等,地下工程中的应用则更广泛,如隧道与地下洞室以及其他结构的衬砌、支护等,边坡的护坡与基坑的护壁、封闭隔断(耐火、隔热、防风化、防腐工程)结构等。

### 一、喷射混凝土材料与构成

喷射混凝土一般采用42.5级普通硅酸盐水泥,粒径为10~15 mm的碎石和中、粗粒径的砂。水泥、砂、石的配合比一般采用1:2:2或1:2.5:2.5;水灰比一般为0.4~0.5。

速凝剂的添加比例根据品种不同而异,一般要求水泥浆能在5 min之内实现初凝。此外,喷射混凝土中还配有其他水泥改性剂,如增黏剂、减水剂、早强剂等,可以较好地改善喷射混凝土的支护性能。

近年来,国内外已经在试验使用钢纤维(碳素钢和不锈钢纤维)混凝土。钢纤维混凝土内含有4%的约30 mm长、长径比为60~100(直径0.25~0.4 mm)的(扭曲)钢纤维棒(配合比为1:1.6:1.6)。这种喷射混凝土可提高抗压强度约50%、提高抗拉强度50%~70%、提高抗弯强度30%左右,韧度还能提高9倍,从而减少了喷射混凝土的脆性可能引起的破坏。另外,通过掺加玻璃纤维等材料,改善喷射混凝土的支护性能,已取得了较好的效果。

### 二、喷射混凝土主要性能与指标

喷射混凝土抗压强度:一般设计喷射混凝土强度要求达到C25~C40。喷射混凝土强度随时间的增长而增加,最终强度可以达到设计强度的120%~130%。

黏结强度:喷射混凝土的拌和料以高速冲击面层,不仅可以提高浆料密实度,而且可形成5~10 mm的浆液层充满面层。

抗拔和抗拉强度：一般设计喷射混凝土厚度时常要用到喷射混凝土的抗拔或抗拉强度参数。喷射混凝土抗拔强度和抗拉强度与其抗压强度基本呈线性关系。喷射混凝土的抗拉强度一般为 2.0 ~ 2.5 MPa。

喷射混凝土厚度：单独使用时，喷层厚度一般为 50 ~ 150 mm；多次喷射时，喷层厚度也可以到 250 mm；联合使用时，根据工程性质不同，喷层厚度可以采用 20 ~ 50 mm 或者 150 mm。一般考虑到工程特点，要求喷层厚度不小于 80 ~ 100 mm。

### 三、喷射混凝土支护设计

喷射混凝土设计一般采用经验类比法（常与锚杆类比表在一起，如 GBJ 86 ~ 85、军用洞库锚喷分类表等），也可按喷层抗冲切破坏或抗撕开破坏计算喷层的厚度，但喷射混凝土厚度主要由黏结条件所控制，其计算公式可简化如下：

$$h \geqslant 0.1\,\frac{KG}{uR_{\mathrm{Lu}}} \tag{8-6}$$

式中　$h$——喷射混凝土厚度，cm；

$K$——安全系数，一般取 3.0；

$G$——围岩质量，kg；

$u$——围岩周边长度，cm；

$R_{\mathrm{Lu}}$——喷射混凝土的计算黏结强度，MPa。

## 第三节　抗滑桩加固技术

在防治高边坡滑坡的工程中，以及在建筑物可能发生滑动时，除采用锚杆和锚索支护技术外，目前较多地采用抗滑桩技术来加固边坡，实现边坡的稳定。抗滑桩技术具有抗滑能力强，开挖和浇筑混凝土工程量小，且不会恶化原有的地质条件，桩位设置灵活的特点，对保证工程质量，加快施工进度，缩短工期和节约投资均具有显著作用。因此，在边坡加固、滑坡治理等工程中广泛应用。工程应用实践表明，抗滑桩具有很多优点，主要表现在它的布置灵活，可集中布置在有利于支挡滑坡的部位；可与其他防治措施联合使用等。当然，它也有不足之处，如配筋不能充分发挥其抗拉的优势，抗滑主要以扩大横截面面积为主等。但当滑动面较平缓且部位较浅时，可望取得较好的抗滑效果。抗滑桩的种类很多，这里仅简述常用的大型钢筋混凝土桩（简称大桩）抗滑桩的设计方法。

大型钢筋混凝土抗滑桩一般按照以下四个步骤进行设计：查明引起滑坡的主要原因、范围，滑体厚度，分析其稳定状态和发展趋势；根据滑坡工程地质剖面图及滑动面土、岩抗剪强度指标，计算滑坡推力；根据滑体各部位的滑坡推力大小和施工条件，确定桩体在剖面上的位置和加固范围；建立抗滑工程造价与抗滑桩的主要设计参数（桩间距 $L$、桩体锚固深度 $H_2$、桩体断面 $B_p \times D_P$）间的函数关系，以抗滑上程造价最低为目标，进行抗滑桩设计参数的优化，寻求最优的设计参数。

这里介绍“悬臂桩法”设计抗滑桩，在计算中，将其周围岩土体视为弹性介质，应用弹性地基梁理论，以温克勒提出的“弹性地基”假说作为计算的理论基础。

## 一、抗滑桩内力计算

### (一)受荷段内力计算

抗滑桩受力如图 8-1 所示。位于桩体滑面以上的桩体受荷段在推力、抗力作用下产生的剪力($Q_y$)和弯矩($M_y$)可按如下公式计算:

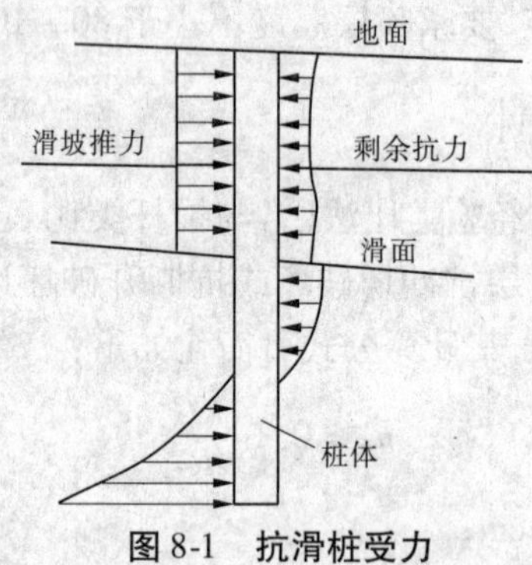


图 8-1　抗滑桩受力

$$M_y = \frac{1}{2}(g - g^1)y^2 \tag{8-7}$$

$$Q_y = (g - g^1)y \tag{8-8}$$

式中　$y$——自桩顶至每一截面的距离,m;

$g$——滑坡推力分布,kN/m;

$g^1$——抗力分布,kN/m。

当 $y = H_t$ 时,$Q_y$、$M_y$ 即是滑面处桩所受到的剪力和弯矩。

### (二)锚固力段内力计算

试验证明,当埋入滑面以下桩体计算深度为一临界值时,可视桩的刚度为无限大,其水平承载能力只与基岩弹性抗力的大小有关,该临界值与桩的锚固深度 $H_2$、变形系数 $\beta$ 有关。桩体变形系数按下式确定:

$$\beta = \left(\frac{K_d B_p}{4EI}\right)^{\frac{1}{4}} \tag{8-9}$$

式中　$K_d$——地基系数,kN/m³;

$E$——桩的弹性模量,MPa;

$B_p$——抗滑桩截面宽度,m;

$I$——桩截面惯性矩,m⁴。

### (三)桩体稳定条件分析

抗滑桩在外力作用下,既要保证本身有足够强度,又要保证桩体不发生倾倒破坏。为使桩体稳定,必须满足下式所限制的条件:

$$\sigma_{y,\max} \leqslant [\sigma] \tag{8-10}$$

式中　$\sigma_{y,\max}$——桩侧的最大压应力,MPa;

$[\sigma]$——基岩极限承载力,MPa。

## 二、桩体结构设计

抗滑桩是大截面地下钢筋混凝土构件。设计中应参照有关设计规范并结合抗滑桩的具体特点进行结构设计。从桩体弯矩图可以看出，桩身弯矩变化较大，上下端弯矩很小，这两部分可按混凝土构件考虑，不需要配置受力钢筋，混凝土桩所能承受的弯矩 $M$ 由下式确定：

$$M = \frac{R_d M_p B_p{}^2}{3.5K_s} \tag{8-11}$$

式中　$R_d$——混凝土轴心抗拉强度，MPa，

$M_p$——抗滑桩截面高度，m；

$B_p$——抗滑桩截面宽度，m；

$K_s$——强度设计安全系数。

一般而言，在桩体迎推力侧配置适当的受拉钢筋，可以充分发挥钢筋混凝土构件的承载能力，其纵向受拉钢筋面积按下式计算：

$$A_g = \frac{K_d M_{y,max}}{\gamma_0 D_0 R_g} \tag{8-12}$$

式中　$A_g$——纵向受拉钢筋面积，$m^2$；

$K_d$——设计安全系数；

$M_{y,max}$——桩体最大弯矩，kN·m；

$D_0$——截面有效设计尺寸，$D_0 = D - a$，m，$a$ 为受力钢筋合力点至截面近边的距离，m；

$R_g$——钢筋强度，MPa；

$\gamma_0$——系数，$\gamma_0 = \frac{1}{2}(1 + \sqrt{1-2A_0})$，$A_0 = \frac{K_d M_{max}}{B_p D_0^2 R_w}$，$R_w$ 为混凝土抗压强度（MPa）。

## 三、桩体设计参数的优化问题

桩体设计参数主要指桩间距 $L$、截面 $B_p \times D_p$、锚固深度 $H_2$。它们不仅关系到工程的安全，而且直接影响抗滑桩工程造价。为寻求合理的抗滑桩设计参数，可编制电算程序对抗滑桩的上述主要设计参数进行优化。

# 第四节　注浆加固技术

## 一、注浆材料

岩土注浆的实质是利用压力将能固化的浆液通过钻孔注入岩土体孔隙或裂隙中，从而使岩土体的物理力学性能得到改善，也就是说浆液的注入和固化是被加固的岩土体力学性能改变的基础。因此，浆液材料的类型与特性对岩土体的加固效果起着关键的作用。

注浆工程所用的材料由主剂（原材料）、溶剂（水或其他溶剂）及外加剂混合而成。通

常所说的注浆材料是指浆液中的主剂。注浆材料必须是能固化的材料，大体上可分为无机系和有机系两大类。无机系注浆材料包括单液水泥类、水泥－水玻璃类、黏土类、水玻璃类、水泥黏土类等，有机系注浆材料包括丙烯酰胺类、木质素类、树脂类、聚氨酯类、聚乙烯醇类、甲基丙烯酸甲酯类、丙烯酸盐类等。在日常使用中，一般将浆液分为水泥浆材和化学浆材两类。

水泥浆材结石体强度高，造价低廉，材料来源丰富，浆液配制方便，操作简单，是使用量最大的浆材。但由于普通水泥颗粒较大，这种浆液一般只能注入到直径或宽度大于 0.2 mm 的孔隙或裂隙中，因此使用上受到一定的限制。而化学浆材可注性好，浆液黏度低，能注入到细微裂隙中，但一般的化学浆液都具有毒性，价格较贵，且结石体强度比水泥浆液的结石体强度低。因此，化学浆液的应用范围也受到一定的限制。

针对水泥浆材和化学浆材的缺点，世界各国展开了改善现有注浆材料和研制新的注浆材料的工作，先后推出一批低毒或无毒、高效能的改进型浆材。至今，国内外各种注浆浆材品种达百余种以上。

## 二、裂隙岩体的注浆理论

裂隙岩体的帷幕注浆和固结注浆，都是将一定的浆液注入到岩体裂隙内。帷幕注浆的浆材主要是防渗材料，而固结注浆的浆材主要是高强度材料。裂隙岩体内存在大量的节理裂隙，尤其是多次构造作用形成的节理分布相当复杂，研究浆液在岩体裂隙内流动规律就更复杂。目前，只能利用裂隙岩体的一些渗流模型，研究浆液在较为简单的裂隙模型内的流动规律。现有的注浆公式只限应用于水平单一裂隙或一组裂隙内浆液的流动，较为复杂的模型还需做大量的研究工作。

围岩注浆厚度可根据围岩松动圈厚度确定。围岩松动圈的厚度可以通过多点位移计测得，也可用声波测试仪测得。在没有上述两种资料的情况下，可根据围岩的物理力学性质，按有关公式进行围岩松动圈厚度的计算，如修正的芬纳公式等。

在松动圈内注浆，可形成外壳支护层，它具有较大的承载能力，支护层与岩体共同作用。加固圈的半径可使加固岩石环的承载力满足或大于作用于加固壳的压力，即

$$R_G = \sqrt{\frac{r_1^2 \sigma_G}{\sigma_G - 2q_G}} \tag{8-13}$$

式中 $R_G$——注浆加固边界的半径；

$r_1$——隧洞（或巷道）半径；

$\sigma_G$——注浆加固岩石的强度；

$q_G$——加固岩石环的承载力。

据水电部门的统计，围岩固结注浆深度在 0.5～2.0 倍隧洞半径变化，建议按 1.3 倍隧洞半径计算。苏联在巷道注浆加固中，加固带的厚度取 3～5 m，我国煤炭部门巷道注浆加固厚度为 2～3 m。日本青函隧道则采用了如下的经验数据：一般地质条件时，压浆半径是隧洞半径的 2～4 倍；地质条件不好时，压浆半径是隧洞半径的 3～6 倍；地质条件特别差时，压浆半径是隧洞半径的 8 倍。

计算注浆量时应考虑注浆类型、岩土的孔隙率和裂隙、浆液充填程度等。渗透注浆的

好坏取决于渗透半径内体积土的孔隙充填程度，充填率越高，注浆效果越好。劈裂注浆的注浆量与注浆范围内浆脉的多少有关，浆脉越多，浆量也越多，注浆效果也越好，但是浆液不可能无限制地注，应该有个最佳注浆量。压密注浆的浆量和浆泡的直径有关，压密范围越大，要求的浆泡直径也越大，在不产生劈裂的条件下，浆泡直径是很有限的，浆源也有限。裂隙岩体注浆量与吸水率有关。下面讨论劈裂注浆的注浆量计算方法。

水泥浆的注浆量与水灰比有很大的关系，故常将注浆量折算成注灰量或单位注灰量（每米段长的耗灰量），这样注浆量就与水灰比无关。迪尔（Deere）于1976年提出单位耗浆量的分级，并指出任何小于10 kg/m的耗浆量完全是浪费时间和金钱。

注浆压力控制的好坏是注浆成败的关键。在不考虑边界条件下提高注浆压力，渗透注浆可以把土层颗粒孔隙中的空气和水等全部排走。但是若压力超过边界条件允许的范围，就会引起地面、基础、结构物的变形和破坏。压力应控制在边界条件允许的最大注浆压力内。

浆液的扩散半径与浆液的流变特性、胶凝时间、注浆压力、注浆时间等因素有关。在注浆范围和注浆半径确定后，就可以确定孔间距。确定孔间距时，既要考虑最大限度地发挥每个注浆孔的作用，减小工程造价，又要考虑孔与孔之间的相互搭接，达到均匀受浆。

对于加固注浆，一般采用等距布孔、梅花形布置方式。孔间距一般为0.8$R$（$R$指扩散半径），排间距为孔距的0.87倍。在砂性土层，渗透注浆孔距取0.8～1.2 m；在黏性土层，劈裂注浆孔间距取1.0～2.0 m。

## 思考题

1. 岩石地基加固常用的方法有哪些？其优缺点是什么？
2. 岩石边坡加固常用的方法有哪些？其优缺点是什么？

# 第九章　岩石力学数值计算方法

岩石力学数值计算方法是应用工程地质学、岩土力学、基础工程学及数学、力学及计算机科学中的理论和方法研究岩体力学问题。它包括岩体力学解析法和数值分析法。解析法只能求解介质力学性质、边界几何形状及作用荷载较简单的问题,若介质为非线性、非均质、各向异性或者边界几何形状与荷载较复杂,用解析法往往困难很大,甚至无能为力,这种情况下只能用数值分析法。20 世纪 60 年代以来,随着计算机科学的发展,数值分析法发展很快,目前已有很多理论和方法,本书简要介绍有限差分法(FDM)、有限单元法(FEM)、边界单元法(BEM)和离散单元法(DEM)、拉格朗日元法(FLAC)理论及在岩体力学中的应用,见图 9-1。

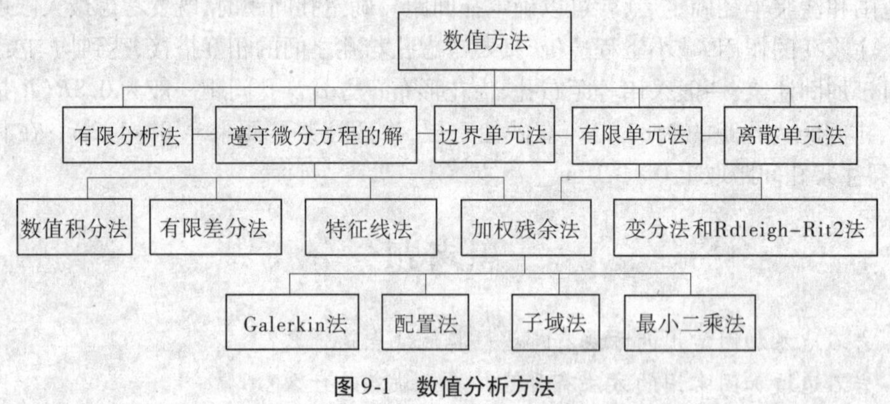


图 9-1　数值分析方法

## 第一节　岩石力学数值计算常用方法及软件

随着计算机技术的发展,数值分析方法在岩体力学领域的发展也越来越快,从 20 世纪 40 年代开始,有限差分法(FDM)率先在岩体力学分析中得到应用,先是应用于渗流和固结问题的求解,后来推广应用于弹性地基梁和板以及桩基的求解。60 年代后,有限单元法(FEM)成为岩石力学数值计算的主要手段之一,由于它能较容易地处理分析领域的复杂形状及边界条件、材料的物理非线性和几何非线性性状,所以其应用发展很快,现已广泛应用于岩体力学的渗流、固结、稳定和变形等问题的研究及深基础、浅基础、桩基础、挡土墙、堤坝、边坡、基坑和隧道等各类岩体力学问题的分析。随着理论研究的深入,目前有限单元法不仅能解决常规静力分析,而且在动力分析、抗震分析及可靠性分析中也得到了广泛使用。

有限单元法(FEM)是建立在连学介质力学基础上的数值分析方法。在岩石力学分析中有时会遇到节理、层理及断层面等不连续问题,而且不少岩土材料在破坏前会产生裂缝、破裂带,呈不连续状态。为了能够处理非连续介质问题,发展了离散单元法(DEM)和非连续变形分析(DDA)。近年来还发展了流形元法(MEM),它建立在“流形”有限覆盖技术上,可统一处理连续和过渡到非连续问题。

为了减少计算工作量,将解析法和数值解法相结合,发展了许多半解析法。有限层法、有限条法、有限元线法和边界元法均可认为是半解析法。采用半解析法可以达到降低维数、增加精度、加速运算和降低成本的效果。

在岩石力学问题中有时还会遇到大应变问题,拉格朗日元法(FLAC)是为处理连续介质非线性大变形问题而设计的。

近年来,计算机系统的迅速发展使计算成本日益降低,各种系统软件得到了发展和应用,大大促进了数值计算方法在岩体力学中的应用。目前,常用的各种比较成熟而且应用较广的计算软件列于表9-1。

**表9-1　常用岩体力学计算软件列表**

| 方法 | 缩写 | 代表软件 | 网址 |
|---|---|---|---|
| 有限差分法<br>(Finite Difference Method) | FDM | WHI Visual<br>ModflowGMS | www. ems - i. com |
| 有限单元法<br>(Finite Element Method) | FEM | ANSYS +CivilFEM<br>Adina System<br>GeoSlope Sigma/W<br>MIDAS/GTS | www. ansys. com. cn<br>www. adina. com. cn<br>www. geoslope. com<br>www. midasuser. com |
| 边界单元法<br>(Boundary Element Method) | BEM | Phase | www. rocscience. com |
| 离散单元法<br>(Discrete Element Method) | DEM | UDEC<br>3DEC | www. itascacg. com |
| 流形元法<br>(Manifold Element Method) | MEM | | |
| 拉格朗日元法<br>(Fast Lagrangina Analysis of Continua) | FLAC | FLAC<br>FLAC 3D<br>FLAC/Slope | www. itascacg. com |
| 不连续变形分析<br>(Discontinuous Deformation Analysis) | DDA | | |

## 第二节　岩体力学数值计算方法的发展趋势

近40年来,由于水电工程、采矿、交通和国防工程大规模展开,特别是电子计算机科学的迅速发展,使岩石力学的研究进入了一个新的阶段,而数值计算方法已成为解决难以用解析法表达的岩石工程问题的重要手段之一。当前，岩石力学数值计算方法正朝着图形化、智能化、专业化、非确定、非线性方向发展。

## 一、图形与智能化

在计算机应用于工程的初级阶段，计算机在岩石力学中的应用也只是起到一个大型"计算器"的作用，但随着计算机的进步，数据库、专家系统、智能式计算机及 AutoCAD、GIS(Geographic Information System)等技术的发展，计算机在岩石力学中的应用也越来越活跃，它正在取代岩石力学师完成更多的工作，其中以数据库、专家系统及计算机编图发展最为迅速。岩石力学计算机应用的主要方向见图 9-2。许多城市的工程地质数据库系统都已建成并逐步投入使用，各种专门的数据库，如隧道围岩分类的数据库、岩土体力学参数数据库、膨胀岩数据库等正在得到完善。各种新型实用的专家系统也开始在解决具体工程地质问题中发挥着一定作用，这方面的研究开发工作发展很快，可以预言，过不了几年，很多岩石力学领域的问题都会出现相应的数据库及专家系统，并会逐步将多种分析、制图技术综合形成功能强大的岩石力学分析评价系统。

计算机制图在岩石力学中的应用在近年来得到了突飞猛进的发展，常规勘察的各种图件基本上都可由计算机来完成，其中应用最多的是工程地质勘察剖面图。目前，岩石力学中的各种综合图、平面图、剖面图、立体图、等值线图等均已实现计算机化，大多数是使用 AutocAD 来实现的，进一步的发展是在三维图形的开发及自动化程度方面。近几年新发展起来的 GIS 编图技术则更有生命力，它将数据库、专家系统、制图技术综合到一起，使得各种复杂的工程地质图及相关信息得到充分利用，同时使土建更符合用户的需要并便于图件的储存、更新和复制。从现在在灾害地质图、厂矿现状图、城市规划图、土地利用图等方面的初步应用，可以预言，在不远的将来，GIS 将成为岩体力学制图的重要手段之一。

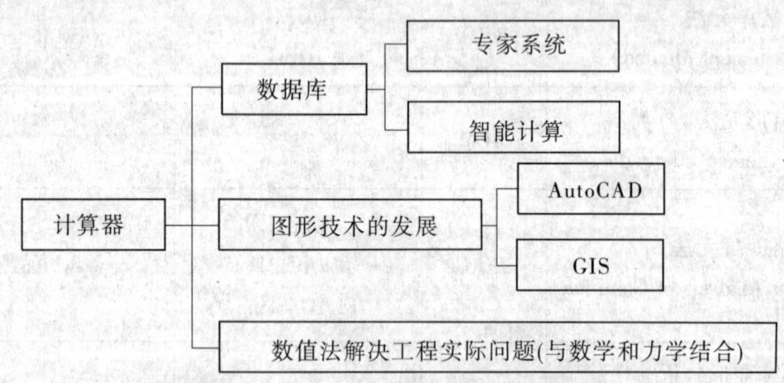


**图 9-2 岩石力学计算机应用的主要方向**

近年来，针对多数岩石力学数值计算软件遇到复杂地形时，前处理功能不强，地形简化导致计算模型仿真性不好的弱点，部分软件开发商已经实现了 GIS 与数值计算的有机结合，可直接导入 GIS 文件或 AutoCAD 文件，生成可用于计算的、地形逼真的三维计算模型。例如，MIDAS/GTS 软件中就提供了专门用于地形模型生成的 TGM(Terrain Geometry Maker)模型，可以将电子地图数据直接导入并实现有限元计算的网格剖分和模型建立。

## 二、通用化向专业化的转变

为了合理地进行岩石力学设计和施工,必须确切掌握岩土特性及其由于自重、外部荷载或边界条件变化而引起的岩体应力、变形及破坏的发展规律,对岩土体的稳定性作出正确的评价。大多数岩土介质均为非线性材料,其力学响应与金属、合金及聚合物的响应完全不同。这种差异主要是由岩土介质宏观和微观结构及地应力、流体等因素所致。因此,研究岩石力学问题应充分考虑其多相构造、率性相关、路径相关、时间效应、温度效应、渗流、胶结性质、节理裂隙、各向异性等特殊性。

通过对岩土体本构关系、加固机理认识的不断深入和发展,岩石力学对数值计算提出了专业化的要求,为更真实地模拟岩土体在工程中的表现,数值计算方法完成了从通用向专业化方向的发展,目前,不但出现了通用软件中的专业化极强的功能模块,如 ANSYS 中的 CivilFEM 模块,而且出现了专门用于某个专业或者用于某一类工程的专业计算软件,如 Plaxis 属于专门用于土力学有限元分析的软件,而 MIDAS/GTS 属于专为隧道工程计算而开发的软件。

## 三、不确定性与非线性分析方法

由于岩土介质的特殊性,在工程设计、施工、使用过程中具有种种影响工程安全、适用、耐久的不确定性,这些不确定性大致有以下几个方面。

### (一)岩土体参数的离散性、随机性

由于自然界中的岩土体是非均匀、非连续、各向异性的地质体,岩土体力学参数受矿物成分、结构构造、水等因素的控制,实际上是测不准的。所以,整个工程系统就具有了随机性、不确定性,它是在一定范围内变化的随机变量。所以在工程设计中采用确定性方法进行建筑物安全性能评估是不准确的。研究这类问题的方法有概率论、数理统计和随机过程。

### (二)安全系数的模糊性

在传统的工程设计方法中,安全系数是最为常用的评价建筑物或者工程结构安全的标准,它常被理解为材料的破坏强度对于使用中的最大应力之比,并简单地认为一个较高的安全系数就能保证结构的安全。而在岩石力学中,把安全系数定为破坏应力与最大应力之比只适用于保持弹性状态直到破坏的那种岩土体,因此通常所说的安全系数不能给出结构可靠度的直接信息,常规的安全系数的模糊性可能引导工程技术人员得到一个虚假的安全感,从而影响人们对工程结构安全的认识,导致工程事故的发生。

岩石力学数值计算结果的精确程度在很大程度上依赖于计算参数的选取,正是由于上述不确定性的存在,数值计算中参数的确定成为计算中最为关键的技术。近年来,可靠度分析方法成为一门正在迅速发展的新学科,被誉为近代工程技术的重要发展,无论是从国民经济建设方面,还是社会效益方面,可靠度研究都起到了非常重大的作用。自 20 世纪 70 年代初应用于岩石力学工程领域以来,由于国内外岩土力学界的重视,可靠度分析方法已经得到长足发展,并已成为岩石力学研究的重要发展方向。可靠性分析方法应用概率论与数理统计方法对输入计算模型的参数、边界条件、初始条件等进行处理,然后进

行计算,得到结构的破坏概率与可靠度,可更为科学、真实地表现结构的安全性能。

目前,岩石力学数值计算中常用的可靠性分析方法有蒙特卡洛模拟法,一次二阶矩法、统计矩法及随机有限元法。

随机有限元法是可靠指标法与数值法相耦合的方法,包括一次线性逼近法和迭代验算法,其实质是在常规有限元法的基础上,改输入常数为随机变量,从而求得边坡总体的可靠指标和破坏概率。随机有限元法集有限单元法和可靠性分析的优点于一身,适应性强,考虑问题全面,精度较高,可解决非线性问题,随着计算机技术和有限元算法技术的提高,其工作量庞大和计算时间长的缺点基本已被克服,所以虽然发展历史不长,但随机有限元分析已经成为可靠度分析的一个重要方法。

在常用的岩石力学数值计算软件中都内置了可靠性分析计算模块,如 ANSYS 可直接开展随机有限元的计算,GeoStudio 软件可按正态分布输入计算参数,按蒙特卡洛随机抽样方法进行边坡刚体极限平衡和有限元模拟与分析。

## 第三节　有限单元法基本原理

有限单元法是数值计算方法中发展较早、应用最广的一种方法,可以解决传统方法难以解决或无法求解的实际问题。在应用有限单元法解决水库大坝等与岩土工程有关的问题时,可以部分地考虑岩土体的非均质、不连续的介质特征,考虑岩土体的应力应变特征,避免将岩土体视为刚体、过于简化边界条件的缺点,能够接近实际从应力应变的角度分析岩土体的变形破坏机制,对了解岩土体的应力分布及应变位移变化十分有利。

有限单元法实质是变分法的一种特殊有效形式,其基本思想是:把连续体离散化为一系列的连接单元,每个单元内可以任意指定各种不同的力学形态,从而可以在一定程度上更好地模拟岩土体的实际情况,特殊的节理单元可以有效地模拟岩土体中的结构面。

在大多数情况下,岩土体材料应采用非线性模型,其中包括考虑岩体弹塑性、蠕变、不抗拉特性以及结构面性质的影响。下面简要叙述有限元法的求解过程和原理。

### 一、有限单元法实施步骤

有限单元法实施的第一步是离散化,就是根据离散化原则把一个连续体分解为一组较小的等价连续体,这些较小的连续体就称为有限单元,分离单元的连线的交点称为节点。单元和节点是有限单元法中的两个基本元素,连续体内各部分的应力及位移通过节点相互传递。每一个单元可以具有不同的物理特征,这样就可以得到在物理意义上与原来的连续体近似的模型。有限单元法的基本特征就是对所有单元进行逐个的分析和处理,指定每个单元的几何形状和物理力学特征。

有限单元的第二步是进行单元分析,即根据采用的单元类型,建立单元的位移 - 应变关系、应力 - 应变关系、力 - 位移的关系。在建立力和位移的关系中,应用虚功原理推导出它们之间的系数矩阵,即单元刚度矩阵。最后进行总体分析,将各单元的力和位移方程式联立求解,得到位移,然后求解应力。归纳起来,主要有以下几步:

(1)建立离散化的计算模型,包括以一定形式的单元进行离散化,按照求解问题的具体条件确定荷载及边界条件；

(2)建立单元的刚度矩阵；

(3)由单元刚度矩阵组集总体刚度矩阵，并建立系统的整体方程组；

(4)引入边界条件，解方程组，求得节点位移；

(5)求出各单元的应变、应力及主应力。

## 二、位移模式与单元类型

在一般的有限单元法问题中，我们常以位移作为未知数，称为位移法。在应用有限单元法时，需要事先假设一种位移解的形式，也就是假定位移是坐标简单的函数，这种函数称为位移模式。这不仅是因为多项式的数学运算（微分与积分）比较方便，而且由于所有光滑函数的局部看来都可以用多项式逼近。至于多项式的项数和阶数的选择，则要考虑到单元的自由度和常数项、线性项。为保证解的收敛性，要求位移模式必须满足以下三条要求：

(1)位移模式必须能包含单元的刚体位移，即当节点位移是由某个刚体位移所引起时，弹性体内不会有应变。

(2)位移模式必须能包含单元的常应变，即与位置坐标无关的那部分应变。

(3)位移模式在单元内要连续，并使相邻单元间的位移必须协调。

同时，要求所选的位移模式与局部坐标系的方位无关，即具有几何各向同性。对于线性多项式，各向同性的要求通常就等价于必须包含常应变状态；对于高次模式，就是位移模式不应随局部坐标的更换而改变；对于常应变三角形单元，其位移模式十分简单。

## 三、三维节理单元

图 9-3 给出了两种形式的等厚度三维节理单元，单元位移插值函数可表示为：

$$u = \sum_{i=1}^{m} N_i u_i, \quad v = \sum_{i=1}^{m} N_i v_i, \quad \omega = \sum_{i=1}^{6} N_i \omega_i \tag{9-1}$$

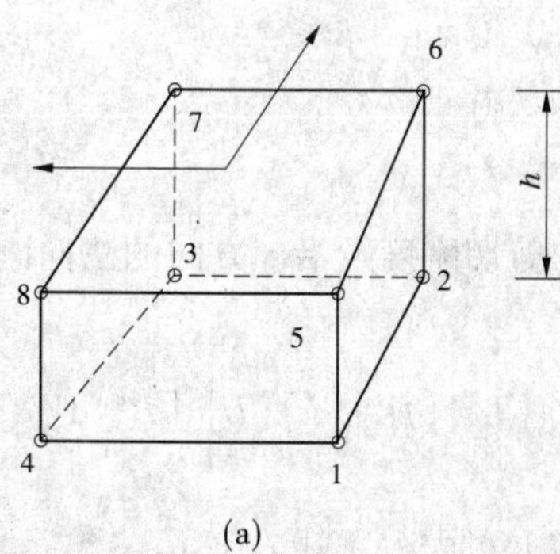

(a)

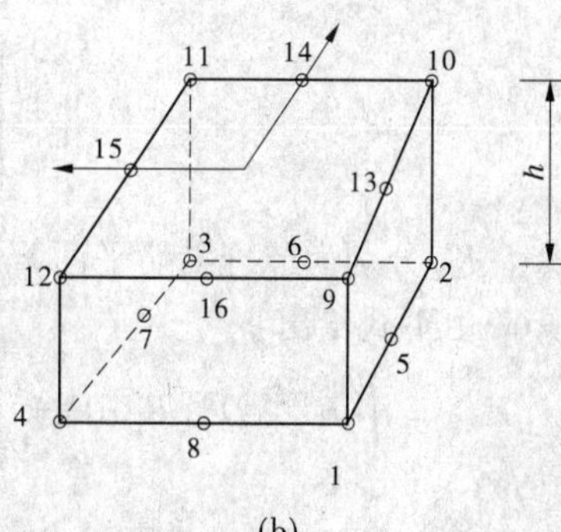

(b)

**图 9-3　三维节理单元形式**

对于如图 9-3(a)所示单元，分别对上下面插值，$m=4$，$N_i$ 可表示为：

$$N_i = \frac{1}{4}(1 + \xi\xi_i)(1 + \eta\eta_i) \quad (i = 1,2,3,4) \tag{9-2}$$

对于如图9-3(b)所示单元,分别对上下面插值,$m=8$,可表示为:

$$\left.\begin{aligned}N_i &= \frac{1}{4}(1+\xi\xi_i)(1+\eta\eta_i)(\xi\xi_i+\eta\eta_i-1) \quad (i=1,2,3,4,(9,10,11,12))\\ N_i &= \frac{1}{2}(1-\xi^2)(1+\eta\eta_i) \quad (i=5,7,(13,15))\\ N_i &= \frac{1}{2}(1-\eta^2)(1+\xi\xi_i) \quad (i=6,8,(14,16))\end{aligned}\right\} \tag{9-3}$$

单元上任一点$(\xi,\eta)$的坐标亦可由节点坐标求得:

$$x=\sum_{i=1}^{m}N_ix_i,\quad y=\sum_{i=1}^{m}N_iy_i,\quad z=\sum_{i=1}^{6}N_iz_i \tag{9-4}$$

过该点作节理单元的切平面,建立局部坐标系 $x'y'z'$,$z'$为切平面的法线方向,则该点在局部坐标系中的应变分量(假定沿着厚度即 $hz'$方向无变化)可表示为:

$$\{\varepsilon'\}^e=[\gamma_{x'z'}\gamma_{y'z'}\varepsilon_x{}']^{\mathrm{T}}=\frac{1}{h}[\Delta u'\Delta v'\Delta\omega']^{\mathrm{T}}=\frac{1}{h}[L][B_0]\{\delta\}^e \tag{9-5}$$

$$[B_0]=[-N_1I,-N_2I,\cdots,-N_mI,N_1I,N_2I,\cdots,N_mI] \tag{9-6}$$

式中　$\{\delta\}^e$——整体坐标系中的节点位移;

$[I]$——$3\times3$ 单位阵;

$[L]$——由整体坐标到局部坐标的转换矩阵,且

$$[L]=\begin{bmatrix}l_1 & m_1 & n_1\\ l_2 & m_2 & n_2\\ l_3 & m_3 & n_3\end{bmatrix} \tag{9-7}$$

该点在局部坐标系中的应力量可表示为:

$$\{\sigma'\}^e=[\tau_{x'z'}\tau_{y'z'}\sigma'_\tau]=[D']\{\varepsilon'\}^e+\{\sigma'_0\} \tag{9-8}$$

式中　$\sigma'_0$——该点初始应力;

$[D']$——局部坐标系中的弹性矩阵,且

$$[D']=\begin{bmatrix}K_{sx'} & 0 & 0\\ 0 & K_{sy'} & 0\\ 0 & 0 & K_n\end{bmatrix} \tag{9-9}$$

其中 $K_{sx'}$、$K_{sy'}$、$K_n$ 分别为节理沿切平面 $x'$、$y'$方向的剪切刚度及沿 $z'$方向的法向刚度。单元刚度矩阵由下式给出:

$$[K]^e=\int_V[B]^{\mathrm{T}}[D][B]\mathrm{d}V=\int_V[B']^{\mathrm{T}}[L][L]^{\mathrm{T}}[D'][L][L]^{\mathrm{T}}[B']\mathrm{d}V$$

$$\int_V[B']^{\mathrm{T}}[D'][B']\mathrm{d}V=h\int_{-1}^{1}\int_{-1}^{1}[B']^{\mathrm{T}}[D'][B']\det[J]\mathrm{d}\xi\mathrm{d}\eta \tag{9-10}$$

其中 $\det[J]=\sqrt{E_\varepsilon E_\eta-E_{\varepsilon\eta}^2}$

$$E_\xi=\left(\frac{\partial x}{\partial\xi}\right)^2+\left(\frac{\partial y}{\partial\xi}\right)^2+\left(\frac{\partial z}{\partial\xi}\right)^2$$

$$E_{\eta} = \left(\frac{\partial x}{\partial \eta}\right)^2 + \left(\frac{\partial y}{\partial \eta}\right)^2 + \left(\frac{\partial z}{\partial \eta}\right)^2$$

$$E_{\xi}\eta = \left(\frac{\partial x \partial x}{\partial \xi \partial \eta}\right)^2 + \left(\frac{\partial y \partial y}{\partial \xi \partial \eta}\right)^2 + \left(\frac{\partial z \partial z}{\partial \xi \partial \eta}\right)^2$$

[$L$]矩阵中的元素由下式给出：

$$\left.\begin{aligned}
l_3 &= \frac{\left(\dfrac{\partial y \partial z}{\partial \xi \partial \eta} - \dfrac{\partial z \partial y}{\partial \xi \partial \eta}\right)}{A^3} = \frac{\Delta_1}{A_3} \\
m_3 &= \frac{\left(\dfrac{\partial z \partial x}{\partial \xi \partial \eta} - \dfrac{\partial x \partial z}{\partial \xi \partial \eta}\right)}{A^3} = \frac{\Delta_2}{A_3} \\
n_3 &= \frac{\left(\dfrac{\partial x \partial y}{\partial \xi \partial \eta} - \dfrac{\partial y \partial x}{\partial \xi \partial \eta}\right)}{A^3} = \frac{\Delta_3}{A_3} \\
A_3 &= \sqrt{\Delta_1^2 + \Delta_2^2 + \Delta_3^2} \\
l_2 &= 0, m_2 = \frac{n_3}{\sqrt{m_3{}^3 + n_3{}^3}}, n_2 = \frac{m_3}{\sqrt{m_3{}^3 + n_3{}^3}} \\
l_1 &= \frac{\delta_1}{A_1}, m_1 = \frac{\delta_2}{A_1}, n_1 = \frac{\delta_3}{A_1} \\
\delta_1 &= m_2 n_3 - m_3 n_2, \delta_2 = n_2 l_3 - n_3 l_2, \delta_3 = l_2 m_3 - l_3 m_2 \\
A_1 &= \sqrt{\delta_1^2 + \delta_2^2 + \delta_3^2}
\end{aligned}\right\} \tag{9-11}$$

应用上述三维节理单元，可以方便地模拟岩体中的节理、裂隙及软弱夹层等构造面。

## 四、非线性问题有限单元法求解

岩土工程问题大都是非线性问题，应力应变关系呈非线性状态，非线性算法是有限元解题步骤中非常重要的一步。求解非线性问题的方法可分为三类：增量法、迭代法和混合法。迭代法又称为牛顿法，这种方法的特点是全部荷载一次施加，逐步调整位移进行迭代，最终使方程得到满足。这里主要介绍牛顿法和修正牛顿法，见图9-4。

### （一）牛顿法

由非线性方程$[K(u)]\{\Delta u\} = \{P\}$出发，从初始刚度$[K_0]$求得位移$\{\Delta u_1\}$：

$$\{\Delta u_1\} = [K_0]^{-1}[P] \tag{9-12}$$

由$\{\Delta u_1\}$求得$\{u_1\}$，由$\{u_1\}$从$P \sim u$曲线上求得割线刚度$[K_0]$，再$[K(u_1)]\{\Delta u\} = P$由求得$\{\Delta u\}$的第二次$\{\Delta u_2\}$，如此重复计算，直到$\{\Delta u_1\}$与$\{\Delta u_{i-1}\}$充分接近，使得$\{\Delta u_1\} - \{\Delta u_{i-1}\} = \varepsilon_{\Delta u} \leqslant [\varepsilon]$，即给定精度为止。该法收敛快，但每一次迭代都要形成新的刚度矩阵，计算量较大。

### （二）修正牛顿法

修正牛顿法是对上述牛顿方法的一种修正，每一步迭代步骤均采用初始刚度$[K_0]$，

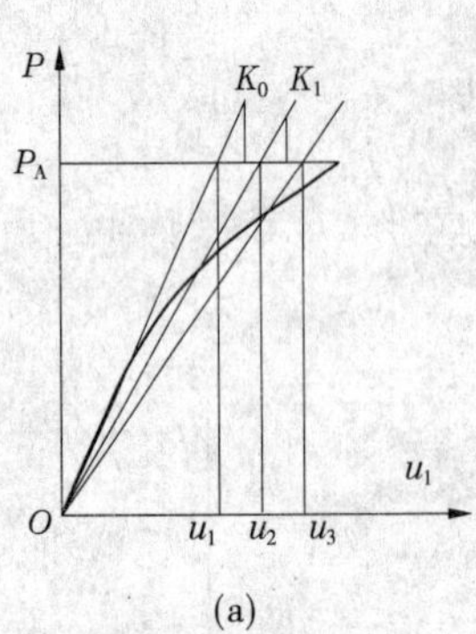

(a)

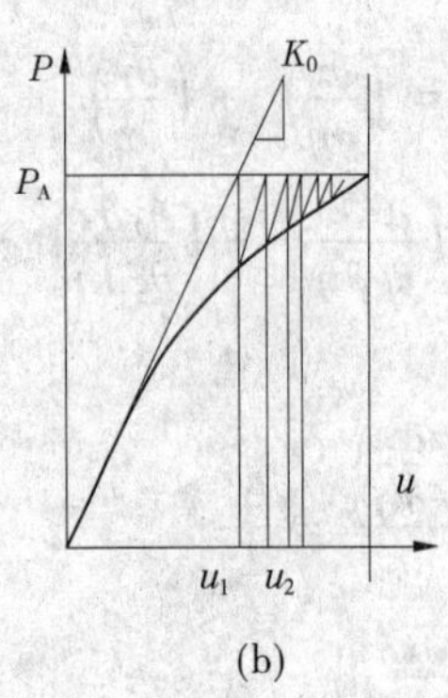

(b)

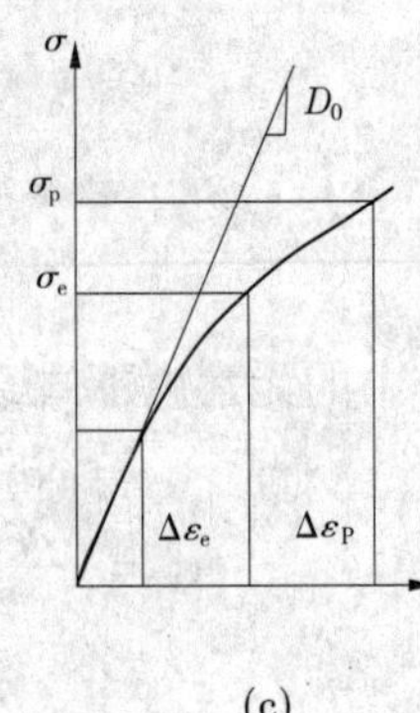

(c)

图 9-4　迭代法原理

其迭代方程可写为：

$$
\begin{aligned}
[K_0]\{\Delta u_1\} &= \{P\} - \{P_{i-1}\} \\
\{u_i\} &= \{u_{i-1}\}\{\Delta u_i\}
\end{aligned}
\tag{9-13}
$$

收敛准则为$|u_i - u_{i-1}| \leqslant [\varepsilon]$。

由图 9-4 不难理解这种方法的迭代计算过程。这种方法迭代次数多，但因省去了重新计算刚度矩阵的时间，速度比一般牛顿法要快。

# 第四节　岩石力学数值法分析原理与应注意的问题

## 一、主要内容及分析原理

数值计算方法的主要任务是完成岩石力学中的定量分析研究，包括对工程勘察中获得的基础地质资料进行合理的处理和分析。实质上就是对地质因素定量描述，对力学效应研究及勘测成果的处理，可简单描述为如下几个方面。

### (一) 地质因素及其力学效应定量化

地质因素及其力学效应定量化包括以下几个方面：

(1)岩土体及地层特征信息定量化。

(2)岩体结构及其力学效应定量化。包括：①结构面地质规律及其力学效应；②结构体地质规律及其力学效应；③软弱夹层地质规律及其力学效应；④岩体结构地质规律及其力学效应。

(3)岩土体赋存环境因素定量化。包括：①地应力地质规律；②地下水地质规律；③地温地质规律。

### (二) 岩土体力学作用定量化

岩土体力学作用定量化包括以下几个方面：

(1)岩土体力学作用规律定量化。

(2)岩土体变形机制及其本构规律。

(3)岩土体破坏机制及其破坏判据。

**(三)岩土体力学性质定量化**

岩土体力学性质定量化包括以下几个方面:

(1)岩块力学性质及岩体力学性质的结构效应。

(2)土体力学性质及其结构效应。

(3)环境因素对岩土体力学性质的影响。

(4)岩土体力学性质形成规律。

**(四)数学力学定量分析**

数学力学定量分析包括以下几个方面:

(1)数学地质方法。

(2)数值模拟。

(3)岩土力学方法。

在上述几方面工作中,前三项是基础性工作,它为岩体力学问题的数学力学分析提供合适的地质模型、力学模型及环境条件。没有这些基础工作,任何定量分析方法都只能是空中楼阁。因此,对具体工程问题的分析计算工作,应按如图 9-5 所示的工作程序进行。

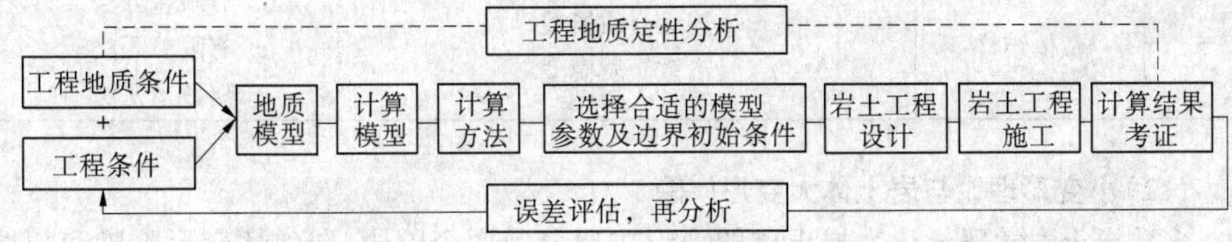


**图 9-5　岩石力学数值分析法工作程序**

从图 9-3 中所示的分析过程可以看出,岩石力学数值分析工作不是简单的试验资料处理和经验性计算,而是一项工程,一个系统。第一步必须对收集(岩体力学勘察)获得的地质信息进行加工处理,抽象为地质模型及相应的力学介质类型及力学模型。在此进出上,才能输入本构方程、破坏判据、工程活动方案、岩土体改造方案,给出数学力学模型,进行岩体力学计算分析和岩体力学设计。到此,岩体力学数值分析的任务还未完成,还需根据施工中的监测资料,预测验证未施工段的合理性,根据现场施工获得这些反馈信息进行第二循环分析,有时还需要通过多次这种循环计算工作。

## 二、岩石力学数值分析应用中的几个问题

**(一)计算方法的适用性与连续性问题**

岩土体属高度非线性复杂介质,由于构造运动或沉积风化造成的不连续结构面将岩体切割成无数细小的块体,其力学性质千变万化,而人们在研究工程地质问题的时候,常常根据多项假设条件采用连续介质力学来分析岩石力学问题,这就带来了数值计算中的适用性与连续性问题。

在岩石力学数值分析中,如果原封不动地引用基于连续介质假定的经典力学理论,会造成计算结果的误差,我们知道,连续介质的基本假定就是物体是连续的,从而其力学行为,如位移、应力、应变等都应该是连续变化的,而在自然界中,这样理想的物体是不存在

的。因此，在进行数值分析之前，必须对岩土体的性质、结构和赋存环境进行分析，并按照工程地质原理和方法判定岩土体的本构关系和结构类型，考虑岩土体连续性假设的合理使用范围和各物理量的适用定义，从而完成地质模型向数学模型的转化。

常见的岩体结构类型与数值分析方法对应如表 9-2 所示。

**表 9-2　岩土体的结构类型与数值分析方法对应关系**(何满潮等,2007)

| 序号 | 结构类型 | 工程地质力学模型 | 数值分析方法 |
|---|---|---|---|
| 1 | 完整结构 | 连续介质模型 | 有限单元法<br>有限差分法 |
| 2 | 块状结构 | 离散介质模型 | 离散单元法 |
| 3 | 层状结构 | 考虑不连续单元连续介质模型或<br>离散介质模型 | 有限差分法<br>有限单元法<br>离散单元法 |
| 4 | 碎裂结构 | 离散介质模型 | 离散单元法 |
| 5 | 散体结构 | 连续介质模型<br>离散介质模型 | 有限差分法<br>有限单元法<br>离散单元法 |

**(二)小变形理论与岩土体大变形问题**

多数岩土力学理论认为岩土体的变形主要分为两个阶段，即弹性变形阶段和塑性(非线性弹性、流动)变形阶段，一般认为，在弹性阶段的变形较小，属于小变形，而进入非线性弹性、塑性、流动阶段的变形不再适用于常规数值计算采用的变形叠加理论，而应依据非线性大变形理论进行分析和计算。

目前，常用的岩土力学数值分析软件大多基于连续介质小变形假定，采用变形叠加原理进行分析和计算，因此得到的计算结果仅对弹性变形阶段适用。但我们应注意，非线性大变形是岩土介质变形的重要特征，用大变形理论进行计算和分析是十分必要的。如果将小变形假定应用于岩土介质大变形的分析和计算，其结果要么失真，要么迭代不收敛，根本无法得到计算结果。

**(三)计算方案一定要考虑岩土体的改造措施**

处于天然地质环境中的岩土体，不需要经过改造而直接便可为工程构筑物所利用的实在太少，一般要对岩土体进行改造，如支护、灌浆、锚固、桩基、夯实、抽排水等。这必然会扰动岩土体的特征，如果在分析方案中未计入这种扰动效应，那么计算结果会有较大误差，这是岩石力学数值分析不同于一般的数学力学计算的特色之一。

**(四)定性分析的控制作用**

现已提出了许多计算方法，有些用一组公式来表示，有些用一个计算软件来实现。将这些计算方法用于解决实际工程问题时都会碰到一个问题，即适用条件，如果没有准确把握一种计算方法的适用条件，应用时将有可能得出错误的结论。这就需要定性分析进行指导，具体表现在，工程地质学家在对一个工程场地进行广泛调查研究的基础上，结合一些测试结果，对该场地的工程地质问题从机制上作出判断，然后选择合适的计算方法来证实某些结论或从量级上进行评价。其中，定性判断尤其重要，如果这种判断是错误的，根据这种判断进行的计算结果也将不可靠。如对鲁布革水电站地下厂房边墙的变形分析，首先需要一种正确的判断，即变形机制是什么，是材料变形还是结构变形？如为材料变形，又属于弹性变形、弹塑性变形、黏弹性变形还是黏弹塑性变形？哪些变形为主要变形？计算时如何考虑？若为结构变形，应属于什么结构类型，采用什么结构模型？这种判断正确与否，将直接影响到计算结果的可靠性。从地质条件及支洞开挖后见到的变形特征，结合洞室几何尺寸，该厂房边墙围岩的变形主要是岩体结构变形引起的，因此采用板裂结构模型进行分析便能更加真实地揭示这种围岩的变形机制，正确地预测变形量。如果将其作为一种材料变形，采用连续介质模型，即使进行大量的繁复计算，所得结论也难以符合实际情况。这只说明定性分析有一定的指导作用，对定量计算的其他方面，如边界条件、计算参数、误差估计等都具有控制作用。这说明定量计算只是一种工具，如何使用这些工具需要工程地质定性分析来指导。当然，定量计算结果又可反过来证实或修正定性分析，它们互相取长补短。这是岩石力学数值分析的第二特色。

**（五）考虑施工过程**

岩石力学数值分析的第三大特色是从施工过程去进行计算分析。我们知道，岩土体是经过长期地质作用的产物，并处于一定的地质条件下，当取样进行测试分析时，岩土试样已脱离了它原有的环境状态，因此测试结果是否能真实反映实际岩土体的受力历史过程，在分析时，计算者需要考虑这一因素的影响。同时，大多数工程地质问题都可看做一个开挖与堆积问题。在分析计算工程涉及的岩土稳定时，计算方法需考虑这种开挖与堆积过程，以期正确地反映实际岩土体受力过程，使分析结果更趋合理。如地下洞室的稳定性分析，无论使用何种方法，恐怕都需要考虑不同开挖阶段及支护设置时间的影响。作为支护、围岩这一共同作用体系，围岩变形动态与开挖施工过程是相互影响的。常用两种方法来考虑开挖效应，一种是等效节点法，一种是第二次弹性解（空单元）法，但计算结果有时会出现位移值偏离实际太大。刘钧等研究了这个问题，指出这两种方法在概念或理论上是不准确的，并给出了一种新的解法，即取边坡本身自重产生的位移场为零，把挖去部分的自重作为边坡外荷载，把其产生的不为零的位移作为边坡的初始位移场，而把开挖体和边坡自重共同作用产生的应力场叠加作为初始应力场，在此前提下计算开挖的总位移和总应力。对某边坡工程，新旧计算方法得到坡面位移值如图 9-6 所示。图 9-6 表明，新解法计算得到的位移矢量是指向采坑的，这与工程实际是符合的。而朝向天空的位移与边坡变形不一致。

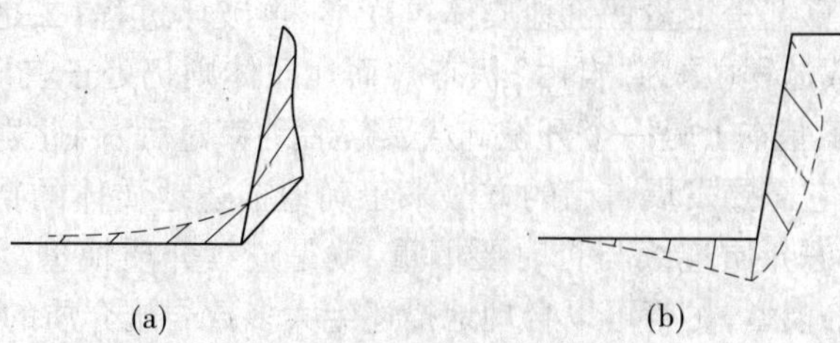


**图 9-6　不同开挖计算方法所得边坡位移**

**(六)计算模型的选取**

上面已提到,计算模型选择的正确与否决定了计算结果的可靠与否。对具体工程问题的分析,必须以详细的地质调查为基础,以必要的测试资料为依据,提取合理正确的模型。就工程建筑物所涉及的尺寸水平而言,土体介质被看做一种连续介质时普遍为工程界所接受。但岩体的情况就不一样,大多数工程场地的岩体受节理裂隙纵横切割,在大的范围内还受断层破碎带控制,这就存在一个"连续"与"非连续"划分界线问题,不同的介质类型,不仅变形破坏机制不一样,而且计算原理也各不相同。对连续介质,计算方法相对来说是较为成熟的,而非线性介质问题的定量分析还不太令人满意。在实际问题分析中,如何把握这种界线是十分必要的。

严格来说,物质世界都不是连续的,它是由不同层次的"粒子"组成的,因此连续与否必须相对于一定的尺度水平,比如是宏观、细观水平还是微观水平。对岩体介质的划分来说仅用一个宏观的尺度水平是不够的,它必须与工程建筑的规模相联系,也就是说岩体中连续面的发育程度、规模与建筑物规模相联系。如图 9-7 所示,为某工程实际节理统计后形成 Monte - Carlo 网络图。当工程场地用 $A$ 范围的单元来组合时,可以近似假定为连续介质,而用 $B$ 区域的单元组合时,看做连续介质就显得牵强。这种不同尺度连续界线的划分受工程规模和节理裂隙发育程度所控制,同时不受介质的变形破坏机制的影响。一般来说,对于山体的评价,主要考虑Ⅰ、Ⅱ级结构面的不连续性,而对一般的洞室工程、坝基问题,Ⅲ级甚至Ⅳ级构造面均有可能引起不连续变形特征。

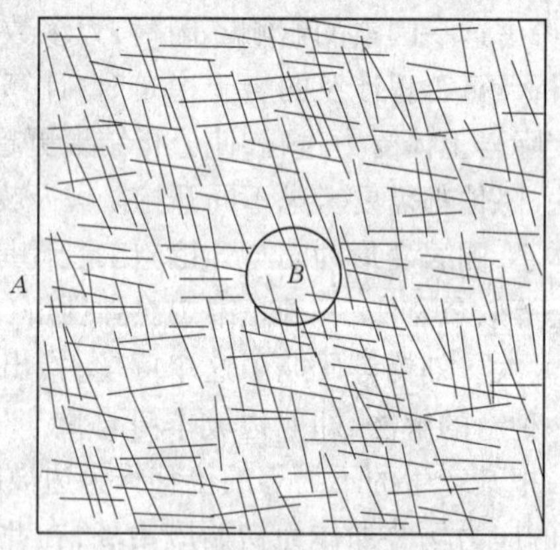


图 9-7　介质模型的选取

另外,需要强调的是,地质体的变形破坏与人工材料是截然不同的,主要表现在两个方面:一是地质体内含有众多宏观不连续面,经过长期的地质作用,大多数都已遭受过破坏,工程地质定量计算都是定量评价地质体再变形、再破坏过程;二是人工材料的受力历史基本上是一个加载过程(原为"自由"状态),而地质体则仍处于三向应力状态("约束"状态),工程建筑施工基本上是一个开挖卸载及解脱约束过程,因此岩体力学计算不能照搬固体力学的方法,它需要发展自己的方法来正确地描述地质体的特征。尤其是本构方程,前面已提及在考虑介质连续与否时要慎重,就是连续介质模型,如非线性弹性、弹塑性、黏弹塑性、损伤等模型,尽管可以合理地描述绝大多数岩土介质的工程力学行为,但在建立这些模型时要依据介质的变形破坏机制(由定性分析获得)进行适当的修正。当将岩体的非弹性变形看做塑性变形或者黏塑性变形时,考虑到岩体具有孔隙、节理裂隙等不连续面,它的塑性变形主要是岩体微破裂的出现和裂隙错动的积累造成的,而岩体有塑性的体积变化,在受剪切时有剪胀现象,在引用屈服条件时要加上平均应力的因素,而在塑性变形规律方面要采用非正交流动法则,由于微破裂的发展,在进入塑性变形后产生卸载时,岩体的卸载模量比初始的弹性模量要小,出现弹塑性耦合的现象。其他诸如变形模量随应力的大小而变化、应变软化等特征都需要在计算模型中加以考虑,这样才能使计算结果符合实际。

**(七)计算参数**

每一种计算方法除选择合适的计算模型及边界条件外,再一个需要考虑的问题就是边界初始参数值的合理选取。从理论上讲,只有这些参数给定之后才有可能得到结果,且参数的准确与否直接影响到计算结果与实际的符合程度。现在的难度在于许多计算所需的参数在现场或实验室难以获得,有些时候是条件(现场条件、时间和经济)不允许。这一难度阻碍了定量计算在实际工程中的广泛应用。比如地应力这个参数,是所有计算方法都无法回避的环境参数,但现场获得这一参数确实不容易,除非是大型重点工程,一般不会花这笔费用。这就需要在勘测期间作出大致的判断或在计算方法上下工夫,有时还需要有些"艺术"(或技巧)处理。现在有些计算方法就是因为这个问题解决不好而未能在实际工程中应用。从目前的使用状况来看,应用最多的还是模型简单、参数较少的计算方法,如解析法、弹性边界元法、弹塑性有限单元法。

工程地质学家早就发现实验室取得参数并不能真实地反映实际岩体的性态,而现场测试花费很大,且周期长,除非必须这么做,一般很难进行现场测试。位移反分析法的提出和发展为计算参数的确定提供了一条很好的途径。一般反分析的参数是地应力、变形模量、黏弹性常数。反分析的方法很多,在实用上,其位移量测也非易事,因此还未得到广泛应用。另外,反分析方法本身也存在一个适当的修正,其中的定性判断是很重要的,如断层、节理面等的力学参数常由经验的方法确定。

在计算方法中,应尽量将本构方程及破坏判据改写成为常用力学数学的表达式,如弹塑性分析中的几种屈服判断,最好都直接用 $c$、$\varphi$ 值来表达,各种非线性模型最好也能用线性参数来确定。只有这样,这种算法才能为工程界所接受,在实际工程中发挥作用。

**(八)精度、费用和前后处理**

岩石力学数值分析中影响精度分析的主要因素是材料本构模型的合理程度和有限元计算的精度。前者是目前亟待解决但困难较大的问题,后者是需要数学力学工作者进一步解决的问题。在计算分析中,合理选用本构模型和相应的模型参数,合理选用几何模型是提高分析精度的关键。对非线性分析,控制迭代所形成的误差也很重要。采用数值分析,如何评价分析精度是一个十分重要的问题,应给予充分重视。

将岩石力学定量计算用于解决实际问题时,需要解决精度和费用的矛盾。一般来说,计算方法考虑的影响因素越多,计算的精度相对越高些,但投资往往需要较多。工程地质问题本身的特点决定了定量计算的各个环节都有许多不确定因素,在人为地使这些不确定因素定量化时,免不了会引入一定的误差,结果也不可能很精确。因此,最好以定性分析为基础,抓住主要因素,使用简化模型进行较为简便的计算,这样既可以达到工程所能接受的精度,花费也不多。如地下洞室的计算,准确地说,应该用三维模型才能反映实际的开挖过程,如果还需要考虑节理裂隙等导致各向异性及不连续性以及变形中的塑性、流变、耦合等,这在计算方法上是可以实现的,且不说这众多参数很难从现场获得,即使已全部获得了这些参数,要在计算机上完成这一计算工作,所需要的计算费用恐怕也是工程单位不愿承担的。因此,确定合适的计算方案时很重要的,它不仅要考虑计算方法本身的适用性,还要考虑工程特点、费用等问题。

计算方法中的输入、输出形式或结果也会影响一种方法的实用性。与前些年相比,现在自动化程度大为提高,许多单位都已建立了图形工作站,且不少计算软件在前后处理方面都花了不少工夫,使用起来一般都比较方便,工程地质中的节理裂隙极点图、剖面图、主应力图、位移图、等值线图、三维立体图均较容易实现,这为定量计算的具体应用带来了许多便利,也大大缩短了计算周期。

# 参考文献

[1] 刘佑容,唐辉明. 岩体力学[M]. 北京:中国地质大学出版社,1999.
[2] 李先炜. 岩体力学性质[M]. 北京:煤炭工业出版社,1990.
[3] 徐志英. 岩石力学[M]. 北京:中国水利水电出版社,1993.
[4] 蔡美峰. 岩石力学与工程[M]. 北京:科学出版社,2002.
[5] 刘佑荣,唐辉明. 岩体力学[M]. 武汉:中国地质大学出版社,2006.
[6] 仵颜卿,张倬元. 岩体水力学导论[M]. 成都:西南交通大学出版社,1995.
[7] 凌贤长,蔡德所. 岩体力学[M]. 哈尔滨:哈尔滨工业大学出版社,2002.
[8] 李兆权. 应用岩石力学[M]. 北京:冶金工业出版社,1994.
[9] 沈明荣. 岩体力学[M]. 上海:同济大学出版社,1999.
[10] 周维垣. 高等岩石力学[M]. 北京:水利电力出版社,1990.
[11] 尤明庆. 岩石试样的强度及变形破坏过程[M]. 北京:地质出版社,2000.
[12] 于德海,彭建兵. 三轴压缩下水影响绿泥石片岩力学性质试验研究[J]. 岩石力学与工程学报,2009,28(1):205-211.
[13] 卢应发,田斌,周盛沛,等. 砂岩试验和理论研究[J]. 岩石力学与工程学报,2005,24(18):3360-3367.
[14] 张永兴. 岩石力学[M]. 北京:中国建筑工业出版社,2004.
[15] 王文星. 岩体力学[M]. 长沙:中南大学出版社,2004.
[16] 王思敬,杨志法,刘竹华. 地下工程岩体稳定性分析[M]. 北京:科学出版社,1984.
[17] 王连捷,潘立宙,等. 地应力测量及其在工程中的应用[M]. 北京:地质出版社,1991.
[18] 徐侦样. 岩土锚固工程技术发展的若干问题[J]. 岩土锚固工程,2002,47(1).
[19] 程良奎. 岩土锚固的现状与发展[J]. 岩土锚固工程,2001,46(4).
[20] 侯朝炯,等. 煤巷锚杆支护[M]. 徐州:中国矿业大学出版社,1999.
[21] 王焕文. 锚喷支护[M]. 北京:煤炭工业出版社,1989.
[22] 李世平,等. 岩石力学简明教程[M]. 北京:煤炭工业出版社,1996.
[23] 彭振武. 锚固工程设计计算与施工[M]. 武汉:中国地质大学出版社,1998.
[24] 程良奎,等. 岩土加固实用技术[M]. 北京:地震出版社,1994.
[25] 陈希哲. 土力学地基基础[M]. 北京:清华大学出版社,1989.
[26] 黄强. 建筑基坑支护技术规程应用手册[M]. 北京:中国建筑工业出版社,1999.
[27] 秦四清,王建党. 土钉支护机理与优化设计[M]. 北京:地质出版社,1999.
[28] 曾宪明,等. 土钉支护设计与施工手册[M]. 北京:中国建筑工业出版社,2000.
[29] 王国际. 注浆技术理论与实践[M]. 徐州:中国矿业大学出版社,2000.
[30] 陆士良,等. 锚杆锚固力与锚固技术[M]. 北京:煤炭工业出版社,1998.
[31] 冯志强,康红晋,杨景贺. 裂隙岩体注浆技术探讨[J]. 煤炭科学技术,2005,33(4).
[32] 熊厚金. 岩土加固实用技术[M]. 北京:地震出版社,1994.
[33] 杨文东,张强勇,陈芳,等. 辉绿岩非线性流变模型及蠕变加载历史的处理方法研究[J]. 岩石力学与工程学报,2011, 30(7):1405-1413.

[34] 刘雄. 岩石流变学概论[M]. 北京:地质出版社,1994.
[35] 孙钧. 岩土材料流变及其工程应用[M]. 北京:中国建筑工业出版社,1999.
[36] 孙钧. 岩石流变力学及其工程应用研究若干进展[J]. 岩石力学与工程学报,2007,26(6):1081-1106.
[37] 邓东平,李亮. 基于滑动面搜索新方法对地震作用下边坡稳定性拟静力分析[J]. 岩石力学与工程学报,2011,31(1):86-98.
[38] 陈祖煜. 土质边坡稳定性分析——原理、方法、程序[M]. 北京:中国水利水电出版社,2003.
[39] 董学晟. 水工岩石力学[M]. 北京:中国水利水电出版社,2004.
[40] 水利水电科学研究院,水利水电规划设计院,水利电力情报研究所,等. 岩石力学参考手册[M]. 北京:中国水利水电出版社,1991.
[41] 徐超,石振明,高彦斌,等. 岩土工程原位测试[M]. 上海:同济大学出版社,2005.
[42] 周思孟. 复杂岩体若干岩石力学问题[M]. 北京:中国水利水电出版社,1998.
[43] 谢和平,等. 岩石力学[M]. 北京:科学出版社,2004.
[44] 徐干成,白洪才,郑颖人,等. 地下工程支护结构[M]. 北京:中国水利水电出版社,2002.
[45] 李华晔. 地下洞室围岩稳定分析[M]. 北京:中国水利水电出版社,1999.
[46] 孙广忠,等. 中国典型滑坡[M]. 北京:科学出版社,1988.
[47] 郑颖人,等. 边坡与滑坡工程治理[M]. 北京:人民交通出版社,2007.
[48] 徐芝伦. 弹性力学简明教程[M]. 北京:高等教育出版社,1992.
[49] 蒋孝煌. 有限元法基础[M]. 北京:清华大学出版社,1984.
[50] 孙钊. 大坝基岩灌浆[M]. 北京:中国水利水电出版社,2004.